地球は特別な惑星か？

地球外生命に迫る系外惑星の科学

成田憲保　著

ブルーバックス

カバー装幀／芦澤泰偉・児崎雅淑
カバー写真／PlusAlpha
目次・章扉・本文デザイン／齋藤ひさの
本文図版／齋藤ひさの・田中聡（TSスタジオ）

はじめに

広大な宇宙の中で、私たち地球の生命はひとりぼっちなのか？ それとも、宇宙には生命が満ちあふれているのか？ この問いは古くから天文学者を悩ませてきた、未解決の問題です。

では、地球外に生命を探すとしたら、いったいどこを探せばいいでしょうか？ 太陽系にある地球以外の惑星や衛星なども、生命を探す場所の重要な候補となるでしょう。そしてもうひとつの重要な候補となるのは、太陽系以外にある地球のような惑星たちです。それでは、そもそも太陽系以外にも、地球のような惑星は存在するのでしょうか？

1995年、太陽以外の恒星を公転する太陽系外惑星（系外惑星）が天文観測により初めて発見されました。それからの研究によってわかったことは、宇宙には驚くほど多様な惑星たちが存在していたということでした。

これまでの研究によって、宇宙には主星からの距離がちょうどよく、適度な表面温度をもつと考えられ、地球と同じくらいの質量や大きさをもっているという意味で「地球に似た惑星」が、ある程度普遍的に存在していることがわかってきました。

２０２０年代以降、太陽系の近くにある惑星系に地球に似た惑星を発見し、そこに生命の兆候を探すという研究がおこなわれようとしています。とはいえ、研究の進展にはまだまだ観測技術の向上が必要で、系外惑星に生命の兆候を探すという研究が実現するのは２０３０年代、あるいは２０４０年代以降のことかもしれません。しかし今ようやく、太陽系以外にも地球のように生命を育む惑星があるかという問いに、科学的な答えが出せる時代が近づいてきたのです。

はたして、生命を育む惑星、地球は宇宙で特別な存在なのでしょうか？　それとも、宇宙にありふれた存在なのでしょうか？　私自身も、その答えを明らかにするため、これからの系外惑星探査に挑戦していきたいと考えています。いつか、その答えにたどり着く日が今から楽しみです。

これから本書では、２０１９年までに系外惑星についてどんな研究がおこなわれ、どんなことがわかってきたのか、系外惑星探査の最前線とこれからの研究の展望を紹介していきます。

まず、第1章から第3章までの第Ⅰ部では、私たちの太陽系についてと、これまでの系外惑星探査の歴史についてまとめています。

次に、第4章から第6章までの第Ⅱ部では、系外惑星のおもな発見方法と、これまでにどんな惑星たちが発見されたのか、そしてそこからわかってきたこととして、多様な惑星がどうやってできたのかを紹介します。

最後に、第7章から第9章までの第Ⅲ部では、発見された惑星たちをどのようにしてくわしく調べていくのか、そしてこれからどんな研究がおこなわれようとしているのかをお話しします。

本書では、数式はいっさい使わず、前提知識がなくても理解できるように配慮しつつ、それぞれの内容についてはなるべくくわしく書くことを心がけました。難易度としては、そんなに簡単ではないかもしれませんが、専門書ほどは難しくない、とくに天文学に興味をもつ中学生、高校生、大学生といった学生の方や、一般の方に向けた系外惑星科学の入門書となることを目指しました。

本書を通して広く学生や一般の方に、系外惑星の研究について興味をもっていただければうれしく思います。

第II部 系外惑星探査の現在

本書に登場する単位

本書には、物理学や天文学で使われるさまざまな単位が登場します。このページに各単位の定義や、よりなじみのある単位への換算式をまとめます。知らない単位が出てきた際に参照してください。定義された値は「=」を使い、およその値は「~」を使って有効数字 2 桁で四捨五入しています。

距離(長さ)の単位	1 光年	= 9,460,730,472,580,800 m ~ 約 9.5 兆 km 約 6.3 万天文単位
	1 天文単位	= 149,597,870,700 m ~ 約 1.5 億 km
	1 インチ	= 25.4 mm
	1 μm	= 10^{-3} mm(0.001 mm) = 10^{-6} m(0.000001 m)
	1 nm	= 10^{-3} μm = 10^{-6} mm = 10^{-9} m

※μ(マイクロ)やn(ナノ)は、k(キロ)やm(ミリ)と同じく単位記号の接頭辞です。μは 10^{-6} 倍、n は 10^{-9} 倍であることを意味します。メートル以外の単位につく場合もあります。

質量の単位	1 地球質量	~ 約 6.0×10^{24} kg
	1 木星質量	~ 約 1.9×10^{27} kg ~ 約 320 地球質量
	1 太陽質量	~ 約 2.0×10^{30} kg ~ 約 1000 木星質量

温度の単位	絶対温度 K(ケルビン)は、日本で一般的に用いられる温度の単位である摂氏温度(セルシウス温度)℃と以下の関係にあります。 ℃で表した温度 = K で表した温度 −273.15 たとえば、 絶対零度 = 0 K = マイナス 273.15 ℃ となります。また、1 K の違いは、1 ℃の違いと同じです。

角度の単位	1 度 = 円周を 360 等分した弧の中心に対する角度
	1 分角 = 60 分の 1 度
	1 秒角 = 60 分の 1 分角 = 3600 分の 1 度

第I部

系外惑星探査小史

太陽系の理解から「第二の地球」の可能性まで

第1章 私たちのふるさと

天の川銀河、太陽系第三惑星、地球

本書のメインテーマは系外惑星ですが、この章では、本題に入る前に、私たちが暮らしている太陽系について振り返ってみましょう。太陽系は宇宙の中でどんなところにあるのか、太陽系惑星たちはどんな特徴をもつのか、太陽系はどのようにしてできたと考えられているのか、などについて紹介します。

宇宙の中の太陽系と地球

あなたは今、どこにいますか？

自分の部屋？　電車の中？　それとも旅行先でしょうか？

ここはもっと大きな視野で、あなたが今、宇宙のどこにいるかを考えてみましょう。頭の中で太陽系を飛び出して、太陽のまわりを公転する地球をイメージしてみてください。

私たちが今いる地球は、太陽のまわりを公転する内側から3番目の**惑星**です。**太陽系**というのは、自ら輝く**恒星**（いわゆる星のことで、以降、単に「星」というときは恒星を指します）である太陽と、太陽の重力によってそのまわりを公転している8つの惑星、そしてその他の大小さまざまな天体たちからなるひとつの集まりです。太陽系のように、恒星とそのまわりを公転する惑星たちからなる集まりのことを**惑星系**、惑星が公転している恒星のことを主星あるいは親星などと呼びます。太陽系惑星のくわしい定義は**コラム❶**で紹介します。

では、地球からも太陽からもさらに離れて、たくさんの星たちの中に太陽があるところをイメージしてみてください。

太陽は、宇宙の中で輝いているたくさんの星々のひとつに過ぎません。そして太陽やそのまわりの星々は、じつは天の川銀河という巨大な天体の一部です。

この天の川銀河は1000億個以上の恒星が集まってつくる天体で、端から端までがおよそ10万光年という途方もない大きさです。天の川銀河はおおまかに、棒状の中心部とその周囲の「腕」から構成されています。腕は渦を巻いていて、中心部を取り囲むように分布しています。中心部も腕も恒星の集まりです。

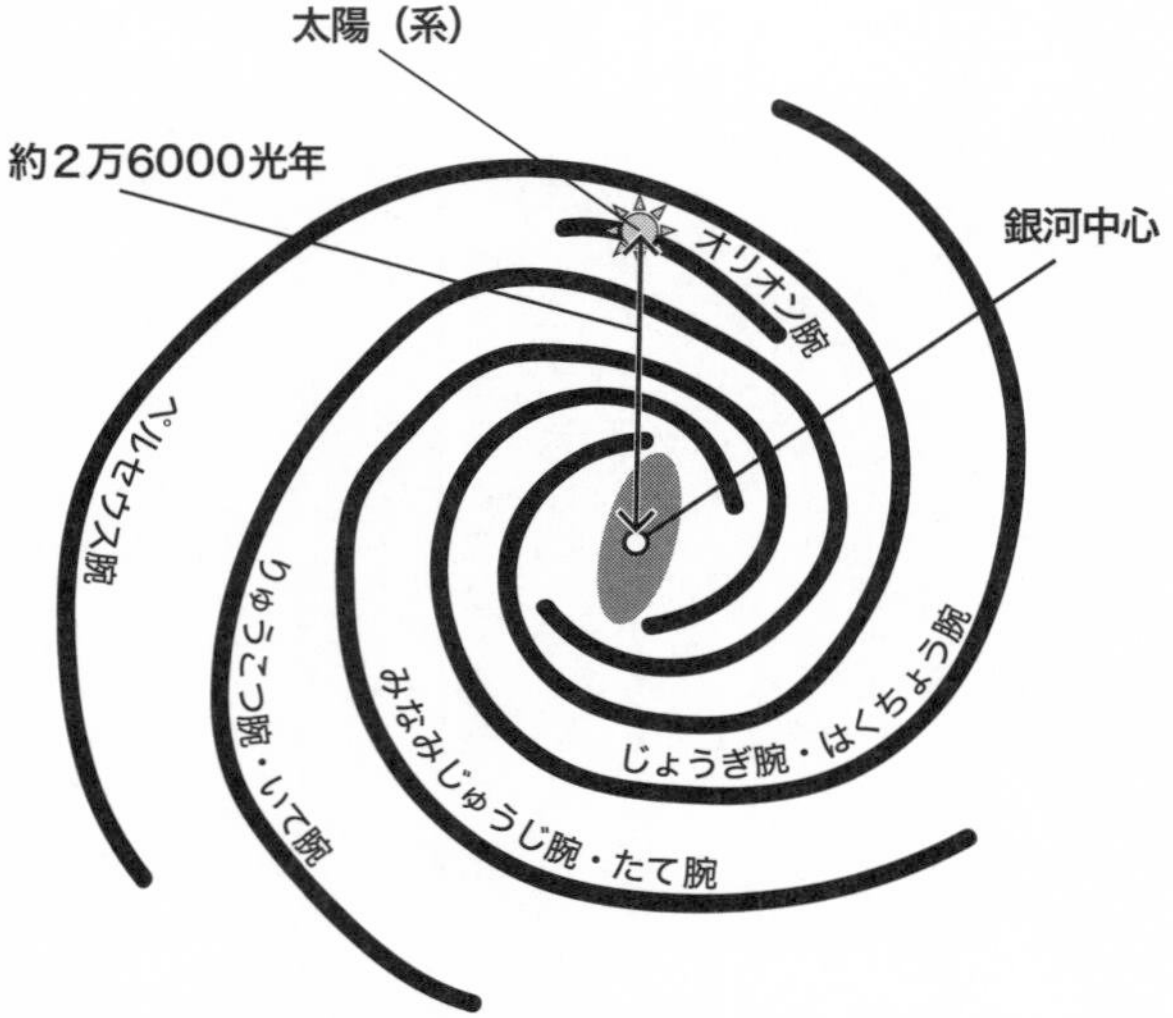

図1-1　天の川銀河の中の太陽系の位置（イメージ）
天の川銀河は棒状の中心部と複数の腕からなる。太陽系は銀河中心から約2万6000光年離れたオリオン腕の中にある。

私たちの太陽系は、この銀河の中心から2万6000光年ほど離れたところに位置するオリオン腕の中にあります（図1-1）。そして太陽は、天の川銀河の中心のまわりを1周2億年以上かけて公転しています。

では天の川銀河からも離れて、視野をもっともっとひろげてみましょう。

たくさんの**銀河**が見えてきました。じつは天の川銀河は、宇宙に無数に存在する銀河のひとつに過ぎません。この宇宙に銀河はどれだけあるのでしょうか？

宇宙の年齢はおよそ138億歳で

あることが知られています。そのため、私たちが望遠鏡で光をとらえることによって観測できる範囲は、最大でも地球から１３８億光年離れたところまでです。そして、この私たちに観測可能な範囲だけでも、銀河は２兆個程度あるといわれています。宇宙空間は、地球から１３８億光年より先までずっとつづいていると考えられています。その先の領域にも銀河があるかもしれませんが、その光はまだ地球には届いていません。

こうして見ると、宇宙にいかにたくさんの銀河が存在し、無数の恒星があるかがわかると思います。そしてこの恒星の一つひとつに、太陽系と同じように惑星が存在しているかもしれません。このように視野を宇宙全体にひろげてみると、地球は途方もない数の惑星のなかのひとつでしかないことがわかります。

そう考えると、ひとつ疑問が湧いてきます。はたしてこの広大な宇宙を見渡したとき、生命が育まれている惑星は地球だけなのでしょうか？　それとも、宇宙のどこかに、地球と同じように生命を育む惑星があるのでしょうか？

本書では、生命を宿す惑星が地球のほかにもあるかを考えるため、とくに太陽系以外の惑星、すなわち太陽系外惑星（以下、**系外惑星**）に目を向けます。しかし、まずは生命を育む惑星をもつ惑星系の実例であり、私たちにとっていちばん身近な惑星系である太陽系について、簡単におさらいしておきましょう。

恒星としての太陽

私たちの太陽系の主星である太陽は、およそ５８００Ｋ（ケルビン）の表面温度をもつ恒星です。

恒星というのは、簡単にいえば、大量の水素が重力で集まってつくるかたまりです。恒星の中心部は超高温・高圧の状態になっており、そこで水素原子核4つが融合してヘリウム原子核1つになるといった**核融合反応**を起こしています。この反応によって莫大なエネルギーが生み出され、それが光として放出されています。太陽をふくむ恒星はこうして光り輝いているのです。

恒星の表面温度はさまざまで、およそ２５００Ｋから5万Ｋ以上までの幅をもちます。基本的には、温度が高い恒星ほど質量と半径が大きくなるという関係があります。

本書では、恒星をその表面温度によって3つのグループに分けることにします。まず、太陽をふくむグループとして、３８００〜６３００Ｋの表面温度をもつ恒星を**太陽型星**と呼びます。一方、表面温度が３８００Ｋより低い恒星は**低温度星**や**赤色矮星**《わいせい》、６３００Ｋより高い恒星は**高温度星**と呼ぶことにします。

ただ、この表面温度による分類は、天文学で恒星の分類に使われる「スペクトル型」とは若干基準が異なっていることに注意してください。本書が恒星グループの境界として採用する表面温度（３８００Ｋと６３００Ｋ）は、恒星の性質や系外惑星のおもな探査方法が変わる温度を反映しています。

３種類の恒星は宇宙にどんな割合で存在するのでしょうか？　じつは、宇宙にある恒星の70％強は赤色矮星です。一方、太陽型星は20％強を占めていて、高温度星はその残りの数％しかありません。存在する割合でいえば、太陽は決して宇宙の標準ではないのです。

恒星には寿命があります。核融合のおもな材料である水素がなくなると、もう莫大なエネルギーを生み出せなくなるためです。

太陽型星の寿命はおよそ数十億年から１０００億年程度と理論的に推定されています。核融合を終えた太陽型星は表層にある物質（外層）を周囲に放出し、地球程度の大きさの白色矮星と呼ばれる天体を残します。

太陽の寿命は１００億年程度と推定されています。太陽の現在の年齢はおよそ46億歳とわかっているので、太陽はまだこの先数十億年にわたって核融合をしつづけるはずです。そして、太陽も寿命を終えたあとには白色矮星を残します。

高温度星には、核融合の材料となる水素が太陽型星より大量にあります。燃料が多いため、高温度星の核融合は速いペースで進みます。結果として、高温度星の寿命は太陽型星より短く、数十億年以下です。

逆に、赤色矮星では水素の量が少なく、核融合はゆっくりと進みます。そのため寿命が太陽型星より長く、1000億年以上になると考えられています。

ほとんどの恒星は太陽型星と同じように、白色矮星を残して寿命を迎えます。しかし、太陽の8倍程度以上というとくに大きな質量をもつ高温度星は、最後に**超新星爆発**という大爆発を起こして寿命を迎えます。この大爆発によって、水素やヘリウムより重い物質（重元素）が宇宙空間にまき散らされます。そうして放出された重元素は、遠く離れた恒星の誕生現場にまで到達して、新しい恒星やそのまわりの惑星へと取り込まれていきます。

太陽系は、宇宙が誕生してからおよそ90億年たったころに誕生しました。じつは、私たちの身のまわりにある（そして、私たち自身を形づくる）重元素の多くは、太陽が誕生する前に寿命を迎えたいくつかの高温度星でつくられ、超新星爆発によって届けられたものなのです。

太陽系の8つの惑星たち

本章の冒頭でも述べましたが、太陽系には8つの惑星があります（図1－2）。これらは太陽を中心に、それぞれ太陽からの距離が異なる軌道で公転しています。

8つの太陽系惑星は、その構成物質により3つのグループに分類されます。

内側にある水星、金星、地球、火星の4つの惑星は、おもに岩石でできた**岩石惑星**です。これ

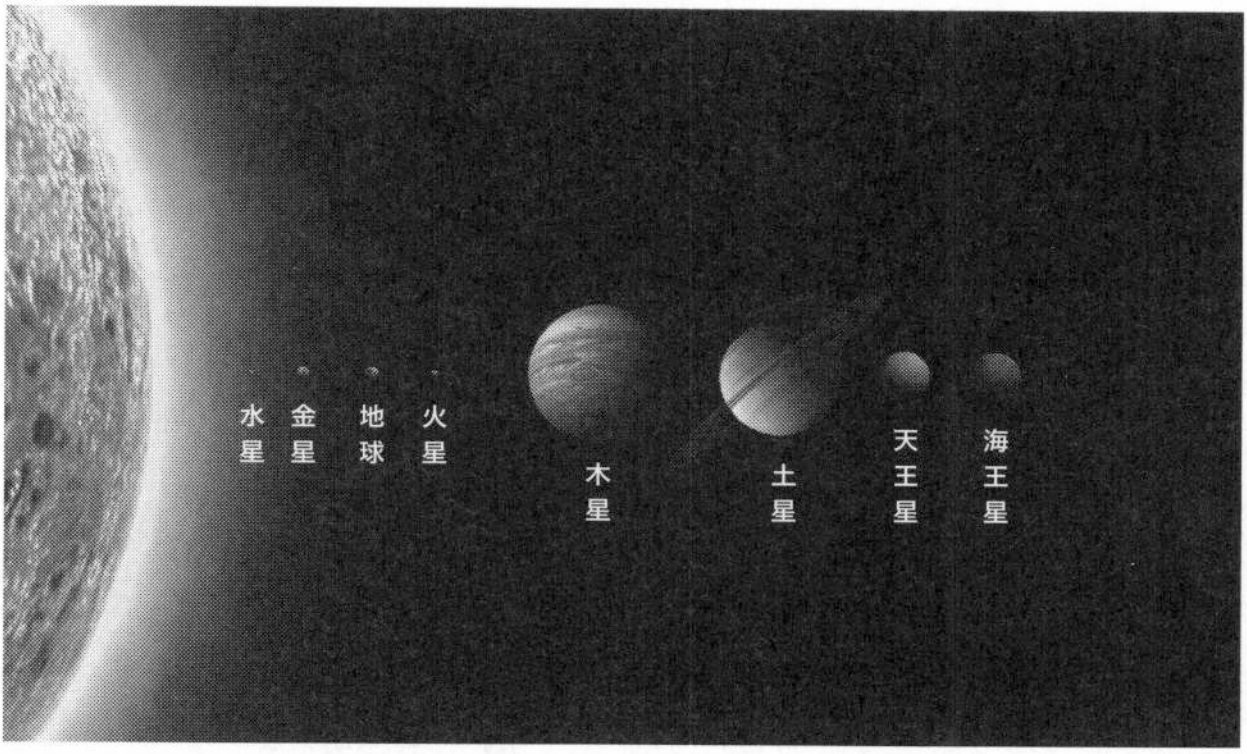

図1-2　太陽系の惑星たち
[画像提供／The International Astronomical Union/Martin Kornmesser]

らの惑星は地球型惑星とも呼ばれています。これら岩石惑星の大気中には、気体（ガス）の水素がふくまれません。大気中の水蒸気に紫外線が当たるなどして水素が発生することはありますが、惑星の重力が小さすぎて、軽い水素を大気中に引き止めておくことができないためです。

外側にある木星・土星・天王星・海王星の4つの惑星は、いずれも気体（ガス）の水素を主成分とする大気をもっています。そのため、この4つの惑星は**ガス惑星**とも呼ばれます。このうち木星と土星は、内部までほぼ全体が水素でできていて、**巨大ガス惑星**あるいは木星型惑星と呼ばれています。一方、天王星と海王星の内部は水やメタン、アンモニアなどの氷が主成分となっていて、**巨大氷惑星**あるいは海王星型惑星あるいは天王星型惑星と呼ばれています。一般的には巨大ガス惑星と巨大氷惑星を総称して**巨大惑星**と呼びますが、本書では単に巨大惑星という場合には木星のような巨大ガス惑星を指すことにします。

つぎに、太陽系惑星の公転軌道がもついくつかの特徴を紹介しましょう。

まず、すべての惑星の公転は、軸と回転方向が太陽の自転とほぼ一致しています。つまり、すべての惑星の公転軌道はほとんど同じ平面上にあり、それは太陽の赤道面とほぼ一致しているのです。ここでとくに、太陽のまわりで地球が公転している面を**黄道面**とよびます。

また、すべての惑星はほぼ円軌道で太陽を公転しています。いちばん内側にある水星の公転軌道だけはほかの惑星にくらべて少しゆがんだ楕円軌道ですが、太陽系外縁部（海王星の外側）から太陽の近くにやってくる彗星のように、極端な楕円軌道ではありません。こうした軌道の特徴は、惑星がどのようにしてできたのかを考える手がかりを与えてくれます。

太陽系のその他の天体

太陽系には太陽と惑星のほかに、**小惑星**や**準惑星**と呼ばれる天体が存在します。とくに、火星と木星のあいだには小惑星が帯状に密集している領域があり、その領域は**小惑星帯**と呼ばれています。小惑星は太陽系外縁部にも多く存在していて、そうした小惑星は**太陽系外縁天体**と呼ばれています。

かつて惑星のひとつに数えられていた冥王星は、2006年の国際天文学連合の総会で惑星からはずされ、改めて準惑星の代表的存在と位置づけられました。準惑星の定義についてはまだ曖昧な部分も残っていますが、とくに大きな部類の小惑星で、しかし惑星の定義を満たさないものが該当します。

今後、新たな発見によって準惑星の数、あるいはもしかしたら惑星の数は増えていくかもしれません。とくに、太陽系外縁部はとても暗いため、まだ発見されていない天体も多くあると考えられています。実際に、観測技術の向上によって、最近でも次々と新しい天体が発見されているのです。この太陽系外縁部には、まだ見ぬ太陽系惑星、**プラネットナイン**（**第九惑星**）があるかもしれないともいわれています（**コラム❶**参照）。

小惑星や準惑星には、惑星とは大きく異なる軌道をもつものが存在します。たとえば軌道が大きくゆがんだ楕円軌道であったり、黄道面から大きく傾いた軌道で公転する小惑星や準惑星も知られています。こうした軌道の小惑星や準惑星は、形成されたあとで惑星（とくに木星や土星）の重力によって軌道を乱されて、現在の軌道になってしまったと考えられています。

太陽系はどうやってできたのか？——①太陽の誕生

太陽系は今からおよそ46億年前に誕生したと考えられています。これは、太陽系の形成初期の情報を保持したまま地球に届いたと考えられる、隕石の形成年代をもとにした見積もりです。

残念ながら、私たちが手に入れられる「地球の岩石」には、隕石ほど古い時代のものはありません。地球の表面はプレートテクトニクスというメカニズムにより、つねに新しい岩石でつくり変えられているためです。したがって、太陽系の年齢を知るためには、太陽系形成時の情報を失わずに地球へ飛来した物質を調べるしかありません。

では、そもそもどうやって46億年前に太陽（系）ができたのでしょうか？　この答えは、おもに水素分子が集まってできた**分子雲**と呼ばれる天体の観測からわかってきました。

分子雲は、典型的な大きさが数光年から数百光年にもなる巨大な天体です。望遠鏡で見ると、その背後の星たちが隠されるため、分子雲のある領域だけ真っ暗に見えます。このことから、分子雲は**暗黒星雲**とも呼ばれます（図1－3）。このような天体は天の川銀河のあちこちに存在します。

分子雲の中には、密度が周囲より少し高い領域があります。密度が高い領域には重力で物質が集まっていき、恒星のもととなるガスのかたまりができると考えられています。このガスのかたまりは次第に収縮していき、それに伴い重力のエネルギーが熱のエネルギーに変換され、中心部の温度が上がります。そして、中心部の温度が十分に高くなると、水素の核融合がはじまって、恒星の赤ちゃん（**原始星**）が誕生するのです。

太陽も46億年ほど前に、今はなくなってしまった分子雲の中で、原始太陽として誕生したと考えられています。その分子雲では、多くの兄弟星たちも一緒に生まれたものの、天の川銀河の中を公転するうちに離ればなれになってしまいました。

生まれたての原始星のまわりには、**原始惑星系円盤**が形成されます。その正体は、分子雲から原始星に取り込まれなかった残りの物質です。原始太陽のまわりにも、**原始太陽系円盤**があったと考えられています。それは原始太陽の重力に捕らえられ、円盤状に分布し、原始太陽のまわりを回っていました。この原始太陽系円盤が太陽系の惑星たちを生み出す誕生の場となったのです。

本書では簡単にしか触れませんが、現在の天文学の現場では、多くの若い星のまわりで原始惑星系円盤が観測されています。その結果、惑星形成の場で起きる現象の

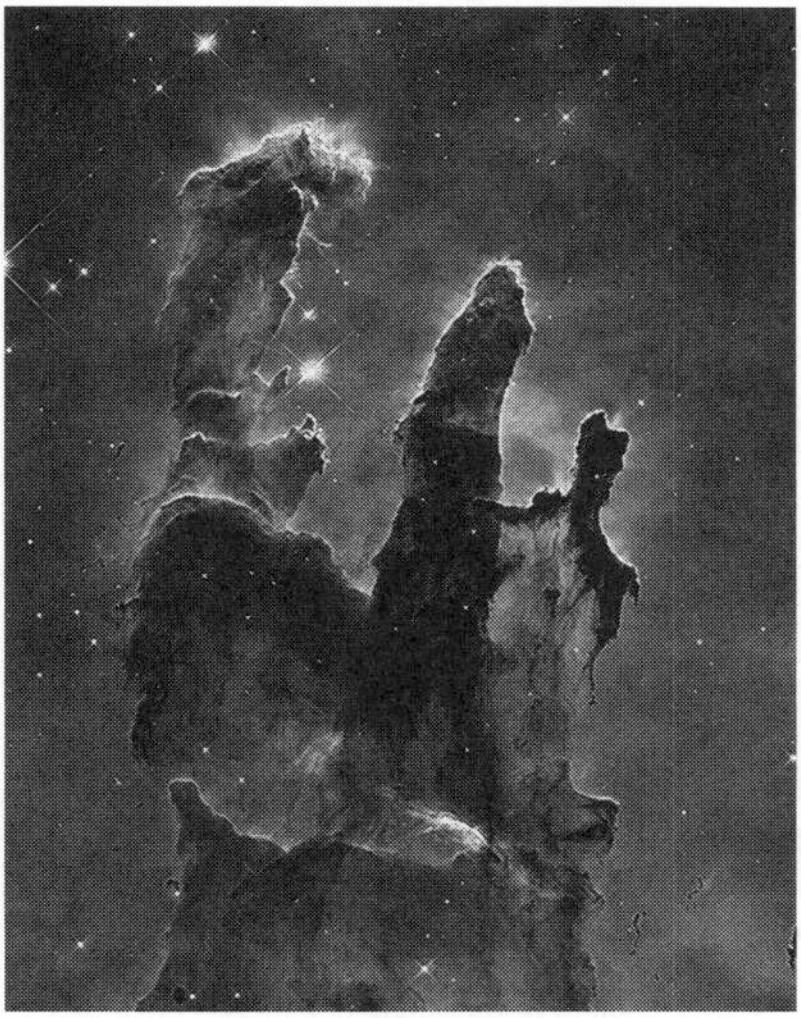

図1-3　ハッブル宇宙望遠鏡が撮影した暗黒星雲
［写真提供／NASA, ESA, and the Hubble Heritage Team (STScI/AURA)］

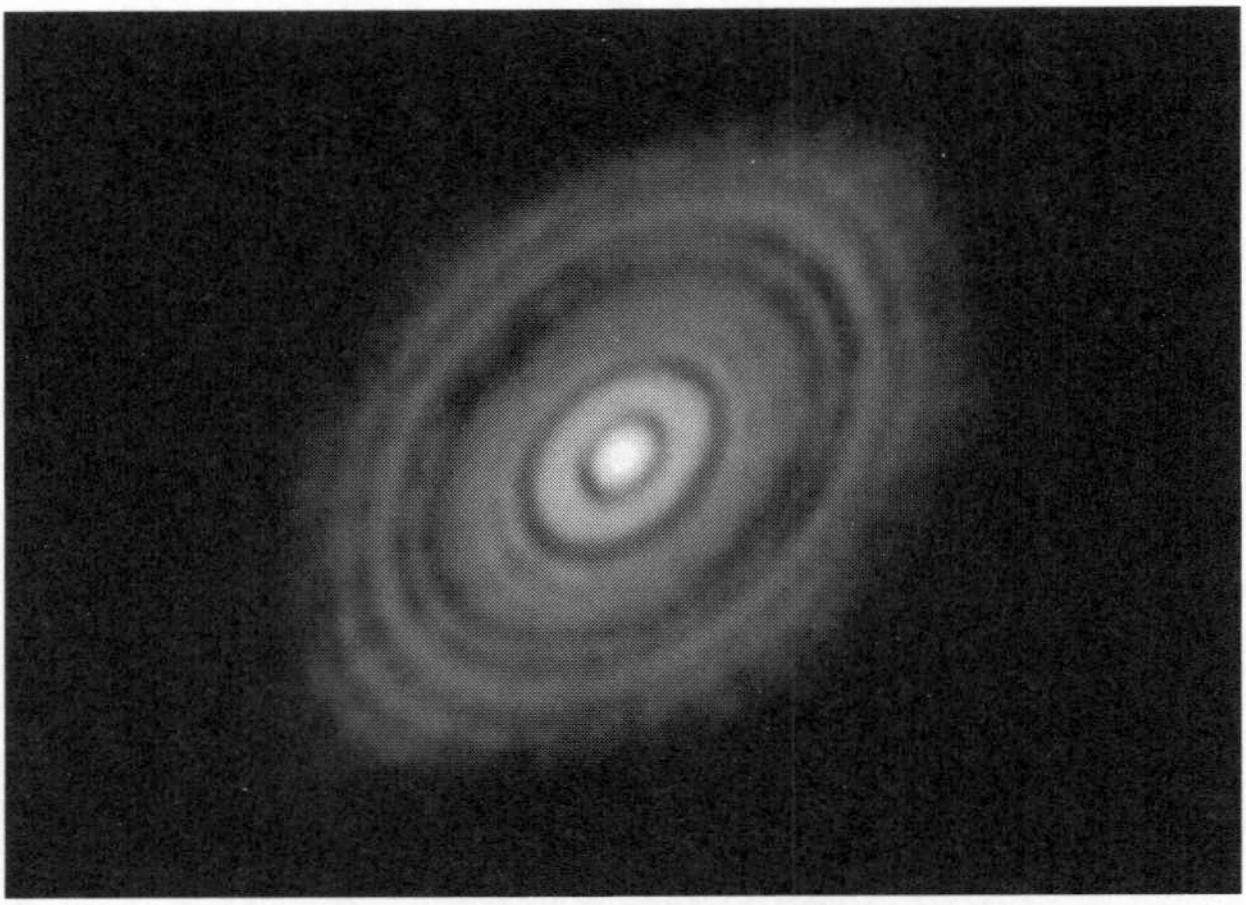

図1-4　アルマ望遠鏡で観測された原始惑星系円盤
［提供／ALMA（ESO/NAOJ/NRAO）］

理解が急速に進んでいます。たとえば、国立天文台がアメリカ・ハワイ島のマウナケアに建設したすばる望遠鏡（人間の目に見える光＝可視光や、目に見えない赤外線を観測する）や、日米欧の国際プロジェクトとしてチリ・アタカマ砂漠に建設されたアルマ望遠鏡（目に見えない電波を観測する）などによって、原始惑星系円盤の姿が詳細に観測されるようになってきました（図1－4）。今後、惑星誕生の様子を直接観測することができるかもしれません。

太陽系はどうやってできたのか？
――②惑星たちの誕生

原始太陽系円盤の中で、どのようにして太陽系惑星たちが誕生したのでしょうか？　そ

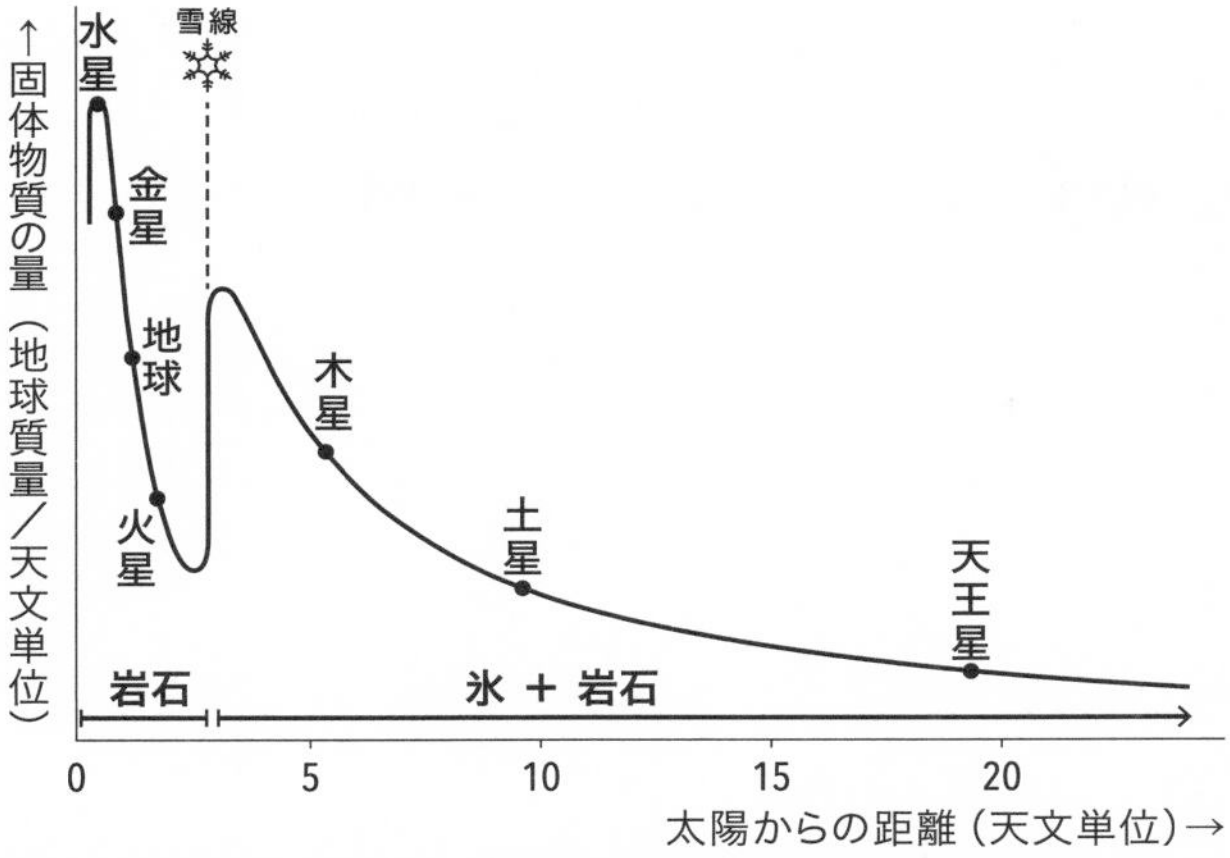

図1-5　京都モデルで考える原始惑星系円盤の物質の分布
[Hayashi 1981をもとに作図]

の標準的なシナリオとして、1980年代に京都大学の故・林忠四郎《ちゅうしろう》氏らが提唱した**京都モデル**（あるいは林モデルとも呼ばれる）が知られています。

　京都モデルでは、太陽系惑星はそれぞれ、原始太陽系円盤の中でその軌道付近にあった物質が集積してできた、と説明されます。原始惑星系円盤はおもに水素ガスと岩石・氷（固体になった水や二酸化炭素など）からなる固体微粒子でできていて、それに加えて一酸化炭素などのさまざまな微量のガス成分をふくんでいます。

　話をなるべく簡単にするために、原始太陽系円盤は固体である岩石と（水の）氷、そして水素ガスの3種類の物質で構成されていたと考えましょう（**図1-5**）。それ以外の微量成分は、惑星には取り込まれるものの、惑星の形成プロセス自体にはあまり影響しないものと考えられます。

原始太陽系円盤の小惑星帯より内側、つまり太陽に比較的近い領域では、温度が高いため氷がなく、水素ガスと固体の岩石だけがありました。そのため、この領域にできる惑星が獲得する固体成分はおもに岩石です。そうして、太陽に近い領域に岩石惑星が形成されました。

岩石惑星は、形成直後は周囲にあった水素ガスを大気（一次大気）として獲得したと考えられます。しかし、これらの惑星は比較的軽くて重力が弱いため、太陽から飛来する高エネルギーの荷電粒子（太陽風と呼ばれるプラズマ）などの影響で、軽い水素の大気は全部はぎとられてしまいました。その後、岩石と一緒に惑星内部に閉じ込められていたガス成分が火山活動などにより地表に放出され、現在の大気のもと（二次大気）になったと考えられています。

一方、小惑星帯のあたりには、原始太陽系円盤の中で水が氷になる境界（**スノーライン**あるいは**雪線**と呼ばれる）があったと考えられています。そのため、小惑星帯より外側の領域には大量の氷があったと考えられ、岩石に加えて氷も惑星の材料物質となります。そのため、この領域の惑星は内側の岩石惑星よりも大きく成長することができました。またこの領域では、内側になるほど材料物質が多く存在していたため、内側の惑星ほど速く成長しました。そして、形成中の惑星（惑星の種）が地球の10倍程度の質量を獲得すると、惑星の重力が十分に強くなり、周囲（原始太陽系円盤内）にある水素ガスを大量に獲得します。これらの惑星は十分に重力が強くなったため、その後も水素大気（水素ガスを含んだ大気）を保持することができました。

ところで、原始惑星系円盤は一般に数百万年程度しか存在できず、長くても１０００万年程度で消えてしまいます。なぜなら、原始惑星系円盤をつくる物質は、原始星からの光の圧力によって宇宙空間に飛ばされてしまったり、あるいは原始星に落ちていったりするからです。つまり、外側の惑星が獲得できる水素の量は、その惑星の種の質量がいつ地球の10倍程度にまで成長するかによって決まります。惑星の種が十分に成長してから、円盤の寿命が尽きるまでの時間の長さが、その惑星が獲得する水素の量を決めるのです。

早い段階で惑星の種が十分に成長した木星と土星は、周囲にあった水素を大気として大量に獲得しました。その大気の質量は、もともとあった惑星の種（岩石と氷）の質量より圧倒的に大きくなりました。こうして、水素を主成分とする2つの巨大ガス惑星が誕生したのです。

一方、天王星と海王星は成長が比較的遅かったため、原始太陽系円盤の水素が周囲に大量にあるうちに、それらを大気として獲得することができませんでした。そのため、この2つの惑星は氷を主成分とし、木星や土星よりはずっと水素量の少ない大気をもつ巨大氷惑星になりました。

このように京都モデルでは、原始太陽系円盤を構成する物質がその場で集積してそれぞれの惑星をつくったと考えます（図１－６）。このモデルにより、現在の太陽系惑星たちの軌道と構成成分の特徴をある程度自然に説明することができたのです。

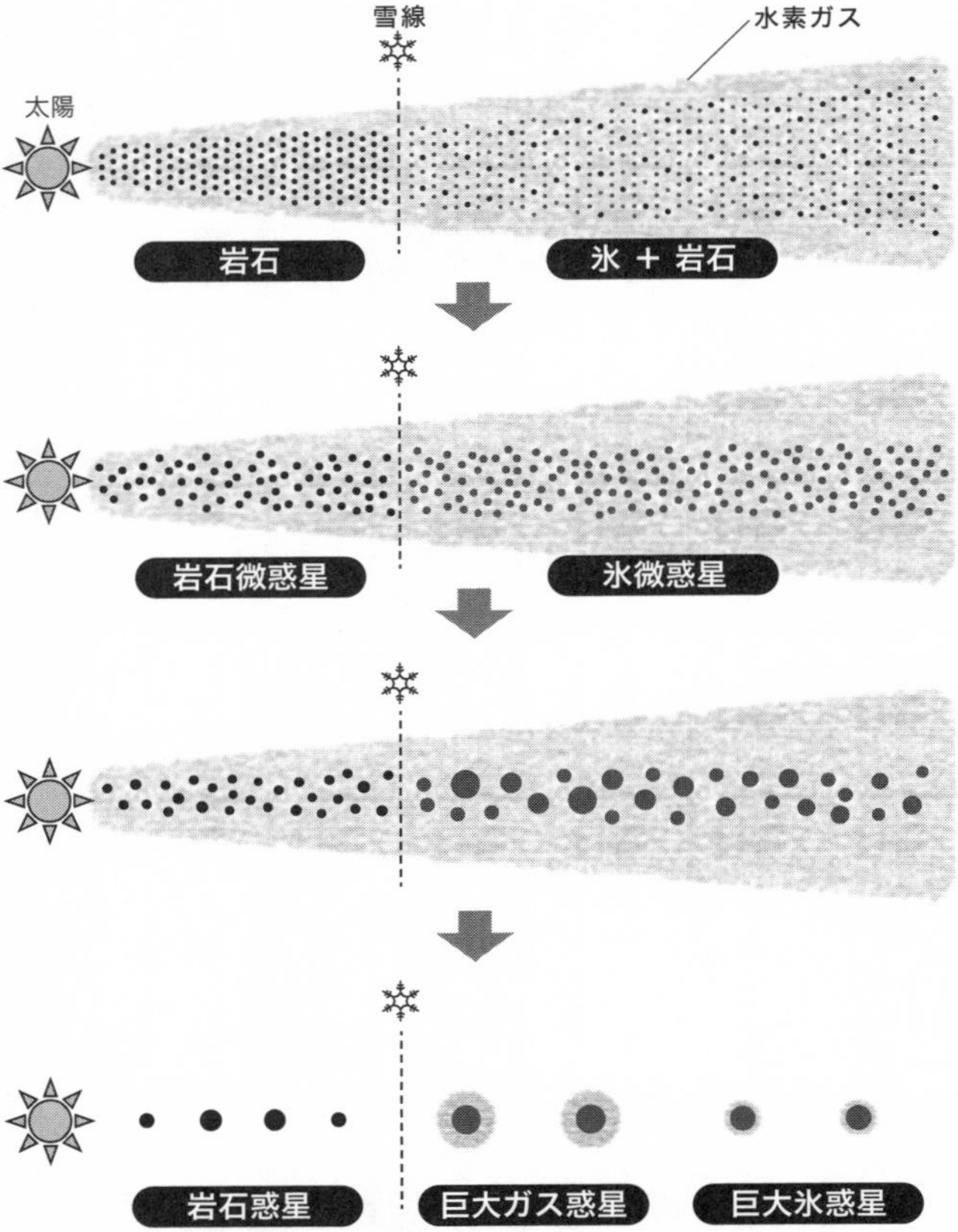

図1-6　太陽系形成プロセス（京都モデル）
京都モデルでは、太陽系惑星はすべてその場で材料物質が集積して形成されたと考える。
[Hayashi 1981 をもとに作図]

京都モデルは、系外惑星が発見されるまで、惑星形成の標準的なモデルとして広く支持されてきました。つまり、宇宙にある惑星系はどれもだいたい太陽系と同じようなプロセスで形成され、同じような姿になる（はずだ）という考えが、系外惑星を探すうえでもある意味「常識」となっていたのです。

しかし、この常識は系外惑星の発見によって完全に覆されました。宇宙には、太陽系の常識がまったく当てはまらない、多様な惑星たちが存在していたのです。

COLUMN 1 冥王星とプラネットナイン

現在では準惑星と位置づけられている冥王星は、１９３０年に発見されてから２００６年まで、太陽系の第九惑星とされてきました。しかし、２００６年に開催された国際天文学連合（世界中の天文学者が参加する組織）の総会で太陽系惑星の定義が定められ（じつは、それまで惑星はきちんと定義されていませんでした）、それに従い冥王星は惑星からはずされてしまいました。

現在の太陽系惑星の定義をやや嚙《か》み砕いていうと、

①太陽のまわりを公転している
②自分自身の重力によってほぼ球形になっている
③同じ軌道からほかの天体を一掃している

という3つの条件を満たす天体です。冥王星は条件①と②を満たすものの、衛星カロンが自分の半分以上の大きさをもつと考えられるため、条件③を満たしません。そのため冥王星は、惑星の定義と同時に新たに設けられた準惑星というカテゴリに分類されることになりました。

では、太陽系惑星の数はもう8個から変わることはないのでしょうか?

じつは、複数の太陽系外縁天体の軌道の特徴から、冥王星よりも外側に地球の数倍程度の質量をもつ天体が存在するかもしれない、と考える研究者がいます。この未知の天体は「プラネットナイン」と呼ばれ、現在、すばる望遠鏡などによる探査がおこなわれています。ただし、この天体が実際に発見されたとしても、惑星の定義を満たしているかどうかはわかりません。

もしプラネットナインが発見されたら、また太陽系惑星の定義を見直そうという気運が高まるかもしれません。そして、惑星の定義が変われば、惑星の数も変わる可能性があります。太陽系外縁部はまだわかっていないことが多く、新しい発見とともに教科書の内容も書き変えられていくことでしょう。

第２章　最初の系外惑星が見つかるまで

挑戦、失敗、常識はずれの惑星

太陽以外の恒星を公転する系外惑星が初めて発見されたのは１９９５年のことです。その最初の発見に至るまでには、何人もの研究者によるさまざまな挑戦がありました。本章では、系外惑星探査の歴史として、初めての系外惑星の発見に至るまでの数々のエピソードを紹介し、どのようにして最初の発見がなされたのかを紹介します。

系外惑星への挑戦

太陽系の８つの惑星たちはすべて、肉眼で発見されたか、望遠鏡をのぞきこむ眼視観測で発見されてきました。８つの惑星で最後となった海王星の発見（１８４６年）も、望遠鏡を用いた眼視観測によるものでした。

しかし、どんなに望遠鏡をのぞきこんでも、系外惑星を目で見て発見することはできません。系外惑星を発見するためには、人類の新しい「目」となる天文観測技術の大きな発展が必要だったのです。

天文学の観測では、望遠鏡が集めた可視光を受け取る代表的な検出器（目の網膜にあたるもの）として、**写真乾板**や**CCD**などが使われてきました。これらの検出器は、人間の目よりも正確に天体の位置や明るさなどの変化を記録できます。写真乾板は19世紀後半に誕生し、長らく１９９０年代まで使われました。一方、ＣＣＤは１９８０年代ごろから天文観測の現場で普及しはじめ、これによって、写真乾板より高い精度で天体の位置や明るさを測定できるようになりました。また、第4章でくわしく紹介するように、系外惑星を探すためにさまざまな方法が考案され、そのための観測装置にも技術の革新がありました。

こうした人類の新しい目となる検出器や観測装置の発展によって、ようやく系外惑星の発見が可能となってきたのですが、その裏には、系外惑星探査の先駆者たちによるさまざまなドラマがありました。

幻の系外惑星——ピート・ファンデカンプの見たもの

まず紹介するのは、１９０１年12月にオランダで生まれたピート・ファンデカンプ（アメリカではピーター・ファンデカンプ）です。彼は、オランダのユトレヒト大学で天文学の研究をはじめ、１９２３年にアメリカへ渡り、１９２５年６月に23歳の若さでカリフォルニア大学の博士号を取得しました。

ファンデカンプは、当時最先端だった写真乾板を使った観測により、恒星が夜空でどのように動いているか（恒星の**年周視差**と**固有運動**：くわしくはコラム❷を参照）を長期的に調べる研究をおこなっていました。年周視差と固有運動から、それぞれ異なる情報を導き出すことができます。年周視差からわかるのは、太陽系からその恒星までの距離です。また、固有運動からは、その恒星が太陽に対してどのように運動しているのか（運動の速さと向きが太陽の運動とどうちがうか）を明らかにすることができます。このような研究は**アストロメトリ**（**位置天文学**）と呼ばれます。

アストロメトリは、恒星の運動の観測だけでなく、系外惑星の探査にも使える可能性がありました。もし恒星のまわりを惑星が公転していれば、その恒星は惑星の公転によって揺さぶられます（図２－１）。その結果、年周視差と固有運動だけでは説明できない、小さな追加の動きが観測されるのです。この惑星によって引き起こされる動きは、恒星が太陽系に近いほど、そして惑星が重く、公転周期が長いほど大きくなります。このことを利用すると、写真乾板による恒星の

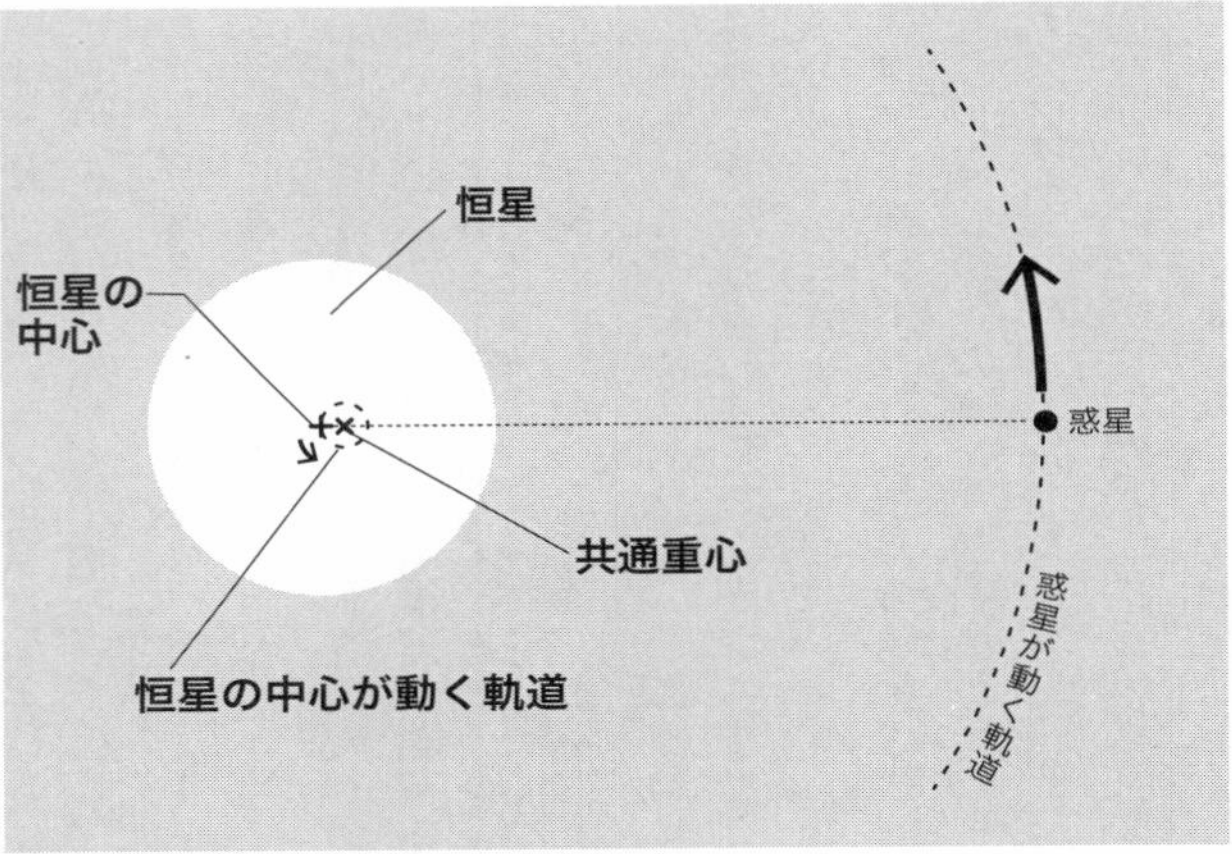

図2-1　惑星の公転による恒星の動き
惑星が恒星のまわりを公転するとき、恒星の中心（上図の＋）は恒星と惑星の共通重心（図の×）を中心に動く。そのため、惑星系の外からは恒星が揺さぶられて見える。

位置の決定精度があれば、太陽系の近くにある恒星のまわりに存在する、木星のように長周期で重い惑星を発見できる可能性がある、と考えられたのです。

１９３７年からスワースモア大学（アメリカ）のスプロール天文台の台長に就任したファンデカンプは、同天文台がもつ24インチ（61㎝）望遠鏡を使って、大規模なアストロメトリ観測をはじめました。その観測ターゲットのひとつが、太陽系から約６光年の距離にあるバーナード星でした。ちなみに、太陽系に最も近い恒星系は、太陽から約４光年の距離にある三重連星系（３つの恒星からなる恒星系）のケンタウルス座α星系で、バーナード星はそれに次いで近い恒星です。

ファンデカンプは、１９３８年から１９６２年にかけて観測したバーナード星の位置のデータを解析しました。そして１９６３年、この星には木星の約１・６倍の質量をもつ巨大惑星があり、やや楕円の軌道を周期約24年で公転している、と発表したのです。この発表は、系外惑星の初めての発見として大きな注目を集めました。

この発見は、発表から10年ほどのあいだは正しいと信じられていました。しかし、ファンデカンプがスプロール天文台を退職した翌年の１９７３年、彼の発見に大きな疑問が投げかけられます。

まず、１９７３年６月に、ファンデカンプが使ったスプロール天文台の24インチ望遠鏡によるアストロメトリのデータの信頼性に疑問を投げかける報告がなされました。同じ望遠鏡によって観測されたグリーゼ７９３というべつの恒星の位置を調べた研究者から、対物レンズの改修・洗浄・調整をおこなった前後で、不連続な位置の変化が生じていたという報告があったのです。望遠鏡に問題がないならば、グリーゼ７９３は短期間で急激に移動したことになります。しかし、そのようなことが起こるとは考えにくく、この位置の変化は望遠鏡に由来するはずです。

さらに同年10月には、べつの研究者らがほかの望遠鏡で観測したバーナード星の位置の変化を解析した結果が報告されました。その結果は、もしファンデカンプが主張したような惑星があれば発見できたはずなのに、そのような兆候は発見できなかった、というものでした。

このようにして、ファンデカンプが発表したバーナード星を回る惑星は、残念ながら、望遠鏡のレンズに起因する誤差がもたらした幻であったことが判明しました。

このように幻の惑星の発見者となってしまったものの、ファンデカンプはアストロメトリの研究で大きな実績を残しました。実際、太陽系の近くの恒星のリストをまとめた論文はバーナード星の惑星発見を発表した論文よりも多く引用されています。

ファンデカンプはスプロール天文台を退職後にオランダへ帰国し、最初の系外惑星の発見が発表される直前の1995年5月に亡くなりました。

COLUMN 2 年周視差と固有運動

ここで、アストロメトリによって調べられる年周視差と固有運動について説明します(図2-2)。

私たちが見上げる夜空に輝く恒星たちは、ずっと同じ位置関係を保っているように見えます。たとえば、星座は毎晩同じ形をしているように見えるでしょう。しかし、それぞれの恒星は、じつはほんの少しずつバラバラな方向に動いています。これは、地球が太陽のまわりを公転していることと、太陽と各恒星がそれぞれ異なる方向に異なる速度で運動しているためです。

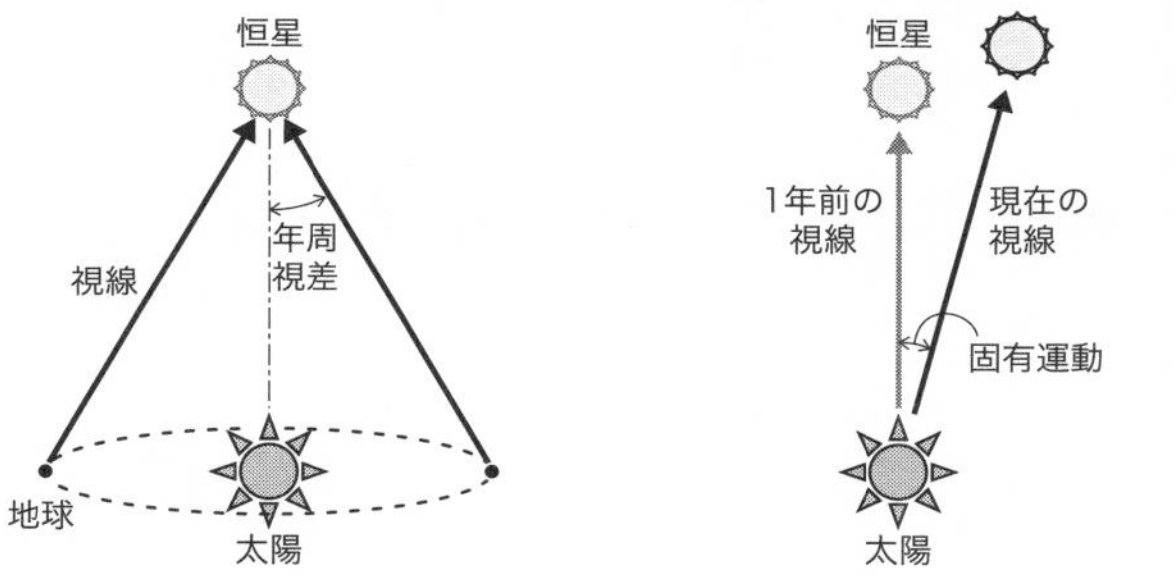

太陽と恒星が同じ方向に同じ速度で動いている場合　　恒星が太陽とは異なる方向に異なる速度で動いている場合

図2-2　年周視差（左）と固有運動（右）の概念図

太陽から見て恒星が移動していない（太陽と恒星が同じ方向に同じ速度で動いている）場合を考えてみましょう。太陽から見れば静止しているその星も、地球が太陽のまわりを公転していることによって、地球から見た見かけの位置は変化していきます。この見かけの位置の変化の角度を年周視差といいます。太陽と地球の距離はわかっているので、恒星の年周視差を調べることで、恒星までの距離を測ることができるのです。

では、実際の年周視差はどれくらいの大きさなのでしょうか。太陽からいちばん近いとなりの恒星（プロキシマ・ケンタウリ）では、年周視差はおよそ0・8秒角しかありません。そして、恒星の年周視差は太陽からの距離に反比例するので、遠くにある恒星ほど年周視差は小さくなります。現在では、ガイアという衛星（宇宙望遠鏡）により10億個以上の恒星の年周視差が精密に計測されていますが、写真乾板が登場する以前は、年周視差を測定できたのは太陽系にごく近い60個ほどの星だけでした。

一方、恒星は一般には太陽と異なる方向に異なる速度で運動しています。そのため、恒星の見かけの位置の変化には、年周視差に加えてこの恒星特有の運動が加わります。たとえば、ある恒星が太陽に対して異なる方向にある速度で1年間動きつづけたとしましょう。そうすると、その恒星の位置は、恒星の1年間の動きを地球から恒星までの距離で割った角度だけ動いて見えます。この角度を恒星の固有運動と呼びます。恒星はいろいろな方向にいろいろな速度で運動していますが、同じ速度で移動しているなら、太陽系から近いほど見かけの位置の変化は大きくなります。そのため、一般に太陽系から近い恒星ほど固有運動が大きくなります。

常識にとらわれるな——オットー・シュトルーベの提案

つぎに、系外惑星の観測方法について先駆的で重要な提案をした天文学者を紹介しましょう。

オットー・シュトルーベは、1897年にロシアの天文学者の家系に生まれました。1921年にアメリカへ渡り、以降アメリカで恒星や星間物質の分光観測を専門に活躍しました。また彼は、1963年に亡くなるまで、一般向けの天文学の解説記事や本も多数執筆するなど、啓蒙活動にも精力的に取り組みました。彼自身は系外惑星探査を専門としていたわけではありませんが、天の川銀河にある系外惑星の数や知的生命の存在する系外惑星の数を予想するなどしています。

シュトルーベは、カリフォルニア大学バークレー校に在籍し国際天文学連合の副会長を務めていた１９５２年、一本の論文で系外惑星探査について先駆的な提案をしました。その論文のタイトルを日本語に訳すと、「高精度な恒星の視線速度測定プロジェクトの提案」というものです。この論文の中で、彼は次のように提案しています。

周期が非常に短い連星系［2つの恒星どうしがお互いを回っている系］が存在するのだから、周期が1日程度の巨大惑星が存在してもおかしくはないだろう。たとえば、太陽のような恒星のまわりを木星質量の10倍の惑星が周期1日で公転していれば、毎秒2km程度の視線速度の変動が生じる。この変動は現在［１９５２年］の視線速度の測定精度でも発見が可能である。

また、そのような系においては、惑星による食が起こることもあるだろう。その場合には、主星が2%くらい暗くなって見える。この程度の食による減光も、現在の測光精度で発見することが可能だろう。

(Struve 1952. 翻訳と［　］内の補足は著者による)

このようにシュトルーベは、**視線速度**（観測者から見て近づいたり遠ざかったりする速度）や**食**（天体が主星の手前を通過する現象）を観測することで系外惑星を発見できるかもしれない、というアイデアを発表していました。この提案がなされたのは、ファンデカンプが（幻の）系外惑星を発表するより10年以上前のことでした。しかし、写真乾板が主流だった当時の観測技術では、まだこの提案を実現することはできませんでした。

シュトルーベ自身は系外惑星の発見はできなかったものの、彼が提案した視線速度と食を利用する方法は、じつは現在主流となっている系外惑星探査法につながっています（くわしくは第4章で説明します）。まだ太陽系が宇宙の惑星系の標準だと考えられていた時代に、太陽系の常識からかけはなれた公転周期1日の巨大惑星を想定したのは、突拍子もない発想だったかもしれません。しかし、常識にとらわれない系外惑星の観測方法の提案は、きわめて先駆的だったといえるでしょう。

報われなかった先駆者――ゴードン・ウォーカーの挑戦

1960年代のファンデカンプによる系外惑星の発見の報告以降、天文学者のあいだで系外惑星探査の気運は次第に高まっていきました。とくに、シュトルーベも提案していた精密な視線速度測定は、１９８０年代には、太陽のまわりを公転する木星と同じくらいの公転周期と質量をもつ巨大惑星なら発見できるほどの高い精度が実現されるようになっていました。そして、この方法による系外惑星探査の世界的な競争がはじまったのです。

カナダのブリティッシュ・コロンビア大学のゴードン・ウォーカーは、この競争に早くから参戦していた天文学者です。彼は、まさに太陽のまわりの木星のような惑星（公転周期が12年程度で木星程度の質量の惑星）を発見することを目標として、ハワイ島マウナケア山にあるカナダ・フランス・ハワイ望遠鏡（ＣＦＨＴ）を使って、１９８０年から１９９２年にかけて観測をおこないました。これは、同時期に視線速度測定による系外惑星探査をおこなっていた世界のグループの中で、最も長期にわたる観測プロジェクトでした。

木星は太陽のまわりをおよそ12年周期で公転しています。そこでウォーカーは、多数の太陽型星を12年間程度の長期にわたって観測すれば、巨大惑星を発見することができると考えたのです。そして、観測したうちいくつの恒星で発見できたかによって、木星のような惑星がどのくらいの頻度で存在しているのかがわかります。これは、第1章で紹介したような太陽系形成論がどれくらい普遍的かを検証することにもつながります。

ウォーカーの研究グループは、１９９５年8月に、21個の明るい恒星の長期観測の結果を論文で発表しました。その内容は、12年の観測をおこなっても、木星と同程度から3倍程度の質量の惑星は発見できなかった、というものでした。ウォーカーはこの論文で、太陽型星を数十個調べても巨大惑星が発見できなかったということは、従来の惑星系形成論に疑問を投げかける興味深い結果だと述べています。

このように残念な結果ではあったものの、公転周期の長い巨大惑星がそれほどたくさんは存在しないことを明らかにしたという点で、ウォーカーたちの研究は先駆的で重要なものでした。

非常識な惑星——ミシェル・マイヨールとディディエ・ケローの発見

当時最も有力だと考えられていた視線速度観測を、最も長期間にわたっておこなったウォーカーのグループが木星のような惑星を発見できなかったことで、系外惑星探査には暗雲が垂れこめます。しかし転機はウォーカーらの発表の直後に訪れました。

1995年10月6日にイタリア・フィレンツェで開催された国際会議Cool Stars 9で、スイスの天文学者ミシェル・マイヨールが当時大学院生だったディディエ・ケローとともに、太陽型星であるペガスス座51番星（図2-3）を公転する木星の半分程度の質量の惑星を発見した、と報告したのです。ウォーカーたちのグループが12年かけて観測しても発見できなかったのに、マイヨールたちはなぜ系外惑星を発見できたのでしょうか？

その理由は、発見された惑星の公転周期にありました。それまで系外惑星探査をしていた天文

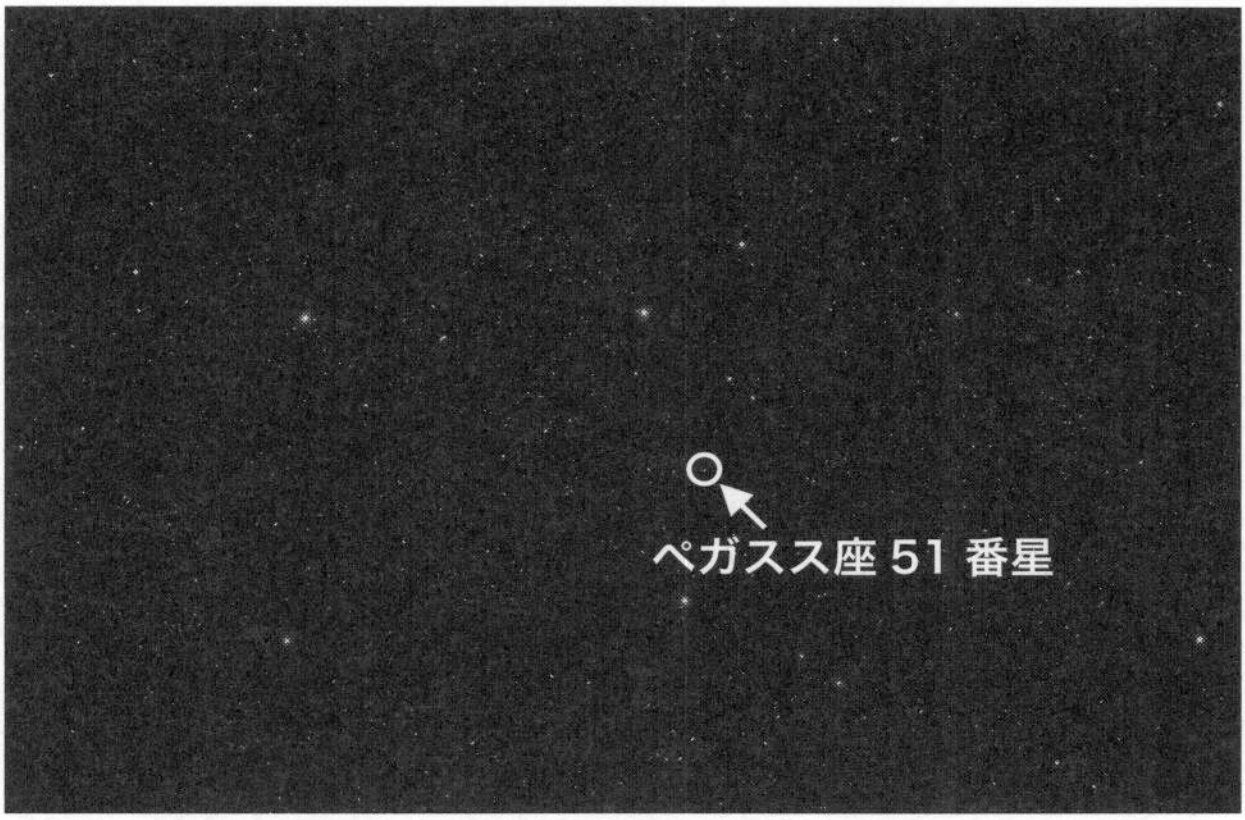

図2-3　ペガスス座とペガスス座51番星の位置
［写真提供／Alamy/PPS通信社］

学者の多くは、太陽系の常識をもとに、木星のような巨大惑星は公転周期が長いはず、したがって恒星から遠いところにあるはず、と思い込んでいました。しかし、マイヨールたちが発見した巨大惑星は、公転周期がたったの４・２日しかなく、恒星のごく近くを公転していたのです。

公転周期が10年くらいの惑星を探す場合、視線速度のデータを毎日とる必要はなく、月に何回かとる程度で十分です。ウォーカーやほかのグループもその程度の頻度の観測で長周期の惑星を探していました。

マイヨールたちも最初は同じような方針で観測していました。しかし、１９９４年９月から11月にかけてペガスス座51番星を４回観測したデータから、この恒星の視線速度が一定ではなく、少し変動していることに気がつきました。そして、1995年1月から2月にかけて頻度を増やして8回の観測をおこなったところ、視線速度の変動に4・2日の周期性が見つかったのです。そこで最終的にその周期性を確かめるため、マイヨールたちはさらに、1995年7月に8夜連続の観測をおこないました。その結果、4・2日周期の視線速度変動がはっきりと確認できたのです。彼らは系外惑星の存在を確信しました。

マイヨールとケローは1995年7月までの観測結果をもとに、この最初の系外惑星発見を報告する論文を書き、同年8月の終わりに『ネイチャー』という学術雑誌に投稿しました。そして9月には再度8夜連続の観測をおこなってデータを追加し、先述のフィレンツェの国際会議で成果を発表したのです。

この発表は世界中の研究者にも伝わり、すぐに検証がはじまりました。そして、研究会での発表から1週間とたたないうちに、アメリカのジェフリー・マーシーらのグループによって、ペガスス座51番星に4・2日周期の視線速度変動があることが、独立に確認されました。公転周期がたった4・2日しかなかったので、別の研究者による検証もすぐにできてしまったのです。

マイヨールとケローの論文は10月の終わりに受理され、『ネイチャー』の11月23日号に掲載されました。そして同じ号では、この最初の系外惑星発見の解説記事をウォーカーが執筆しています。ウォーカーは自身の長期観測などにも触れながら、これまでの系外惑星探査では数日という短周期の軌道に巨大惑星が存在することを想定していなかったことや、同じような短周期の巨大惑星たちが発見されるのを待っている可能性を指摘しました。

ウォーカーやマーシーたちのグループも、視線速度の測定精度自体はマイヨールたちに劣りませんでした。もしその精度で短周期の巨大惑星を探していれば、誰が最初の発見者になってもおかしくはありませんでした。つまり、技術的には可能になっていたものの、巨大惑星がたった数日という短い公転周期のところにいるはずがないという思い込みが、最初の系外惑星の発見を阻んでいたのです。結果論ではありますが、（系外惑星探査の専門家ではなかった）シュトルーべによる「視線速度観測で短周期の巨大惑星を探そう」という常識にとらわれない提案（１９５２年）が、系外惑星発見への近道だったといえるでしょう。

そして、太陽型星を公転する最初の系外惑星の発見から24年がたった２０１９年12月、宇宙における地球という存在の位置づけを理解することに貢献したとして、最初の系外惑星の発見を称え、マイヨールとケローに２０１９年度のノーベル物理学賞が授与されました。

COLUMN 3 研究者と論文と査読

研究者は日々研究をしています。その中で重要な仕事のひとつが論文を書くことです。マイヨールたちが論文を発表した『ネイチャー』をはじめとする学術雑誌では、投稿された論文が実際に掲載されるまでに「査読（ピアレビュー）」という審査を受けます。査読を通過できなかった論文は掲載されません。一般向けの科学雑誌の記事とは異なり、学術雑誌での論文発表には高いハードルが設けられているのです。論文の査読というシステムは研究の現場では常識ですが、一般にはなじみが薄いと思われるので、ここで簡単に紹介しましょう。

研究者は新しい研究をおこない、その方法や結果、考察などを論文の形にまとめ、学術雑誌に投稿します。この段階では、まだその論文の内容は公には認められません。

投稿された論文を最初に読むのは、その学術雑誌の編集者です。編集者は論文の内容を確認し、専門分野が近い研究者に査読を依頼します。

依頼を引き受けた研究者は査読者（レフェリー）として論文を読み、そこに書かれた研究の重要性や妥当性が学術雑誌に掲載するのに十分なレベルに達しているかを検討します。そして、査読者はその論文の掲載を推薦するかどうか、編集者に意見を伝え、同時に修正すべき点や不足している内容などを指摘するコメントを送り、それは編集者から著者へと伝えられます。万が一、内容に重大な間違いが見つかったり、投稿先の学術雑誌が要求するレベルに達していないと判断されたりすると、却下（リジェクト）されてしまうこともあるのです。このような場合には、根本的に論文を書き直すか、べつの学術雑誌に投稿し直さなければなりません。

最初に投稿された論文にまったく問題がなければすぐに受理（アクセプト）され、雑誌への掲載が決まりますが、ふつう、著者は査読者のコメントを参考にして論文を改訂することを求められます。出版をあきらめたくなければ、データや解析結果を追加するなどの改訂をして、再度投稿します。

このようなプロセスが何度か繰り返され、最終的には編集者がその論文に問題点がなくなったと判断したら、その学術雑誌への掲載が認められ（アクセプトされ）ます。その後、論文は体裁が整えられたうえで、学術雑誌に掲載（パブリッシュ）されます。この段階まできて初めて、研究成果は公になるのです。研究者たちはこのようにして世の中に研究成果を発表しています。

さて、こうして発表される論文ですが、じつはその内容がつねに「正しい」わけではありません。たとえば、意図していたかどうかによらず、論文に書かれている内容と実際におこなわれた方法や解析がちがっている可能性があります。

そうした場合には、出版された論文に書かれた方法や解析をべつの研究者がおこなうと、同じ結果を再現できない可能性があります。そのため、世の中に発表された論文の内容が正しいかどうかは、ほかの研究者による独立した検証を受けることがとても大事なのです。

また、発表された論文は「引用数」という形で、ある意味の客観的な評価を受けます。つまり、ほかの人の論文に多く引用された論文ほどインパクトが大きい、ということになります。ちなみに、マイヨールらによる最初の系外惑星発見の論文は2019年までに2000回以上も引用されています。

第3章 ケプラー計画がもたらした革命

画期的なアイデア、試練、膨大な発見

最初の系外惑星の発見から20年あまりがたち、２０１９年には系外惑星の発見数は４０００個を超えました。じつはこの惑星の発見の半数以上は、ケプラー計画というひとつの宇宙望遠鏡計画によってもたらされたものです。本章では第Ⅰ部の締めくくりとして、ケプラー計画がどのようにして実現されたのか、そしてケプラー計画によって何がわかったのかを紹介します。

系外惑星のもうひとつの探し方 ——ウィリアム・ボラッキーの挑戦

ウォーカーやマイヨールらが視線速度の測定による系外惑星探査をおこなっていたころ、同じように初めての系外惑星の発見を目指して、しかし異なる方法で挑戦していた研究者がいます。

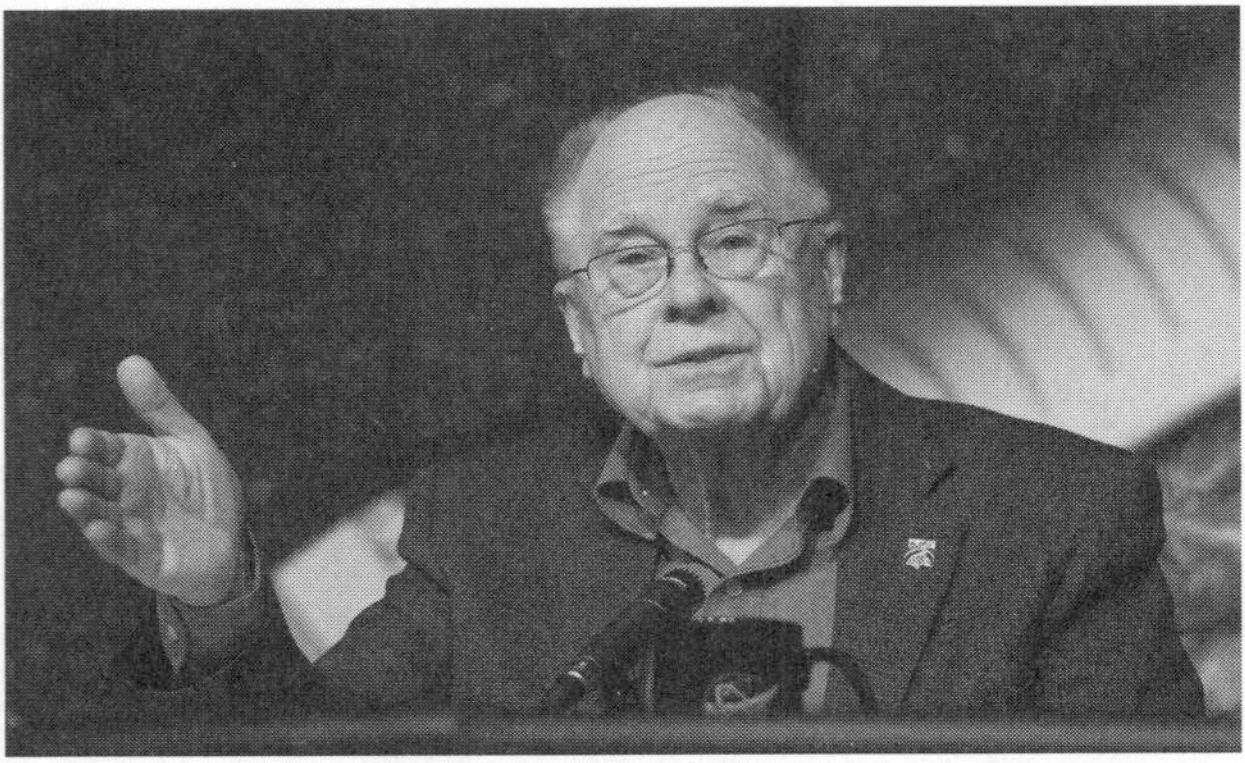

図3-1　ウィリアム・ボラッキー
[画像提供／Alamy/PPS通信社]

のちに系外惑星研究に革命を起こすことになるケプラー計画を提案した、ウィリアム・ボラッキーです（図３－１）。

ボラッキーは１９３９年にアメリカ・シカゴで生まれ、１９６２年に修士号を取得したあと、ＮＡＳＡに勤務して当時のアポロ計画にかかわりました。その後、惑星が主星の手前を通過（**トランジット**）する際に、主星がわずかに暗くなって見える（減光する）現象を用いた**トランジット法**による系外惑星探査に取り組みはじめます。

トランジット法による系外惑星探査には、２つのハードルがありました。ひとつは、トランジットによる減光の度合いを正確にとらえるためには、明るさの変化の測定精度（＝測光精度）を高める必要があること。もうひとつは、地球から見たときに軌道を真横から見るような惑星でないとトランジットしないため、できるだけたくさん（1万個程度以上）の恒星の明るさを継続的に観測しないとトランジットする惑星（トランジット惑星）が発見できないこと、でした。つまり、高い測光精度でたくさんの恒星を同時に観測できるような望遠鏡と観測装置でなければ、トランジット法による系外惑星の発見は望めなかったのです。

惑星のトランジットによる減光の度合いは、惑星が主星を隠す面積の割合に相当します。たとえば、太陽の手前を木星が通過した場合、太陽は約1％だけ隠されて暗くなります。一方、太陽の手前を地球が通過するのを観測した場合は、太陽は約0・008％だけ暗くなります。そのため、測光精度がこのような減光度合いより十分に高くなければ、系外惑星のトランジットを検出することはできません。

このトランジット法は、シュトルーベの1952年の論文で視線速度法と並んで提案された系外惑星探査の方法ですが、やはり当時の観測技術では実現不可能でした。1984年にボラッキーらが発表した論文では、その時点の技術でもそれはむずかしいと述べられています。それは、たくさんの恒星を同時に観測できるほどの広い視野に加えて、十分な測光精度をもつ望遠鏡と観測装置がまだなかったということです。

その後ボラッキーは、たくさんの恒星の明るさの変化を正確に測定することができる検出器の開発に取り組みます。そして1988年には、その検出器の試作結果を報告し、宇宙に打ち上げた望遠鏡（宇宙望遠鏡）による広視野かつ超高精度な観測によって、地球サイズの系外惑星のトランジットを発見可能であると主張しました。これがのちのケプラー計画につながる提案です。しかし、ここからボラッキーには長い試練のときが訪れます。

ケプラー計画の試練――打ち上げまでの長い道のり

ＮＡＳＡは１９９２年に、太陽系や系外惑星の探査を目的とした**ディスカバリー計画**の公募を開始しました。

ボラッキーは研究代表者として、ＦＲＥＳＩＰ（FRequency of Earth-Size Inner Planets）という計画をＮＡＳＡに提案します。この計画は、太陽以外の各恒星に、周期が数年以内の地球サイズの惑星がいくつくらいあるかを統計的に明らかにするというものです。これは、当時まだ発見されていなかった系外惑星、しかも巨大惑星ではなく地球サイズの惑星を発見しようとするだけでなく、そのような惑星がどれくらいあるかまで明らかにしようという野心的な提案でした。しかしこの提案は、科学的な価値は高く評価されたものの、本当にそんな測光精度を達成できるのかという点を疑問視され、不採択となりました。

ディスカバリー計画の公募はその後２年おきにおこなわれました。ＦＲＥＳＩＰは１９９４年の公募でも提案されましたが、そのときは、ディスカバリー計画が想定している予算にくらべてコストが高すぎると判断されたため、またしても不採択となります。

次の１９９６年の公募では、**ケプラー計画**と名前を変え、予算の範囲内にコストを抑えて提案されました。しかし、遠く離れたところにある望遠鏡をリモート操作してたくさんの恒星を同時に観測し、明るさを自動的に測定してデータを取得できることが実証されていない（ケプラー計画が提案している観測とデータの取得が、本当にできるのかどうかがわからない）という理由で、この回も不採択となりました。

そこでボラッキーたちは、バルカンという名前の観測装置をつくり、アメリカ・カリフォルニア州のリック天文台の望遠鏡に設置します。そして、天文台から離れたＮＡＳＡエイムス研究所からリモート観測をおこなって、６０００個もの恒星の明るさを同時に測定し、データを取得できることを実証しました。

ボラッキーらは、１９９８年のディスカバリー計画の公募に再度ケプラー計画を提案しますが、またしても不採択となります。このときの理由は、ケプラー宇宙望遠鏡（以下、ケプラー）の検出器が本当に地球サイズの惑星を検出できるだけの測光精度を達成できるのか、実証されていなかったことでした。そこでボラッキーらは、１９９９年にケプラーの技術実証機をつくり、実際に必要な測光精度が達成できることを証明しました。

このように課題を一歩一歩クリアしていった結果、２０００年のディスカバリー計画の公募で

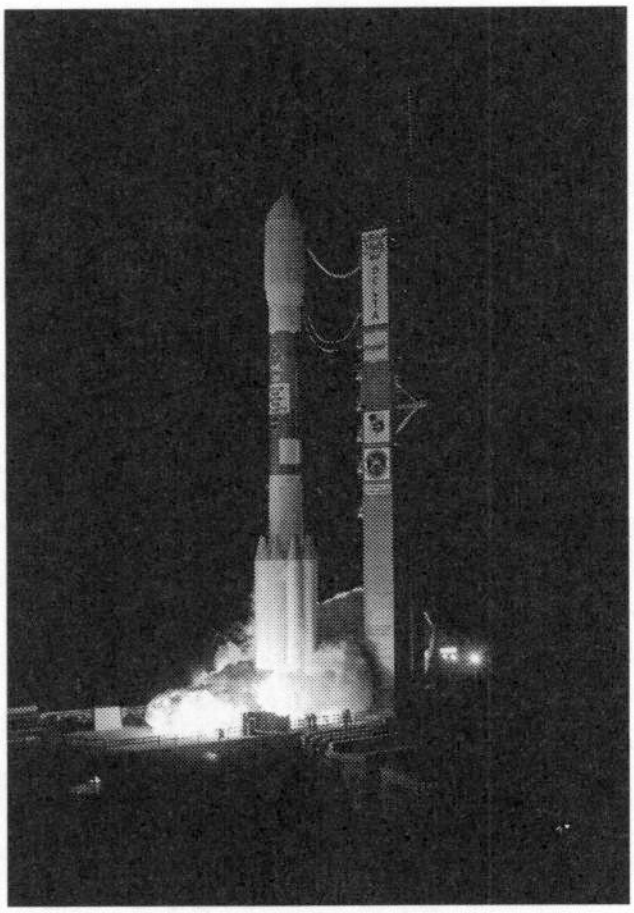

図3-2　ケプラー宇宙望遠鏡の打ち上げの様子
[画像提供／NASA/Kim Shiflett]

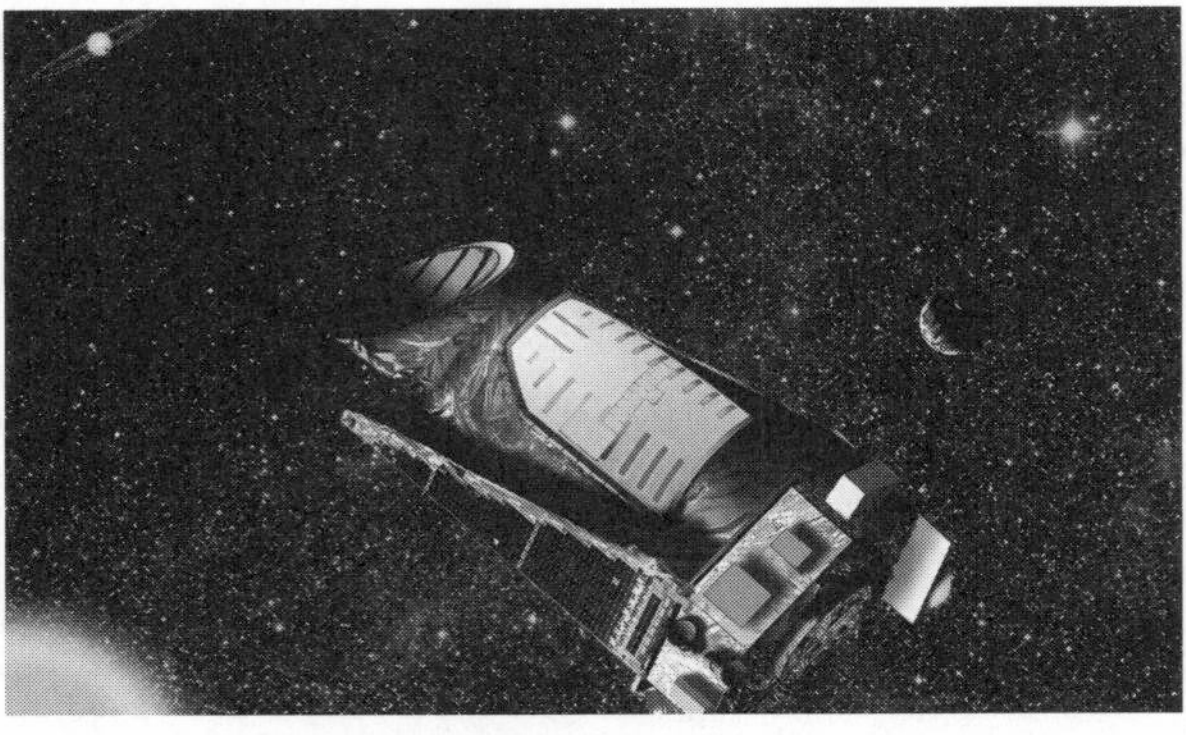

図3-3　ケプラー宇宙望遠鏡のイメージ
[画像提供／NASA/Ames/JPL-Caltech]

ケプラー計画はついに採択されます。そしてケプラーは、２００９年3月にアメリカ・フロリダ州のケープカナベラル空軍基地から打ち上げられました（図３－２、図３－３）。

ボラッキーは後年、２つの大きな出来事がケプラー計画の採択を後押ししたと述べています。ひとつは、１９９５年にマイヨールとケローらによる最初の系外惑星の発見がなされたこと（第2章参照）。もうひとつは、コラム❹で紹介するように、１９９９年に地上望遠鏡によるトランジット法での系外惑星の観測（ただし、地球サイズではなく木星サイズ）が成功したことです。

ボラッキーがトランジット法による系外惑星探査を提案したのは、マイヨールとケローらによる最初の系外惑星の発見よりだいぶ前のことで、地球サイズの系外惑星まで発見できるという画期的なアイデアでしたが、その実現には20年以上もの年月がかかってしまいました。そのためボラッキーは、系外惑星の最初の発見者や、系外惑星によるトランジットの最初の発見者にはなれませんでした。しかし、ボラッキーの長年の挑戦によって実現したケプラー計画は、系外惑星探査に革命的な成果をもたらしたのです。

COLUMN 4

最初のトランジット惑星の発見

ボラッキーらがケプラー計画の実現を目指しているさなかの1999年に、系外惑星によるトランジットが初めて発見されました。本文では触れなかったこの発見のストーリーをここで紹介します。1995年のマイヨールらによる発見以降、視線速度法により短周期の巨大惑星が次々に発見されるようになりました。すると、その中にトランジットを起こす惑星もあるかもしれないと考えられるようになりました。

トランジットは、惑星が主星の手前を通過するときに起こります。視線速度法による観測では、惑星の公転軌道が私たちから見て（視線方向に対して）どれくらい傾いているかはわかりませんが、その傾きがランダムだとすると、ある程度の確率でトランジットが起こるはずです。

具体的な確率も計算されています。太陽くらいの大きさの恒星のまわりを惑星が数日周期で公転していると、だいたい10％程度の確率でトランジットします（第4章でくわしく紹介します）。つまり、短周期の巨大惑星は10個に1個くらいの頻度でトランジットすると予想されます。そのため、視線速度法で発見された惑星がトランジットするかもしれない時間帯に、その主星の明るさを正確に観測すれば、10個に1個くらいの割合で惑星のトランジットを発見することができるはずなのです。

このような観測で初めてトランジットが観測されたのは、ＨＤ ２０９４５８ ｂという名前の惑星です。この惑星は、11番目に発見された短周期の巨大惑星でした。ＨＤ ２０９４５８ ｂによるトランジットの発見を成し遂げたのは、当時ハーバード大学の大学院生だったデイヴィッド・シャルボノーです。シャルボノーは、アメリカとヨーロッパのチームがそれぞれ独立に視線速度法で発見した新しい惑星の話を１９９９年８月に聞きました。そこで、当時コロラドにあった口径10㎝の望遠鏡を使って、その惑星の主星ＨＤ ２０９４５８を１９９９年８月と９月に10夜観測しました。そして、９月９日と16日の夜にＨＤ ２０９４５８ ｂのトランジットを発見したのです。この発見は、２０００年に論文として発表されました。

このようにして系外惑星のトランジットが地上の小さな望遠鏡でも観測可能なことが実証され、その後、トランジットによる系外惑星探査が本格化していきました。

ふくれあがる系外惑星の発見数――ケプラーが起こした革命

マイヨールらによる最初の発見以降、系外惑星探査は着々と進み、視線速度観測によって毎年10〜30個程度の新しい系外惑星が発見されていきました。また、２０００年に系外惑星のトランジットが初めて報告されてから、トランジットする系外惑星の発見数も少しずつ増えていきました。このようにして、ケプラー打ち上げの前年（２００８年）までには、視線速度法で発見された系外惑星が２５０個ほど、トランジット法で発見された惑星が50個ほど知られていました。また、ケプラーが観測する予定の領域では、地上望遠鏡が5年以上かけてトランジット惑星を探査した結果、すでに3個の惑星が発見されていました。しかし、それらの系外惑星は、海王星より大きな質量や半径をもつ惑星たちでした。

ケプラーは打ち上げ以降、10万個以上の恒星の明るさをモニタリングしつづけました。そして２０１１年2月、ボラッキーらは、ケプラーの最初の4ヵ月の観測データを解析した結果を記者発表しました。その内容は、１２３５個もの惑星候補を発見したことを報告するものでした（図３-４）。

ここで惑星候補といっているのは、トランジット法で発見された減光は、本物の惑星によるものではない可能性があるからです。本物の惑星によるものではない減光を引き起こすのは、**食連星**です。つまり、恒星どうしが共通重心のまわりを公転している**連星**で、一方がもう一方の手前を通過するために減光が起きることがあるのです。そのため、トランジット法で発見された惑星かもしれない天体は、本物の惑星だと確認されるまでは惑星候補と呼ばれます。

２０１１年2月に発表された惑星候補の多くは、のちに本物の惑星であることが確認されました。つまり、ケプラーはたった4ヵ月の観測で、それまで15年以上にわたっておこなわれてきた

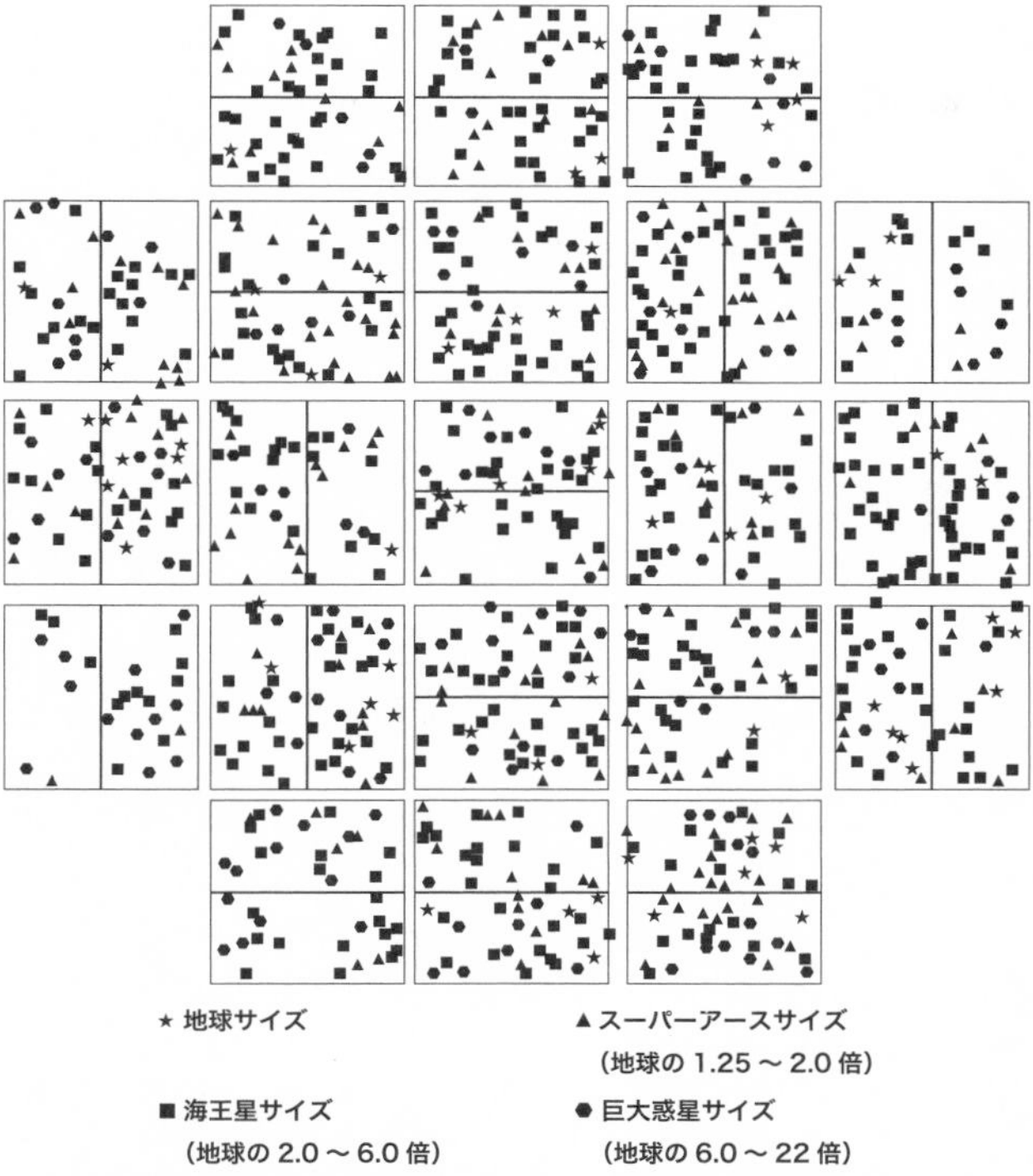

図3-4　ケプラーが最初の４ヵ月で発見した惑星候補の位置
[NASA の図をもとに作成]

系外惑星探査の成果を大きく上回る数の系外惑星を見つけてしまったのです。

記者発表の内容には、それまでの系外惑星の知識を大きく塗り替える知見がふくまれていました。というのも、発見された惑星の多くは地球の半径の4倍程度（海王星くらいのサイズ）より小さかったのです。それまでの観測では、主星に近いところを公転する地球の10倍程度（木星くらい）の半径をもつ巨大惑星ばかりが見つかっていましたが、じつは海王星より小さい惑星たちのほうが圧倒的に多く存在していたのです。ケプラー以前の観測では測光精度が十分ではなかったため、そのような小さな惑星たちは発見することができず、その存在が隠されていました。しかしケプラーは、小さな惑星のほうが宇宙には豊富に存在するという事実を初めて明らかにしたのです。

このように測光精度の点で革命的であっただけでなく、ケプラーはひとつの領域を連続観測する期間の長さの面でも革命的でした。きわめて高い精度で4年以上にわたって同じ領域のトランジット惑星探査を継続した結果、次第に公転周期が1年程度で地球くらいの大きさの惑星候補まで発見できるようになったのです。

ケプラー計画によって、最終的には4000個以上もの惑星候補が発見されました。そして2018年までに、2000個以上の惑星候補が本物の惑星だと確認され、その中には公転周期が1年程度の地球サイズのトランジット惑星までふくまれていました。このように、ケプラーはよ

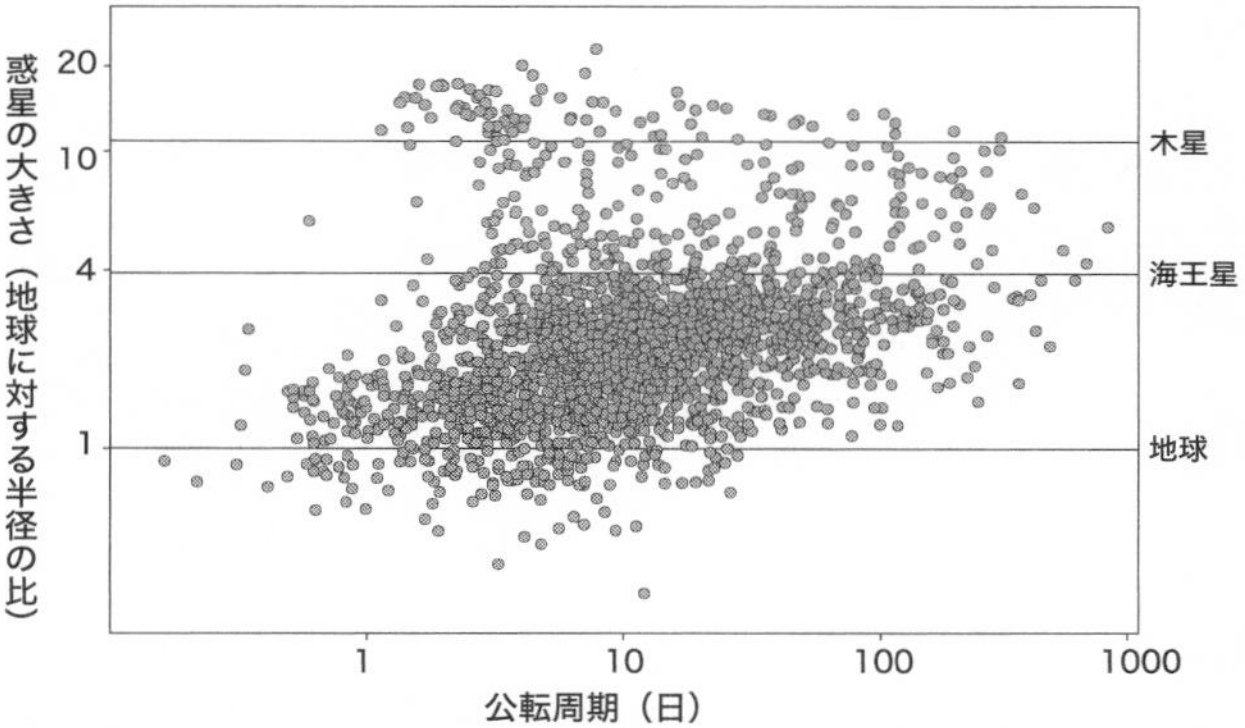

図3-5　ケプラーが発見した惑星の大きさと公転周期の分布
[NASA Exoplanet Archiveのデータにもとづく]

り小さくより公転周期の長い惑星まで発見することを可能にし、公転周期が数百日以内の惑星の存在分布を統計的に明らかにしたのです（図３－５）。

系外惑星の普遍性
――そして、「第二の地球」の可能性

　ケプラーが明らかにした、系外惑星の統計的な性質についてまとめておきましょう。ケプラーによって発見された惑星の具体的な特徴は、第５章でくわしく紹介します。

　まず、発見された惑星の数と系外惑星探査がおこなわれた恒星の数から、恒星の数より惑星の数のほうが多いことがわかりました。つまり、統計的に、恒星は少なくとも１個以上の惑星をもつということです。第１章で紹介したように、私たちの天の川銀河には１０００億個以上の恒星がありますので、こ

れは、天の川銀河だけで１０００億個以上の惑星があることを意味します。惑星というのは、ほとんどの恒星がもっている普遍的な天体といえるでしょう。

では地球くらいの大きさの惑星が、主星からの距離がちょうどよく、表面に液体の水を保持できるような軌道にある割合はどれくらいでしょうか？　このような軌道のことを**生命居住可能領域**（**ハビタブルゾーン**）と呼びます。ケプラーの観測結果から、ハビタブルゾーンに地球くらいの大きさの惑星（**ハビタブルプラネット**）がある割合は、太陽型星だとだいたい2割（誤差は1割）程度、太陽より温度が低い赤色矮星では5割（誤差は3割）程度だということがわかりました。

このことは、「第二の地球」と呼べるかもしれない惑星もそれほどまれではなく、宇宙に普遍的に存在することを示しています。もちろん、主星からの距離がちょうどいいだけで惑星に生命が誕生するかどうかはべつの話ですが、それでも、ハビタブルゾーンにある惑星はそれほど少なくはないことがわかりました。

ケプラーからTESS、PLATOへ

ケプラーは数千個もの新しい系外惑星を発見し、海王星より小さな惑星が宇宙には大量に存在することや、地球のようなハビタブルプラネットがどのくらいの頻度で存在しているかを統計的

に明らかにしてくれました。また、宇宙望遠鏡によるトランジット惑星探査が非常に効率的で、多くの系外惑星を発見できることも実証しました。

しかし、革命的な成果を挙げたケプラーにもまだ弱点がありました。それは、観測された恒星のほとんどが太陽系から数百光年より遠く離れたところにあったことです。結果として、発見された惑星の軌道や大気などの性質を調べるには主星が暗すぎたため、個々の惑星についての詳細な情報はあまり得られませんでした。

ケプラーは統計的に惑星の存在頻度を調べる研究には向いていたのですが、個々の惑星の詳細な性質を調べる研究には不向きでした。特徴をくわしく調べる研究にはむしろ、地上望遠鏡によるトランジット惑星探査でそれまでに発見されていた、太陽系に近くて明るい恒星を公転する惑星のほうが向いていました。

そうした弱点を踏まえて、ケプラーが実際に打ち上げられる前から、ケプラーの次の計画がアメリカとヨーロッパそれぞれで立ち上がっていました。アメリカの計画がＴＥＳＳ（Transiting Exoplanet Survey Satellite の略称、読み方はテス）、ヨーロッパの計画がＰＬＡＴＯ（PLAnetary Transits and Oscillations of stars の略称、読み方はプラトー）と呼ばれています。

これらの２つの衛星計画はどちらも、太陽系から比較的近く、より詳細な性質の調査が可能なトランジット惑星たち、とくに第二の地球と呼べるようなハビタブルプラネットたちを発見することを目指しています。第7章で将来の研究の展望についてくわしく紹介しますが、マイヨールらによる最初の系外惑星の発見から20年あまりがたち、今まさに宇宙に第二の地球たちが発見される時代がやってきたのです。

第Ⅱ部

系外惑星探査の現在

探し方の進化と見えてきた世界

第4章 系外惑星の探し方

あの星に惑星はあるか？

第Ⅰ部では、私たちが暮らす太陽系についてと、系外惑星探査の歴史について解説しました。第Ⅱ部では、系外惑星をどうやって探すのか（第4章）、これまでにどんな系外惑星が発見されたのか（第5章）、そしてその発見からどんなことがわかったのか（第6章）を説明していきます。

多彩な系外惑星の探し方

第2章・第3章で紹介したように、天文学者たちはあの手この手を使って系外惑星を探してきました。その方法は大きく2種類に分けられます。惑星から届く光を直接観測する**直接法**と、惑星があるために主星に起きる変化を観測する**間接法**です。

　直接法と間接法という言葉だけ聞くと、直接法のほうがずっと単純で簡単そうに思えるかもしれません。しかし、あとで紹介するように、惑星からの光は主星からの光にくらべて圧倒的に弱いので、実際には直接法のほうがはるかにむずかしいのです。そのため、これまでの系外惑星探査では、間接法が多く使われてきました。

　また、探し方によって惑星を発見しやすい領域（主星からの距離）が異なり、発見した惑星について得られる情報（たとえば質量がわかるとか、半径がわかるなど）にもちがいがあります。そのため、どれかひとつの方法だけあればいいわけではありません。いろいろな探し方があることによって、主星のすぐそばからずっと遠くの領域までくまなく惑星を探すことができるのです。さらに、いくつかの方法を組み合わせて同じ惑星を観測することによって、発見された惑星についてより多くの情報を得ることもできます。

　それでは、多彩な系外惑星の探し方と、それによってわかることについて見ていきましょう。

アストロメトリ法——主星の位置の揺れをとらえる

　ファンデカンプが系外惑星を探すのに用いた**アストロメトリ法**は、恒星の天空上の位置の変化を調べる方法です。コラム❷で紹介したように、それぞれの恒星は固有運動（太陽と恒星の動く方向のちがいによる効果）と年周視差（地球が太陽のまわりを公転していることによる効果）によって、日々少しずつ位置を変えています。

もし恒星のまわりを惑星が公転していると、その恒星の位置の変化は固有運動と年周視差だけではなくなります。これは、主星と惑星がいずれも共通重心のまわりを公転するためです（じつは、惑星だけが公転しているわけではありません）。この共通重心は主星の中心からすこしだけずれているため、惑星の公転により主星の位置は周期的に揺さぶられるのです。このとき、共通重心の位置が主星中心から離れているほど、主星は大きく動くことになります。そのため、公転周期の長い惑星や重い惑星ほど主星に大きな位置の変化をもたらします（図4－1）。

アストロメトリ法による系外惑星探査では、惑星の存在により生じる主星の位置の変化（基準となる位置からの角度の変化）を探します。アストロメトリ法には、先に述べた理由から、公転周期の長い巨大惑星を発見しやすいという特徴があります。ただし、公転周期の長い惑星をアストロメトリ法で発見するには、それだけ長期間にわたって恒星の位置を精密に観測しつづける必要があります。また、遠くにある恒星ほど角度の変化は小さくなるため、太陽系の近くにある恒星ほどアストロメトリ法での惑星探査に適しています。

惑星の存在による主星の位置の変化はとても小さいものです。たとえば、ファンデカンプが見つけたと報告したバーナード星の位置の変化（第2章の「幻の系外惑星」の項を参照）は、地球

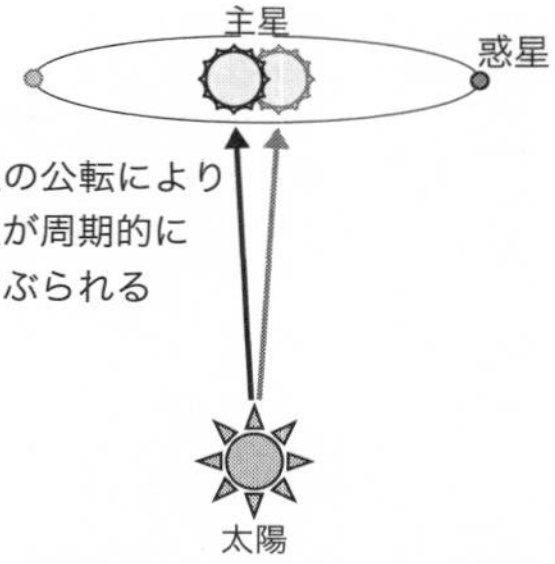

図4-1　惑星の存在により生じる主星の位置の変化

から見て10ミリ秒角くらい、つまり1度の3600分の1のさらに1000分の1の角度だけ、固有運動と年周視差に加えて余計に動いたというものでした。これは、ファンデカンプが観測に用いた写真乾板の上で、星の位置が1㎛くらい動いたことに相当します。当時の写真乾板を用いた地上からの観測では、これが検出できる変化の限界でした。

これほど小さな恒星の動きを観測するのは困難で、長いあいだ、アストロメトリ法による系外惑星の発見は技術的に不可能でした。しかし、2013年に打ち上げられたヨーロッパの位置天文衛星ガイア（**図4-2**）は、宇宙空間から非常に精密な観測ができます。具体的には、10億個もの恒星の位置を、視線角度にして10～100マイクロ秒角レベルの精度で決定可能です。

ガイア衛星は2020年以降まで観測を継続するため、原理的には、公転周期が数年以内の惑星を探査することができます。このガイア衛星がおこなうアストロメトリ法の探査によっ

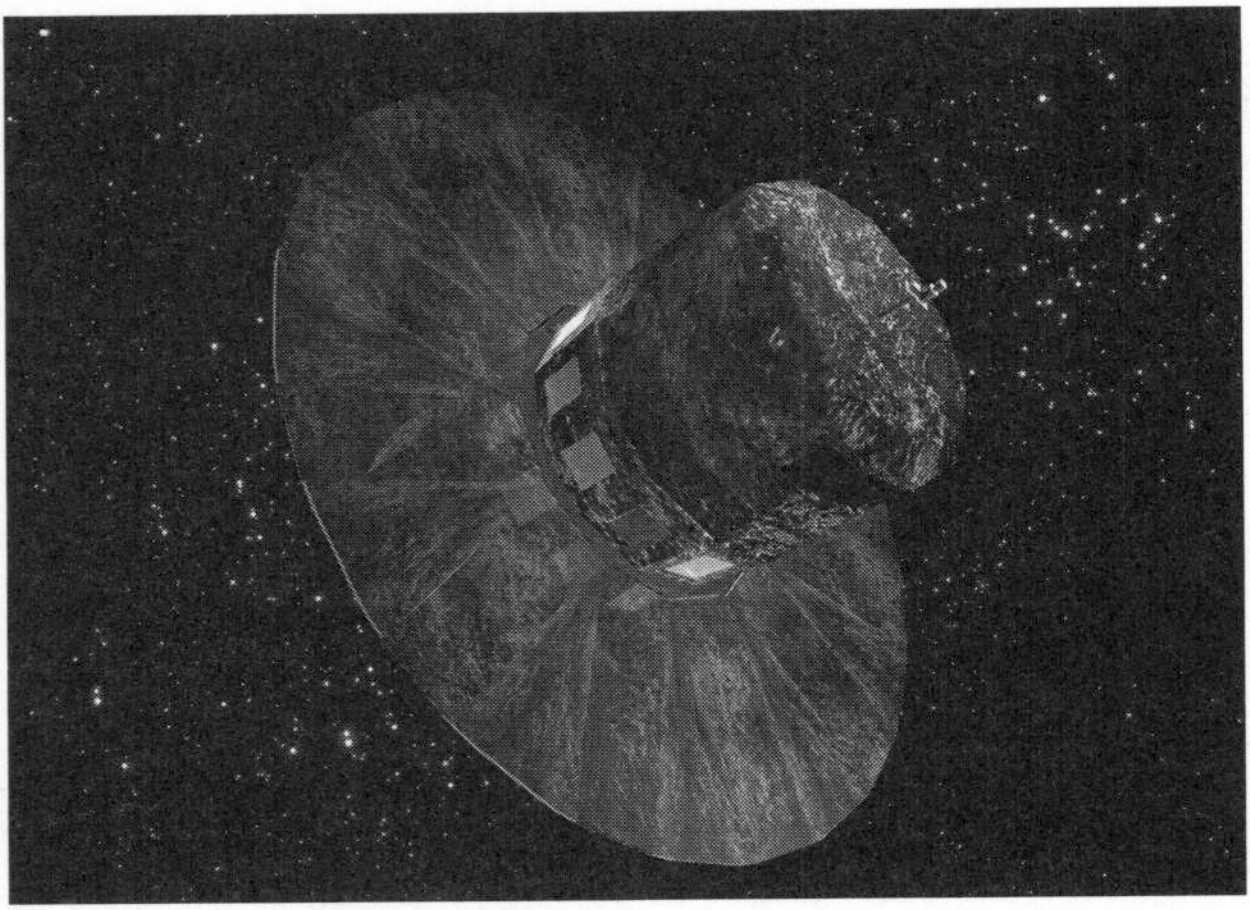

図4-2　ガイア衛星のイメージ図
［画像提供／Science Source/PPS通信社］

て、これから1000個程度の系外惑星が発見されるだろうと期待されています。

もしアストロメトリ法で惑星が発見できると、主星の揺さぶられ方から惑星の公転周期や軌道、質量などを推定することができます。アストロメトリ法は公転周期の長い惑星の探査に向いているので、公転周期の短い惑星を発見できるほかの方法と組み合わせることによって、惑星系の内側から外側までの惑星の軌道分布をくわしく知ることができるはずです。

視線速度法
——光のドップラー効果を利用する

ウォーカーやマイヨールらが用いた視線速度法は、恒星からの光に生じる**ドップラー効**

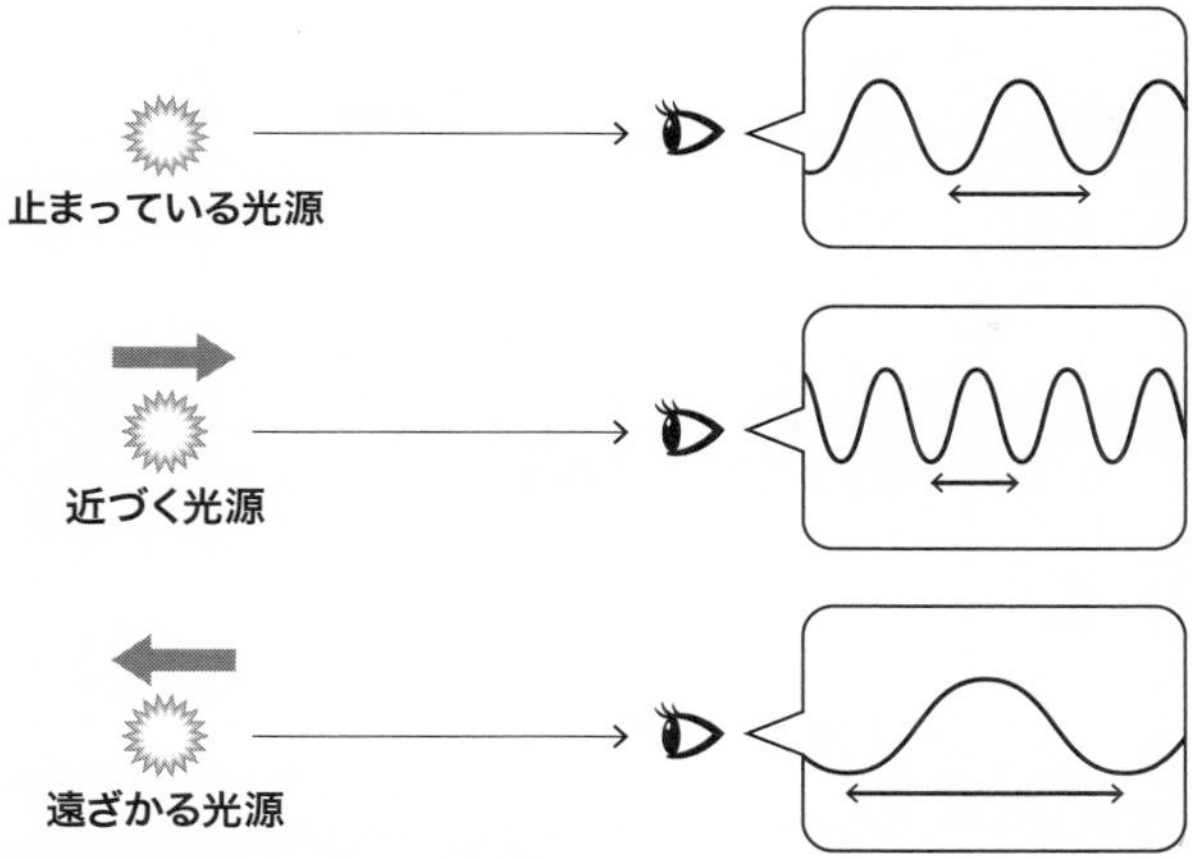

図4-3　光のドップラー効果
光源が動いている場合、視線方向に近づいているか遠ざかっているかによって観測される波長は変化する。光源が近づいている場合、波長は短くなり、光源が遠ざかっている場合、波長は長くなる。

果を利用する系外惑星の探査法です。ドップラー効果というのは、光や音など波の性質をもつものに見られる現象です。簡単にいえば、近づいてくる発生源が放つ光や音は波長が短くなり、発生源が遠ざかる場合は波長が長くなるという効果です（図４‐３）。このドップラー効果をどう利用するかを理解するには、恒星が放つ光についてもう少し知る必要があります。

光には通常、いろいろな波長の光が混ざっています。それを波長ごとに分けてそれぞれの強度を測定することを**分光**といいます。そして、分光して得られる光の波長ごとの強度の分布を**スペクトル**といいます。

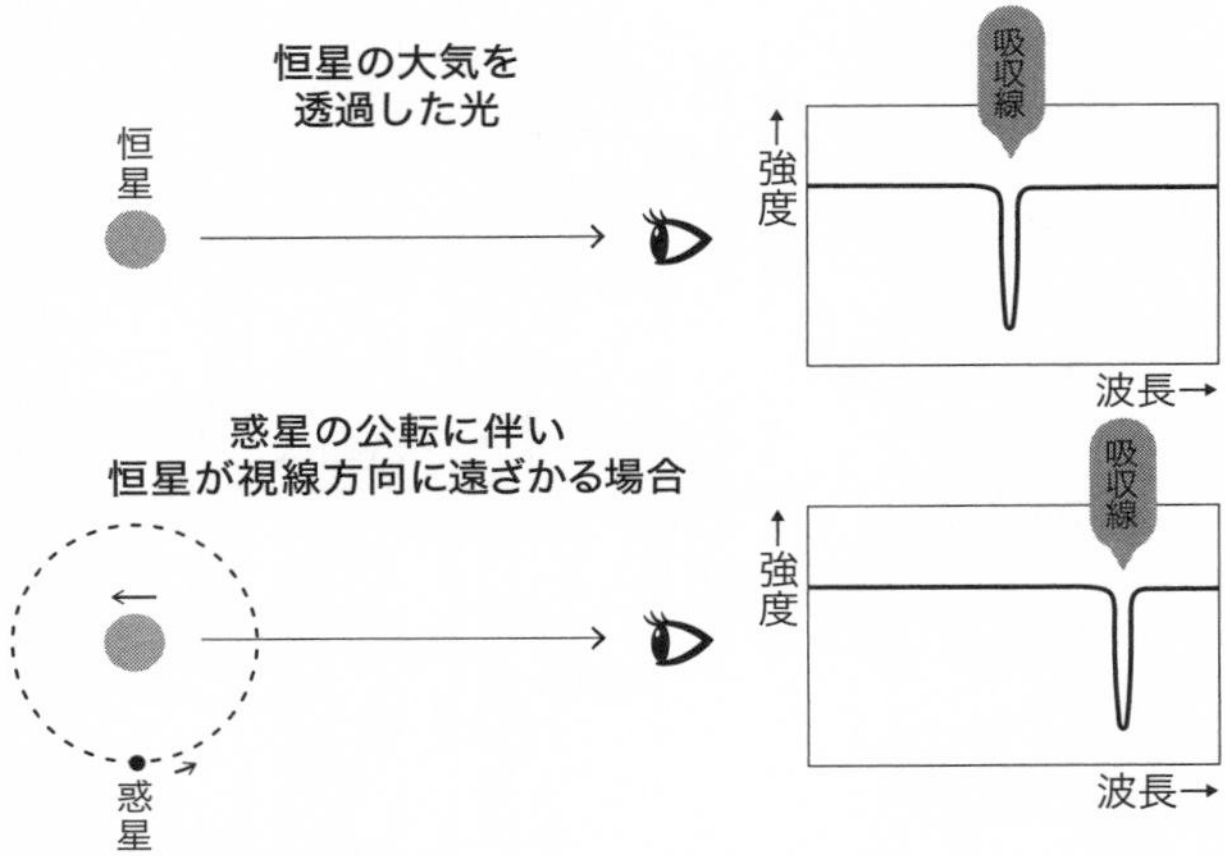

図4-4　視線速度法
上：恒星の大気を透過した光を分光することで、吸収線の波長が得られる。
下：恒星のまわりを惑星が公転している場合、恒星は視線方向に近づいたり遠ざかったりする。そのとき、光のドップラー効果により吸収線の波長が周期的に変動する。吸収線の波長の変動を観測することで、恒星の視線速度を測定することができ、視線速度の周期的な変動から惑星の存在を知ることができる。

恒星は、その表面温度に応じたスペクトルの光を放っています。そして恒星が放った光は、その恒星をとりまく大気を透過します。その際、大気中にある物質（原子や分子）によって特定の波長の光が吸収されるため、私たちが観測するスペクトルには**吸収線**が現れます。

この吸収線の波長は、恒星の大気成分に応じて決まっています。しかし、一般的にはドップラー効果により波長が少しずれて観測されます。これは恒星が私たちに対して（視線方向に）近づくか遠ざかっているためです（図4-4）。

このことを利用すると、恒星からの光を精密に分光して吸収線の波長を調べることによって、恒星が私たちから見てどのくらいの速度で遠ざかっているのか、あるいは近づいているのかを測定することができます。こうして得られるのが視線速度です。

前に説明したように、惑星をもつ恒星は、自分自身と惑星との共通重心のまわりを周期的に運動します。たとえば、太陽は木星が公転していることによって秒速10ｍ程度で動いています。同じように、地球も秒速10㎝程度で太陽を動かしています。このように、系外惑星の存在によって恒星が動き、私たちから見て恒星が近づいたり遠ざかったりすることを利用して、系外惑星を見つけることができるのです。これが**視線速度法**（**ドップラー法**）です。

視線速度法でわかること

視線速度法では、恒星の視線速度の変化を調べることで、そのまわりを公転する惑星について知ることができます。具体的には、何日周期で視線速度が変化しているかから惑星の公転周期を、どんな形の視線速度変化をしているかから惑星の軌道離心率（軌道がどれくらい円軌道からゆがんで細長くなっているかを表す量）を、どれくらい大きな視線速度変化をしているかから惑星の質量を、そして視線速度変化の周期性がいくつあるかからいくつの惑星があるかを調べられます（図４－５）。

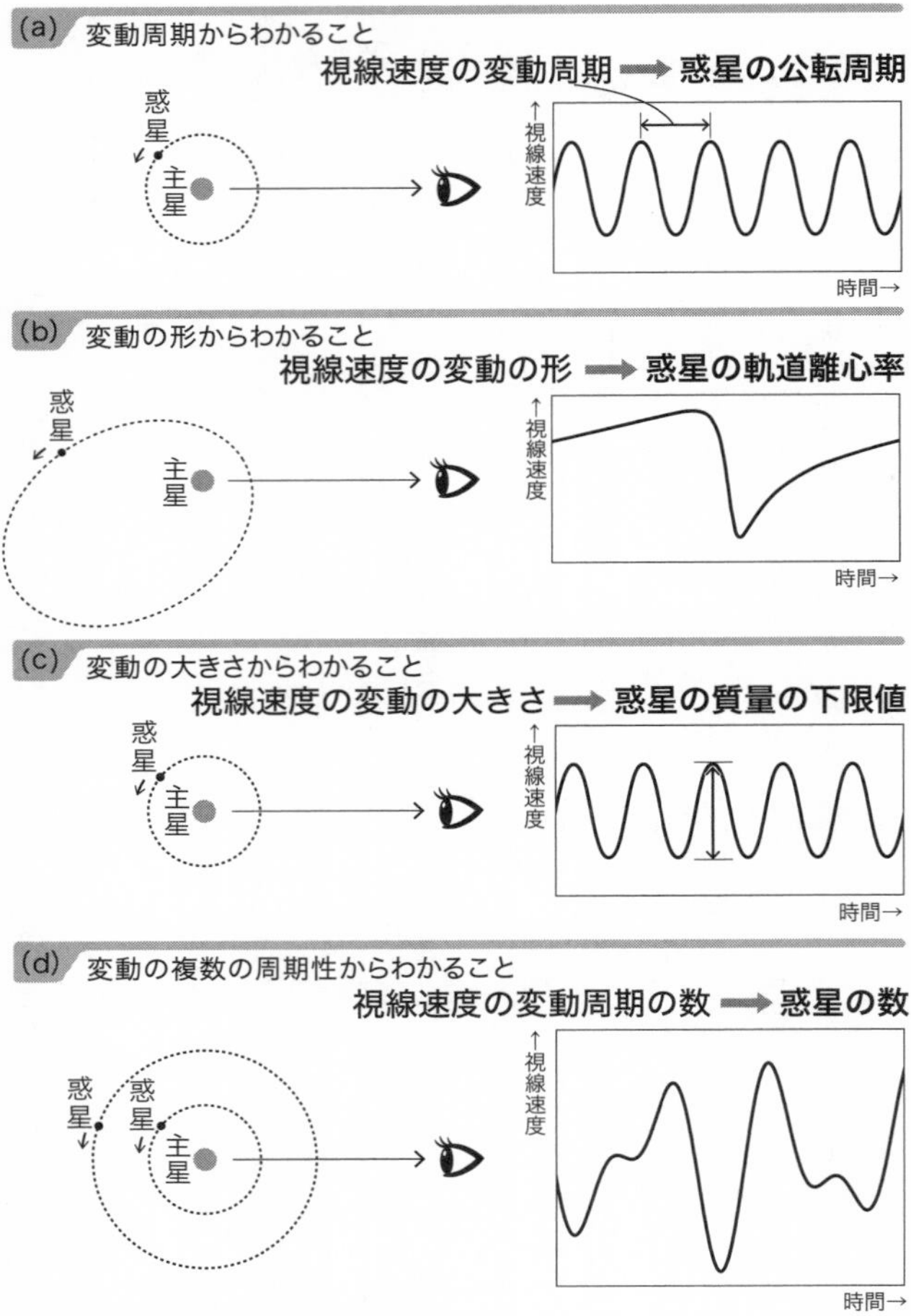

図4-5　視線速度観測からわかること

(a) 視線速度の変動周期から惑星の公転周期がわかる。(b) 視線速度の変動の形から惑星の軌道離心率がわかる。(c) 視線速度の変動の大きさから惑星の質量の下限値がわかる。(d) 視線速度の変動に隠れた複数の周期性から惑星の数がわかる。右の図は2つの惑星を持つ場合の例。

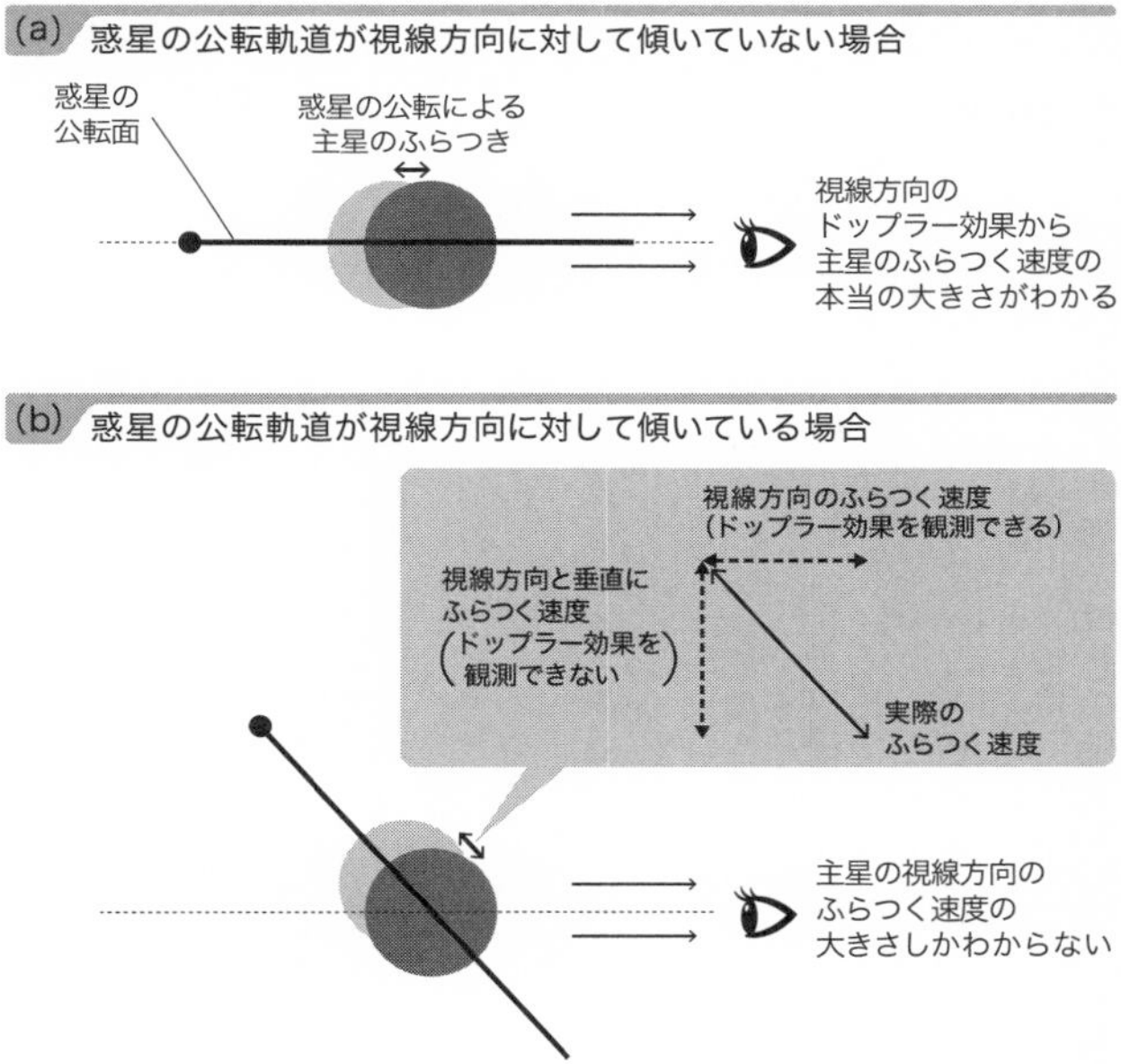
(a) 惑星の公転軌道が視線方向に対して傾いていない場合
惑星の公転面
惑星の公転による主星のふらつき
視線方向のドップラー効果から主星のふらつく速度の本当の大きさがわかる
(b) 惑星の公転軌道が視線方向に対して傾いている場合
視線方向のふらつく速度（ドップラー効果を観測できる）
視線方向と垂直にふらつく速度（ドップラー効果を観測できない）
実際のふらつく速度
主星の視線方向のふらつく速度の大きさしかわからない

図4-6　惑星の軌道の傾きと視線速度

ただし、視線速度の観測だけでは、系外惑星が引き起こす恒星の真の速度変化について、完全にはわかりません。それは、系外惑星の軌道が視線方向に対してどれくらい傾いているかがわからないからです。視線方向の運動はドップラー効果を生じさせますが、視線方向と垂直な方向の運動はドップラー効果を起こさないので、その方向にどれくらいの速度変化があるのかはわからないのです（図４－６）。そのため、視線速度法でわかるのは惑星の真の質量ではなく、質量の下限値（これよりは大きいという値）です。

視線速度法では、当然、大きな視線速度変化を生じさせる（主星を大きく揺さぶる）惑星のほうが発見は容易です。主星を大きく揺さぶるのは、重い惑星や公転周期の短い（主星に近い）惑星です。逆にいえば、主星から遠くて軽い惑星を発見するためには、視線速度の観測精度を高めることが大事です。

視線速度の観測精度を高めるためには、星の光の吸収線の波長を正確に決定しなければなりません。そこで、あらかじめ吸収線の波長がよくわかっているヨウ素などのガスを通して星の光を観測する方法や、特定の波長の光を放つランプの光（参照光）を星の光と同時に観測する方法などが発展してきました。

シュトルーベが視線速度法による系外惑星探査を提案した1950年代には、そういった方法は発達していませんでした。しかし、1980年代にはウォーカーら系外惑星探査の先駆者たちによって、秒速10m程度の精度が達成され、1990年代以降は秒速1〜3m程度まで精度が上がりました。

2010年代以降は、レーザーを使ってランプよりも精密な波長のものさしとなる参照光をつくり、それを同時に観測するという方法が主流になりつつあります。この方法で、可視光では秒速1mを切るような高い精度で視線速度を測定できる観測装置も登場しています。そして、地球の公転が太陽に引き起こすのと同等の動きを発見できる、秒速10cmの精度を目指した観測装置の開発もはじまりました。

一方、２０１０年代後半になると、可視光だけでなく赤外線を使った視線速度の観測装置が世界各地の望遠鏡に搭載されるようになりました。これにより、可視光ではとても暗い赤色矮星も、惑星探査のターゲットに選ばれるようになってきました。こうした最近の探査については、第Ⅲ部（第7章以降）でくわしくお話しします。

トランジット法——惑星がつくる影を探す

トランジット法は、恒星の明るさを測定し、惑星が恒星の手前を通過する（トランジットする）現象を検出する方法です。トランジット惑星を探す戦略は、大きく分けて2つあります。

ひとつは、すでに視線速度法で惑星が発見されている主星をターゲットとして、その惑星が主星の前を通るかもしれない時間帯に、その星の明るさを測定する方法です。惑星が主星の手前を通らなければ主星の明るさは変化しませんが、惑星が主星の手前を通過すると主星が少しだけ暗くなります。第3章で紹介したように、系外惑星のトランジットは１９９９年にこの方法で初めて見つかり、２０００年に論文として発表されました。

もうひとつは、ボラッキーらがケプラーで実現したように、何千何万というたくさんの恒星の明るさを長期間測定して、その中から周期的に暗くなる恒星を探すという方法です。じつは、この方法でトランジット惑星の発見に初めて成功したのは、マイクロレンズ法（くわしくは後述）による系外惑星探査をおこなっていたOGLEというチームでした。このチームは、マイクロレンズ法による系外惑星探査のために、たくさんの恒星の明るさを同時に測定するという観測をおこなっていました。そして、最初のトランジット惑星（コラム❹参照）が発表されてから、集中的にトランジット惑星探査をおこない、実際にトランジット惑星を発見することができたのです。

最初のトランジット惑星の発見後しばらくは、事前に視線速度法で惑星の存在を確認してからトランジットの有無を確認するという、前者の方法でのトランジット惑星探査が主流でした。しかし、OGLEチームによるトランジット惑星の発見後は、先に周期的な減光を探す後者の方法が主流になりました。たくさんの恒星の明るさを同時に観測する**トランジットサーベイ**のチームが、世界中で立ち上がったのです。

ただ、事前に惑星があるとわかっている場合と異なり、トランジットサーベイでは気をつけないといけないことがあります。それは、第3章でも紹介したように、恒星に周期的な減光を引き起こすのはトランジット惑星だけではないということです。

宇宙には、太陽のような単独の恒星だけでなく、恒星どうしがお互いを公転する連星も何割か存在しています。その中には食連星もあり、トランジットサーベイでは食連星をトランジット惑星だと見間違えてしまう可能性があります。このような見間違えのことを**偽検出**と呼びます。

じつはこの偽検出はかなり頻繁に起こり、地上の小口径望遠鏡でおこなうトランジットサーベイでは、９割以上の減光が偽検出であることがわかっています。また、非常に高い精度で宇宙から観測するケプラーでさえも、検出したトランジットの何割かは偽検出でした。そのため、トランジットサーベイで発見されるのはあくまでも惑星候補でしかなく、その候補が本物のトランジット惑星なのか食連星なのかを判別するという確認作業が必要になります。この作業を**発見確認**と呼びますが、具体的にどのようなことをするのかは第７章でくわしく説明します。

トランジット法でわかること

トランジット惑星が発見できると、その惑星についてさまざまな情報が得られます（図４-７）。

まず、トランジットの起こる周期は惑星の公転周期そのものです。また、トランジット時の主星の減光度合いから、惑星の大きさ（半径）が見積もれます。さらに、トランジットの継続時間から、惑星の軌道が視線方向に対してどれくらい傾いているかがわかります。そして、その傾きがわかると、視線速度法だけではわからなかった惑星の真の質量が求められます。

このように、トランジット惑星はその質量と半径の両方がわかるので、密度を計算できます。

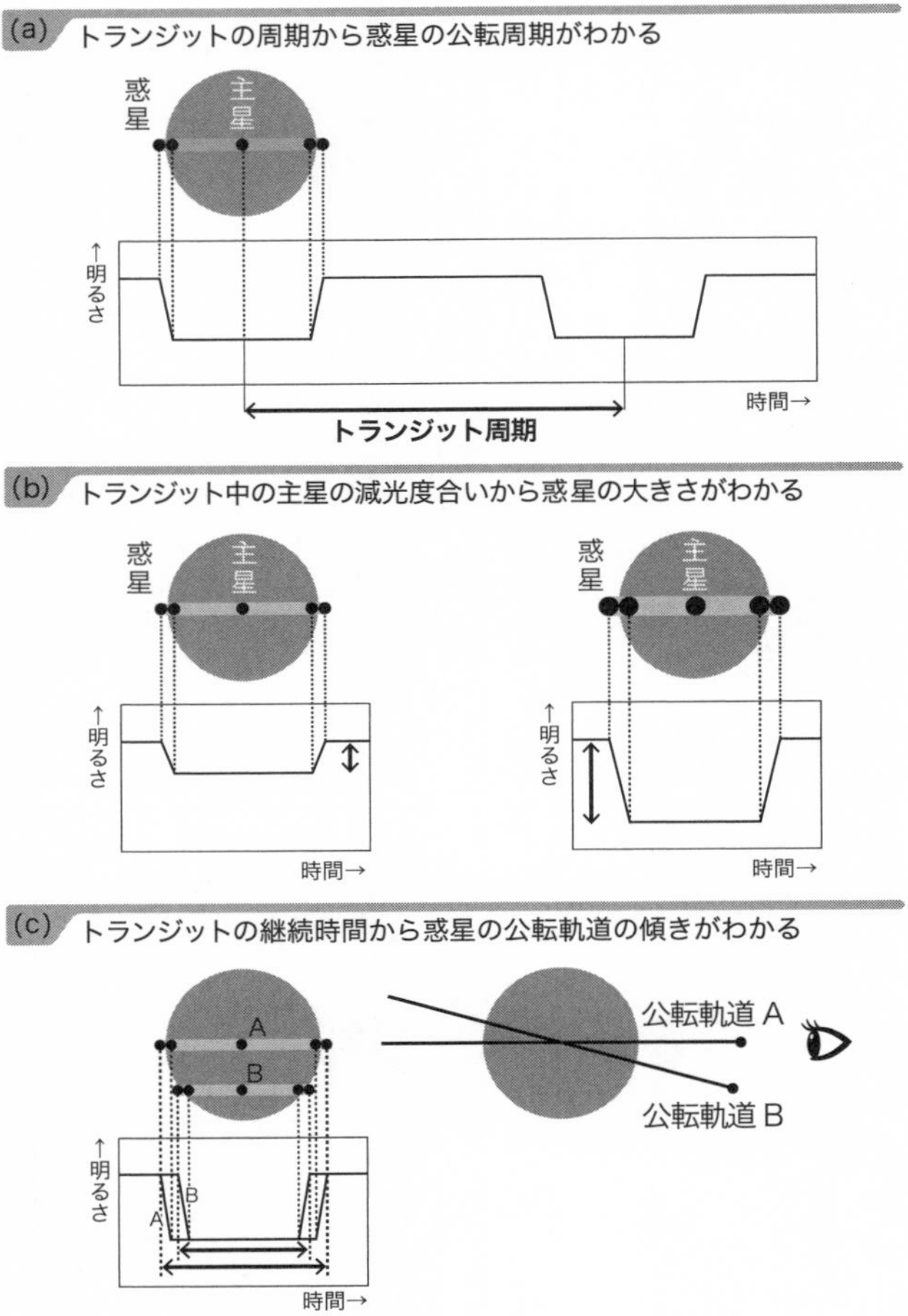

図4-7　トランジット観測からわかること

密度がわかれば、その惑星がガス主体の惑星なのか、それとも岩石主体の惑星なのかといったおおまかな組成も推定できます。

さらに、トランジット惑星については、その大気の組成や表面温度、そして惑星が主星の自転に対してどちら向きに公転しているのかといった情報まで得られます。これらの詳細はのちほどお話しします。

トランジットする確率

トランジット法で発見できるのは、主星の手前を通過する惑星だけです。では、そもそも惑星がトランジットする確率はどれくらいなのでしょうか。数学的な説明を省くと、惑星がトランジットする確率は「主星の半径を主星と惑星の距離で割った値」くらいになります。

もう少し具体的に考えてみましょう（図4－8）。たとえば、惑星が主星の表面すれすれの軌道を公転している（主星の半径と主星と惑星の中心間距離が一致している）とすると、この値は1、つまり100％になります。つまり、惑星の軌道が私たちから見てどんなに傾いていても、必ずトランジットをすることになります。一方、惑星が主星の半径の100倍のところを公転していたとすると、惑星がトランジットする確率は1％になります。

このことから、第3章で紹介したHD 209458 bのように、公転周期が数日しかない惑

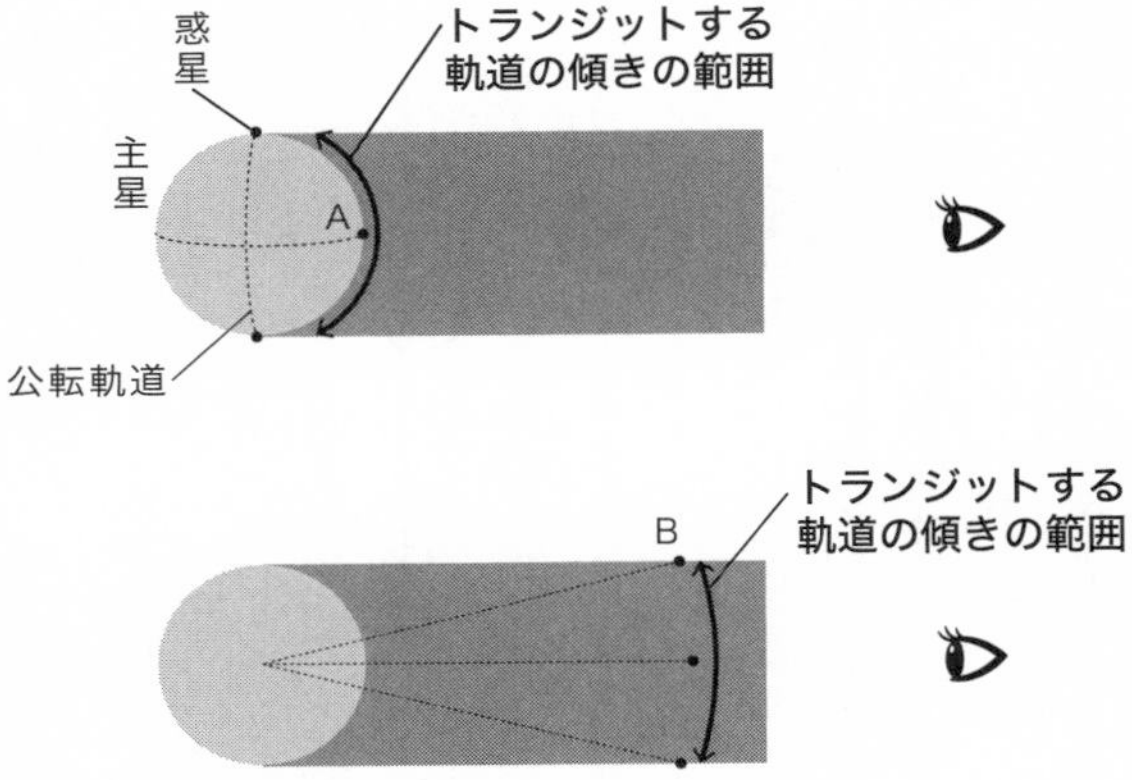

図4-8　トランジットする確率
上：Aのように「主星の半径＝主星と惑星の距離である場合、惑星の軌道がどんなに傾いても、必ずトランジットする。下：Bのように惑星が主星から離れると、トランジットする確率は小さくなる。

星がトランジットする確率を見積もることができます。HD209458bは主星の半径の10倍程度のところを公転しているため、トランジットする確率は10％程度です。これを一般化すると、ホットジュピターはだいたい10％程度の確率でトランジットするので、ホットジュピターは10個に1個くらいトランジットするはずです。

一方、地球は太陽の半径の215倍くらいのところを公転しているため、トランジット確率は0・5％程度です。このように、惑星が主星から離れれば離れるほど、惑星がトランジットする確率は低くなり、トランジット法での発見はむずかしくなるのです。

惑星がトランジットする確率はあまり高くありません。それでも、ケプラーの活躍により、トランジット法は最も多くの系外惑星を発見した方法となりました。そして２０１８年４月には、ケプラーの後継機であるアメリカのＴＥＳＳが打ち上げられ、２０２０年代にはケプラーやＴＥＳＳと同様の目的をもつヨーロッパのＰＬＡＴＯの打ち上げが控えています。そのため、これからもトランジット法により多数の系外惑星が発見されると期待されています。

重力レンズ効果とマイクロレンズ現象

次に紹介する系外惑星探査法は、マイクロレンズ法です。これは、アインシュタインによって提唱された一般相対性理論から導かれる、**重力レンズ効果**を使った方法です。概念的にほかの方法よりかなりむずかしいため、そもそも重力レンズ効果がどういうものか、というところから順を追って説明しましょう。

なるべく嚙み砕いたいい方をすると、重力レンズ効果というのは、天体の重力によって空間が曲げられ、あたかもその天体の位置にレンズがあるかのようにして、光が曲げられる現象です。

私たち（地球）から見て、天体Ｌ（レンズ天体）とさらに遠くにある天体Ｓ（ソース天体）がまったく同じ方向にあったとしましょう（図４－９）。天体Ｓから来る光は、天体Ｌがなければまっすぐ私たちに届きます。しかし、天体Ｌがあることで、そこにレンズがあるかのようにして、天体Ｌの方向から少し離れた方向（本来光が届かない方向）を通った光が私たちに届きま

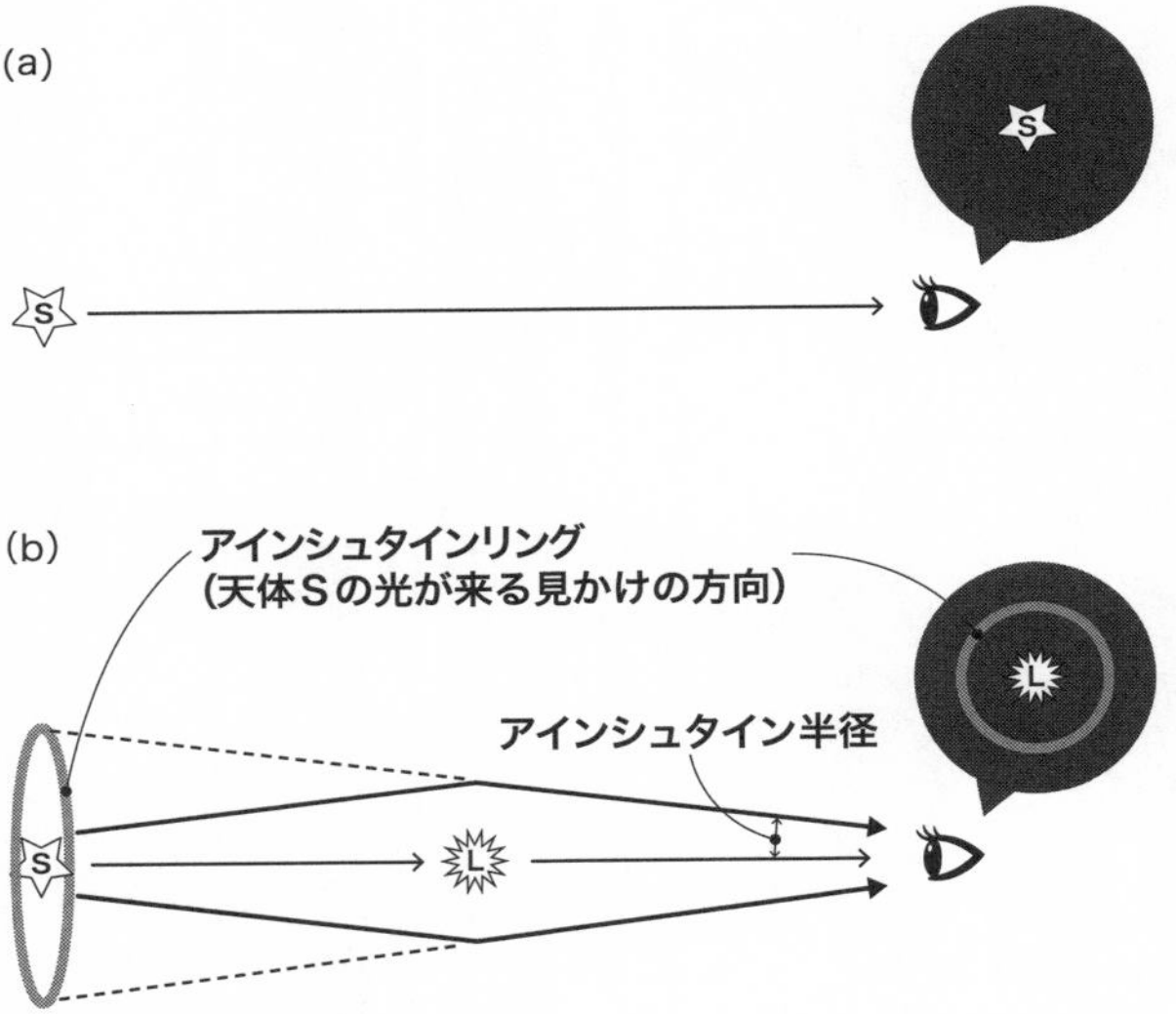

図4-9　重力レンズ効果
(a) 天体S（ソース天体）しかない場合は、Sの光がそのまま届く。(b) 天体Sと観測者のあいだに別の天体L（レンズ天体）がある場合、重力レンズ効果を起こした天体Sの光が観測される。とくに、天体Sと天体Lが一直線上に並んだ場合、天体Sの光はアインシュタインリングと呼ばれるリング状になって見える。アインシュタインリングの半径となる角度をアインシュタイン半径という。

す。このとき、私たちに届く天体S由来の光の量は天体Lがない場合より多くなります。

ソース天体からの光の曲がり具合はレンズ天体の質量に依存し、レンズ天体の質量が大きいほど光は大きく曲がります。たとえば、太陽の1000億倍以上という巨大な質量をもつ銀河や、その銀河の集団である銀河団といったレンズ天体が重力レンズ効果を起こすと、その背後にある銀河やクェーサーといったソース天体の像が複数に分裂したり、ゆがんだりしてしまうことが知られています。重力レンズ効果を受けたソース天体の光は、レンズ天体から**アインシュタイン半径**と呼ばれる角度だけ離れたあたりを通って私たちに届きます。とくに、ソース天体とレンズ天体が私たちから見て完全に同じ方向にあるとき、ソース天体の光はレンズ天体を囲むリング状の方向から私たちに届きます。つまり、ソース天体の像がリング状になって見えるのです。このようにソース天体がリング状になった像は**アインシュタインリング**と呼ばれ、実際に観測もされています。

一方、恒星程度の質量の天体が重力レンズ効果を起こしても、その効果はとても小さいものです。そのためアインシュタイン半径もとても小さく、ソース天体をレンズ天体と角度的に分解して見ることはできません。しかし、レンズ天体がないときにくらべると、ソース天体の明るさが変わって（多くの場合、届く光の量が増えるので明るくなって）見えます。このように明るさの変化（増光現象）としてとらえられる重力レンズ効果を**マイクロレンズ現象**と呼びます。

マイクロレンズ法――重なる星に惑星を探す

さて、このマイクロレンズ現象をどうやって系外惑星探査に使うのでしょうか。

第２章や本章のアストロメトリ法についての項で紹介したように、恒星は固有運動のために日々少しずつ天空上の位置を変えています。その結果、２つの星が次第に近づいていって、偶然ちょうど重なり、そしてまた遠ざかっていくという現象が、とてもまれにではありますが起こります。このとき、背後に隠れる星がソース天体に、手前の星がレンズ天体になり、マイクロレンズ現象が起こります。するとソース天体がだんだん明るくなって（増光して）、またもとに戻るようすが観測されるのです。この増光はだいたい数ヵ月間にわたってつづきます。

しかしこのとき、もしレンズ天体となる恒星に惑星が存在すると、惑星が存在しない場合とくらべて明るさの変化にずれが生じます（図4-10）。この明るさの変化のずれは数時間から数日にわたって起こり、そのずれを発見することによって、レンズ天体の惑星を発見することができます。この系外惑星探査法が**マイクロレンズ法**です。

この惑星による明るさの変化のずれは、重い惑星がレンズ天体のアインシュタイン半径の付近にあると顕著になります。逆にいうと、惑星が軽かったり、アインシュタイン半径から離れていたりすると、ずれが小さくなって発見はむずかしくなります。

恒星のつくるアインシュタイン半径の大きさは、第1章で説明したスノーライン付近になります。そのためマイクロレンズ法で発見しやすいのは、主星からやや離れたスノーライン付近にある惑星です。これは、ほかの系外惑星探査の方法にはない特徴で、マイクロレンズ法のユニークなところです。

ただし、マイクロレンズ法による惑星探査にはいくつかの困難があります。まず、トランジッ

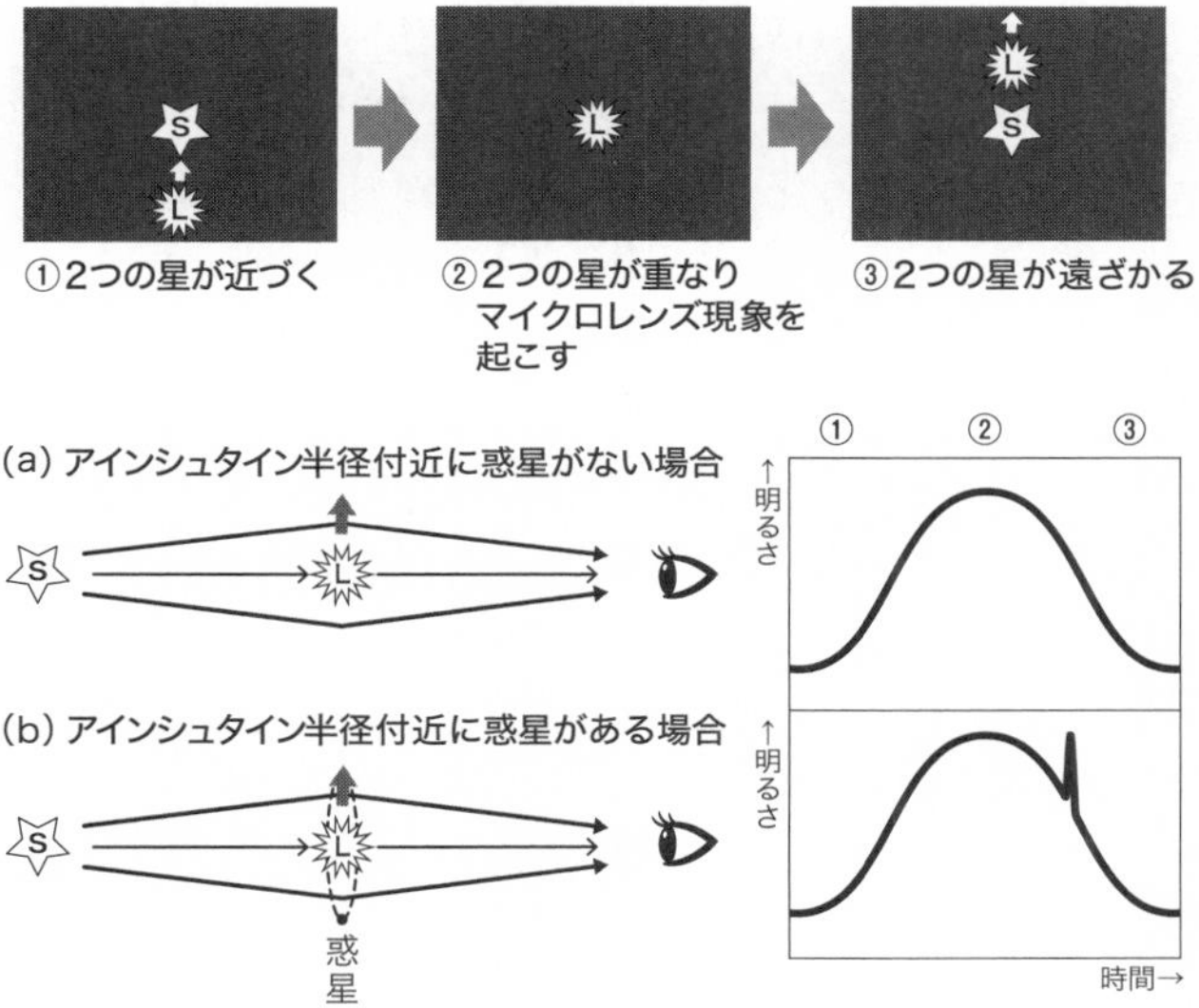
①2つの星が近づく
②2つの星が重なりマイクロレンズ現象を起こす
③2つの星が遠ざかる
(a) アインシュタイン半径付近に惑星がない場合
(b) アインシュタイン半径付近に惑星がある場合
惑星
↑明るさ
時間→

図4-10　マイクロレンズ法
レンズ天体（L）が惑星をもつかどうかによって、マイクロレンズの明るさの変化にちがいが生まれる。とくに、(b) のようにレンズ天体のアインシュタイン半径付近に惑星がある場合、明るさのずれが顕著になる。

ト法による惑星探査以上にたくさんの星の明るさを継続的にモニターする必要があることです。第3章で紹介したように、トランジット法では1万個程度の恒星の明るさをモニターすれば、系外惑星が見つかるだろうと予想されていました。一方、マイクロレンズ現象が起きる頻度は、100万個の星を見ても1ヵ月に1個ほどといわれています。そのため、トランジット法より何桁も多くの星の明るさをモニターする必要があります。

　また、一度マイクロレンズ現

象を起こしたレンズ天体とソース天体は、その後は遠ざかる一方なので、もう二度と同じ現象を観測することができません。つまり、一組のレンズ天体とソース天体が起こすマイクロレンズ現象は、一度きりしか観測チャンスがないのです。しかも、数ヵ月間にわたってつづくマイクロレンズ現象を観測しても、そのレンズ天体に必ず惑星があるとは限らず、また惑星があったとしても、見つけるためには数時間から数日という短いあいだに起こるずれを見逃さない必要があります。

マイクロレンズ法の成功と今後の展望

こうした困難を克服するため、マイクロレンズ法による惑星探査では、特別な観測体制が整えられています。まず、何百万個というたくさんの恒星の明るさの変化を観測するため、天の川銀河の中でも恒星が密集している面（銀河面）の方向を、超広視野の専用カメラを使って観測します。そして、マイクロレンズ現象を起こしている星が見つかったら、その情報を世界中の関係者に知らせます。すると、アマチュアをふくむ世界中の観測者が連携して、ほぼ24時間体制でその後のマイクロレンズ現象を観測し、惑星による明るさのずれが生じていないかを調べるのです。

こうした観測戦略によって困難を克服し、２００４年に初めてマイクロレンズ法による系外惑星の発見が報告されました。これは、ＯＧＬＥと日本のＭＯＡというチームの連携が導いた成果です。それ以来、２０１９年までに数十個の惑星がマイクロレンズ法で発見されています。

また、本章の「アストロメトリ法」の項で紹介したガイア衛星は、マイクロレンズ法による系外惑星探査にも利用されるかもしれません。これまでは、マイクロレンズ現象がいつどの星で起こるかを事前に知ることはできませんでした。そのため、銀河中心方向にある多数の恒星を観測して、マイクロレンズ現象が偶然起こるのを待つしかなかったのです。しかし、あらゆる方向の恒星について位置の変化を精密に調べられるガイア衛星が登場したことで、多数の恒星の現在の位置と固有運動がわかるようになりました。その情報を利用して、銀河面方向の恒星に限らず、いつどの星とどの星が重なってマイクロレンズ現象を起こしそうか、予言することも可能になると期待されています。

さらに、マイクロレンズ法による系外惑星探査をひとつの柱とするＮＡＳＡの衛星ＷＦＩＲＳＴ（読み方はダブルファースト）の打ち上げが、２０２５年ごろに計画されています（くわしくは第7章参照）。マイクロレンズ現象を探す観測は、現在は地上からしかおこなわれていませんが、宇宙にも目が増えるということです。ＷＦＩＲＳＴは、1億個もの星をターゲットにした大規模なマイクロレンズ現象探しをおこなう予定で、これによって数千個の惑星が発見される見込みです。しかもそれらの多くは、ほかの方法では見つけにくいスノーライン付近の軌道を公転する惑星です。もし期待どおりの成果があがれば、ケプラー計画と合わせて、惑星の軌道分布の詳

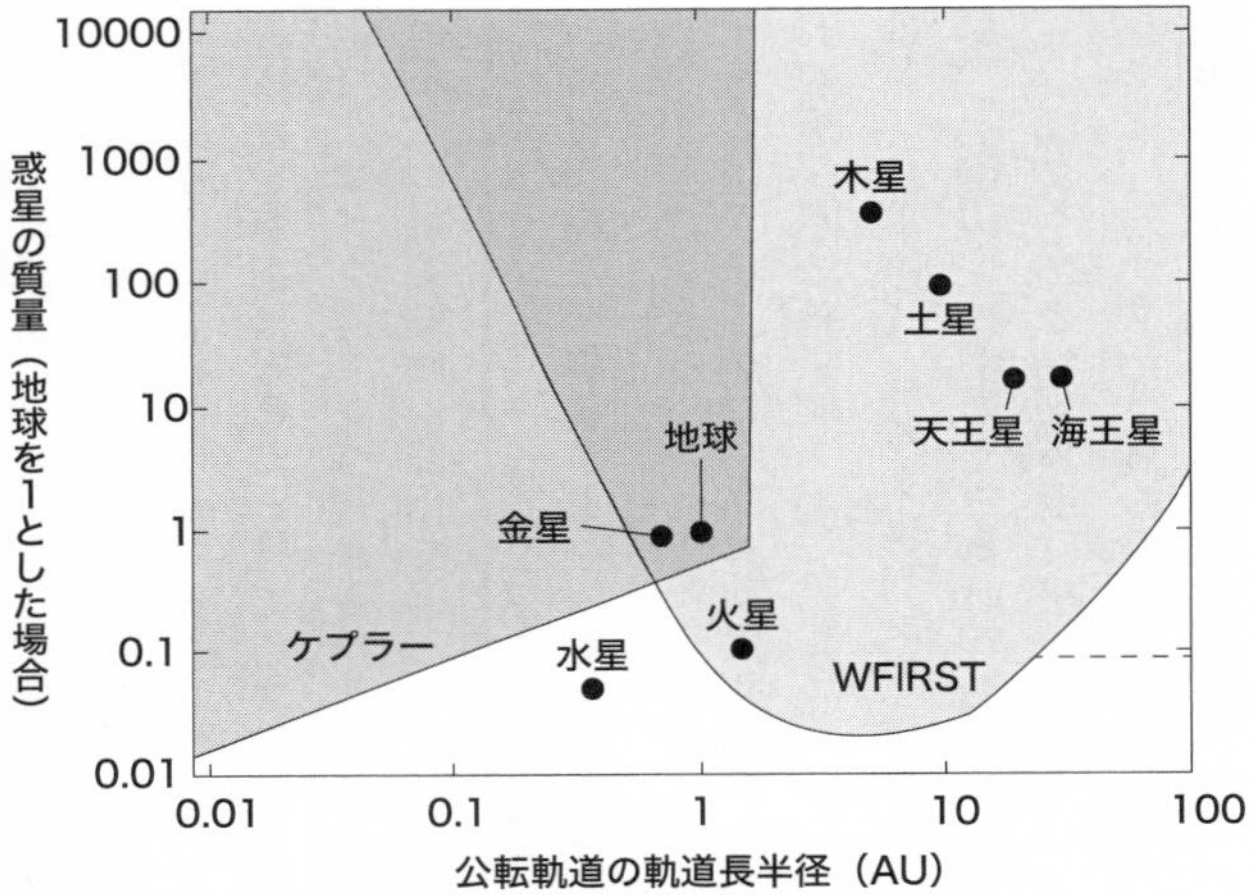

図4-11　WFIRSTとケプラーの惑星の発見可能領域
［NASAの図を参考に作成］

細が明らかになるはずです（図4－11）。

系外惑星の直接観測はなぜむずかしいか？

ここまで紹介してきたのは、主星の観測から惑星を発見する間接法でした。本章の最初で述べたとおり、直接法は間接法よりはるかにむずかしいのですが、その理由を説明します。

系外惑星の姿を直接観測する直接撮像法は、技術的に最もむずかしい方法です。それは、明るい主星の光を隠して、すぐそばにある惑星から届く光だけを観測することがとてもむずかしいということです。

たとえば、100万画素（ピクセル）のデジタルカメラがあったとしましょう。このデジタルカメラは１０００ピクセル×１０００ピクセルの検出器をもっています。この各ピクセルに光が入ると、入ってきた光の量に応じて電荷が蓄えられます。しかし、各ピクセルが蓄えられる電荷の量には限界があり、光が過剰に入ってくると電荷が飽和（英語の saturation をもとに、天文学の世界ではよく「サチる」といいます）してしまいます。

そのためデジタルカメラでとても明るいものの写真を撮ると、その周囲が白飛びして不鮮明になってしまうことがあります。これは、明るいもののところに光があたりすぎて、その部分のピクセルが飽和してしまったためです。飽和したピクセルは正確な明るさを計測できません。また、あるピクセルが飽和すると、まわりのピクセルにまで電荷が流れ込んでしまい、周囲のピクセルも正確な明るさを計測できなくなることがあります。そうすると、そこに何かが写っていても、はっきりとした像を再現できなくなってしまうのです。

系外惑星の直接観測をむずかしくしている原因はこれと同じです。系外惑星を直接観測しようとすると、すぐそばにある主星の明るい光が邪魔になるのです。そこで、系外惑星を直接観測するためには、主星の光をいかに隠すかが重要になります。

直接撮像法——主星を隠して惑星を探す

直接撮像法による系外惑星探査では、主星の光を隠してそのそばにある惑星の光をとらえるた

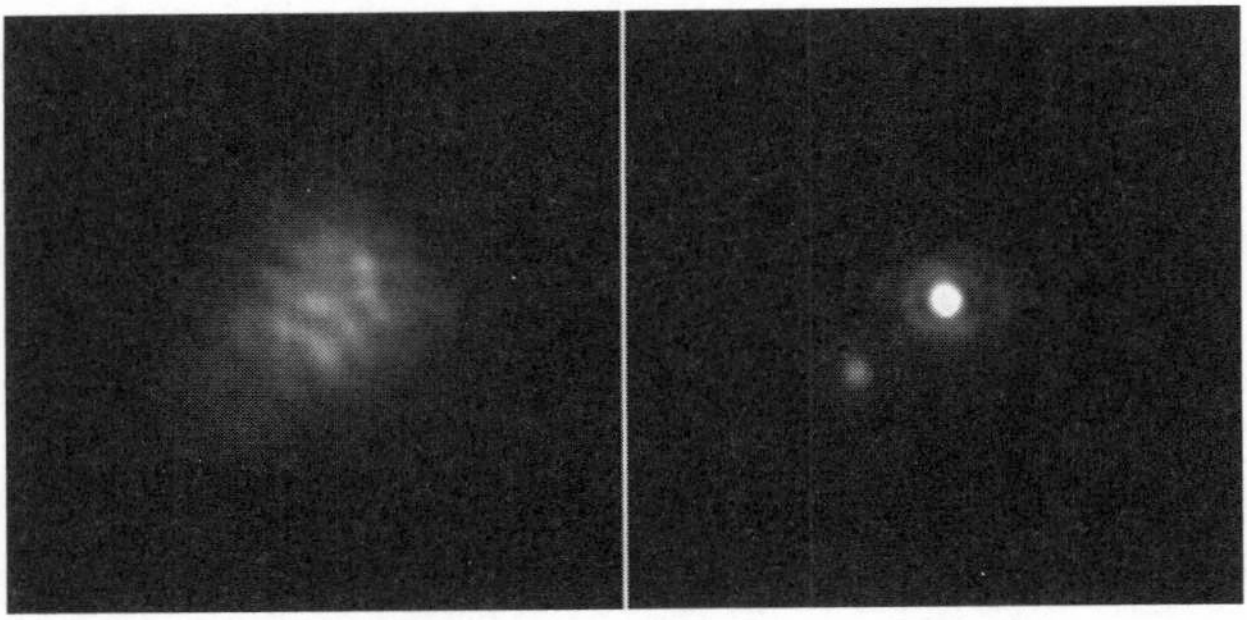

図4-12　補償光学の効果
二重星HR 1852の像。左：補償光学を使わなかった場合。右：補償光学を使った場合。シャープな像が得られていることがわかる。
［画像提供／国立天文台］

めに、**補償光学**と**コロナグラフ**という2種類の装置が使われます。

補償光学というのは、簡単にいうと、地球の大気によってひろがってしまった星の光をシャープな像にするための装置です。遠くの恒星は本来、点のようにとても小さな光源なのですが、私たちが夜空に見る星たちは少しちらついて、大きさをもって光っています。これは、星からの光が地球の大気によって乱されてひろがっているからです。地上から夜空の星を観測するのは、波立つ水面の下から水上にある光源を見るようなものなのです。補償光学を使うことにより星の光がシャープになり、カメラの検出器上でひろがってしまうのを防ぐことができます（図4－12）。

コロナグラフというのは、もともとは太陽の大気であるコロナを観測するため、太陽の光を隠す目的で開発された装置です。太陽観測用のコロナグラフを太陽

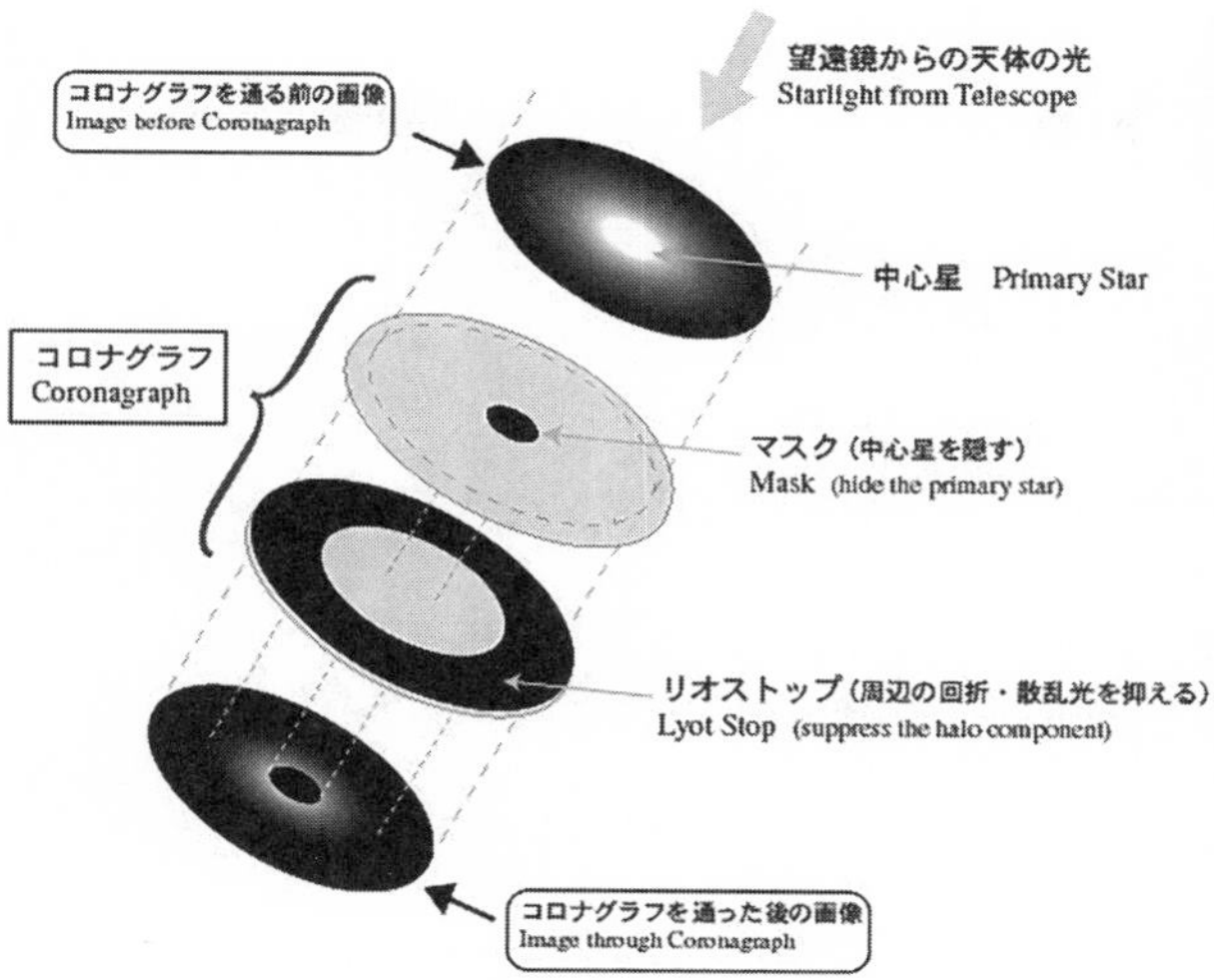

図4-13　コロナグラフの仕組み
［画像提供／国立天文台］

以外の恒星の観測に応用し、系外惑星探査に役立てているのです。この恒星用のコロナグラフは、明るい恒星の部分にマスクをして隠します（図４-13）。しかし、マスクを大きくしすぎると惑星系の内側が見えなくなってしまうため、マスクで隠す領域をできるだけ小さくすることが求められます。そのため、コロナグラフを使って恒星のすぐそばにある惑星を見つけるためには、補償光学によってなるべく恒星の像をシャープにする必要があるのです。

補償光学やコロナグラフを使って、主星の光を弱めて（隠して）観測することで、そのまわりの惑星を探すことができます。では、系外惑星を直接観測するためには、主星の光をどれくらい弱めなくてはならないのでしょうか?

惑星自身は可視光では輝いておらず、主星の光を反射しているだけです。太陽系惑星や月が光って見えるのは、自分自身で光を放っているからではなく、太陽の光を反射しているためです。したがって、惑星は主星よりはるかに暗いのです。たとえば、太陽は可視光では地球の10億倍以上明るく輝いています。地球を直接撮像法で観測しようと思ったら、主星の光を100億分の1程度に抑えなくてはいけません。主星の光をこれほど弱めるのは、2019年現在の技術ではまったく不可能です。

一方、惑星は赤外線ではその表面温度に応じた光を放っています。この赤外線の放射光は温度が高くなるほど強くなり、さらに、惑星が大きくなれば光を放つ面積も増えるので、そのぶん強くなります。そのため、温度が高い巨大惑星ほど赤外線で明るくなります。

温度が高い巨大惑星といえば、視線速度法で発見されるような短周期の巨大惑星があります。しかし、主星に近すぎる惑星は検出器上で主星と分離できないため、残念ながら直接撮像法では観測することができません。

一方、主星から遠く離れていても、生まれたての若い巨大惑星であれば表面温度が1000K程度になっています。そのため、若い主星から離れたところでできたばかりの熱い巨大惑星が、直接撮像法での惑星探査に最適なターゲットです。このような若い巨大惑星は、赤外線で主星の

10万分の1から100万分の1くらいの明るさで輝いています。つまり、直接撮像法で惑星を発見するためには、主星からの赤外線を100万分の1程度に抑えられる観測装置が必要というわけです。

そうした観測装置が登場したのは2000年代です。そのころから、補償光学とコロナグラフを搭載した8〜10m級の大型地上望遠鏡が複数登場し、直接撮像法による大規模な惑星探査がおこなわれはじめました。その結果、HR 8799やがか座β星といった若い恒星のまわりで巨大惑星が発見されました。その発見数は、2019年現在で数十個にのぼっています。

直接撮像法の特徴

直接撮像法では、視線速度法やトランジット法とは異なり、主星からかなり離れたところにある巨大惑星を発見できるのが特徴です。そして、直接撮像法で惑星が発見できると、主星と惑星の距離や惑星の明るさがわかります。また、惑星の明るさをもとに、その表面温度と質量も推定することができ、さらに直接撮像した惑星の光を分光すれば、その大気の情報も得られます。

現在の観測技術では、直接撮像法で発見できるのは、若い恒星のまわりで比較的離れたところにある巨大惑星に限られています。しかし、補償光学とコロナグラフの性能をさらに向上させたり、あるいは地球大気の外に出て宇宙から観測をすることによって、将来は、より小さな惑星やより内側の軌道にある惑星まで観測することができると考えられています。

具体的には、30m級の超大型地上望遠鏡や10m級の大型宇宙望遠鏡が登場し、そこに直接撮像用の観測装置が搭載されれば、太陽系の近くにある恒星のまわりで、第二の地球と呼べるような岩石惑星の観測も可能になると期待されています。その際には、直接撮像法は惑星の大気を調べられるだけでなく、惑星の表面に何があるか（たとえば雲や海や陸があるかどうか、さらにもしかしたら植物が覆っているかどうか）という情報を得ることができる、唯一の方法となるでしょう。

まとめ ―― 各探査法の特徴

この章では、アストロメトリ法、視線速度法、トランジット法、マイクロレンズ法、直接撮像法といった系外惑星の探し方を紹介してきました。章の最後に、それぞれの方法でわかることと、大事なポイントをおさらいしておきましょう。

アストロメトリ法は、主星から遠く公転周期が数年程度の重い惑星を見つけやすい方法です。この方法で発見できた惑星については、公転周期、軌道、質量などがわかります。惑星を発見できるレベルの位置決定精度をもつガイア衛星が、２０１３年に打ち上げられました。この衛星が観測を継続することで、公転周期が比較的長い巨大惑星が多数発見されると期待されています。

視線速度法では、主星のそばにある重い惑星ほど発見しやすく、惑星の公転周期、軌道、そして質量の下限値がわかります。視線速度の決定精度が向上し、観測期間が累積されてきたことにより、現在では、地球と同程度の質量の惑星や、主星から離れていて公転周期が10年を超えるような惑星も発見されるようになりました。さらに、赤外線を使った視線速度測定装置が世界各地の望遠鏡に搭載され、赤色矮星のまわりの惑星探査もはじまっています。

トランジット法は、惑星の半径を測定できる唯一の方法で、ほかの方法より公転周期を正確に決められるのが特長です。トランジット惑星を視線速度法で観測すれば、その真の質量がわかるので、2つの観測法を組み合わせることで密度も計算できます。また、惑星大気の情報や、惑星が主星の自転に対してどちら向きに公転しているのかといったこともわかります。ケプラーの活躍によって、地球以下のサイズの惑星や公転周期が1年を超える惑星も発見されました。2018年4月には、ケプラーの後継機である新しい衛星TESSも打ち上げられたので、トランジット法による系外惑星探査はさらに進むでしょう。

マイクロレンズ法は、スノーライン付近にある惑星を発見しやすいユニークな方法です。この方法で惑星を発見できると、その質量や主星からの距離がわかります。2020年代にWFIRSTという衛星が打ち上げられると、ケプラーが探査したのとは相補的な軌道の領域で、数千個の惑星を発見できると期待されています。

直接撮像法は、補償光学とコロナグラフという装置を使って、惑星からの光を直接とらえる方法です。現在の技術では、若い恒星のまわりで公転距離の大きなところを公転する巨大惑星が発見できます。この方法では、主星と惑星との距離や惑星表面の温度がわかり、惑星の質量や大気の情報も得ることができます。将来、超大型地上望遠鏡や大型宇宙望遠鏡が登場し、岩石惑星の直接観測が可能になれば、惑星の大気や表面の情報まで得られる唯一の方法となります。

このように、系外惑星の探し方は多様であり、方法によってわかることも異なります。そのため、視線速度法とトランジット法のように、同じ惑星を複数の方法で観測することができると、さらにくわしい情報を得ることができるのです。

第5章 系外惑星の多様性

太陽系とは異なる世界

前章では、天文学者がどのような方法で系外惑星を探しているかを紹介しました。本章では、これまでの系外惑星探査でどんな惑星が実際に発見されてきたのかを紹介します。発見された系外惑星の性質を太陽系惑星たちと比較することで、宇宙には、私たちが想像していなかった、多様な惑星の世界がひろがっていたことがおわかりになるでしょう。

太陽系惑星たち

本章では、これまでにどんな惑星たちが太陽系外に発見されてきたのかを、惑星の質量・大きさや軌道などに注目して紹介していきます。しかしその前に、系外惑星が発見されるまで私たちが知る唯一の惑星系だった、太陽系惑星たちの特徴を少しおさらいしておきましょう。

太陽系には8つの惑星があります。内側の水星・金星・地球・火星は、おもに岩石でできた「岩石惑星」で、外側の木星・土星・天王星・海王星はいずれも水素を主成分とした大気をもつ「ガス惑星」です。

太陽系の4つの岩石惑星と4つのガス惑星のあいだには、質量とサイズに大きな隔たりがあります。岩石惑星の中で最大の質量と半径をもつのは地球です。一方、最小の質量をもつガス惑星は天王星ですが、それでも地球の15倍程度の質量をもっています。また、ガス惑星として最小の半径をもつのは海王星で、地球の4倍程度です。このことから、太陽系に限らず、岩石惑星とガス惑星を分ける質量・半径の境界が、地球と天王星・海王星のあいだのどこかにあるだろうと考えられています。

公転周期や公転距離に目を向けてみましょう。8つの惑星の中で最も公転周期が短いのは水星で、その周期は88日、公転距離は0・39天文単位です。ガス惑星の中で最も公転周期が短いのは木星で、公転周期12年、公転距離は5・2天文単位です。そして、最も公転周期が長い惑星は海王星で、公転周期165年、公転距離は30天文単位です。

そして、太陽系惑星はすべてほぼ円軌道で、太陽の自転とほぼ同じ向きに公転しています。

系外惑星が発見されるまでは、こうした特徴をもつ惑星たちで構成される太陽系が、私たちの知る唯一の惑星系の姿でした。それでは、この太陽系惑星たちの姿を心にとどめておきつつ、宇宙にはいったいどんな系外惑星が存在していたのかを見ていきましょう。

灼熱の巨大惑星――ホットジュピター

第2章で紹介した、マイヨールとケローによって発見された最初の系外惑星を思い出してください。ペガスス座51番星という恒星を公転するこの惑星は、ペガスス座51番星ｂと呼ばれるようになりました。一般に、系外惑星には、主星名と小文字のアルファベットを組み合わせた名前が与えられるのですが、小文字のアルファベットは発見順にｂ、ｃ、ｄ、……とつけられることになっています（ａは使いません）。

ペガスス座51番星ｂは、太陽型星のまわりをたった４・２日という短周期で公転する、しかも木星くらいの質量をもつ巨大惑星でした。先ほど述べたように、太陽系の巨大惑星の中で公転周期が最も短いのは木星で、その周期は12年です。また、太陽系の全惑星では水星の公転周期が最短で、88日です。木星や水星とくらべると、ペガスス座51番星ｂの公転周期が圧倒的に短いことがわかります。

ペガスス座51番星ｂのように公転周期が数日程度の**短周期惑星**は、公転距離がだいたい０・０５天文単位ほどしかありません。太陽の半径はおよそ０・００５天文単位なので、主星の中心か

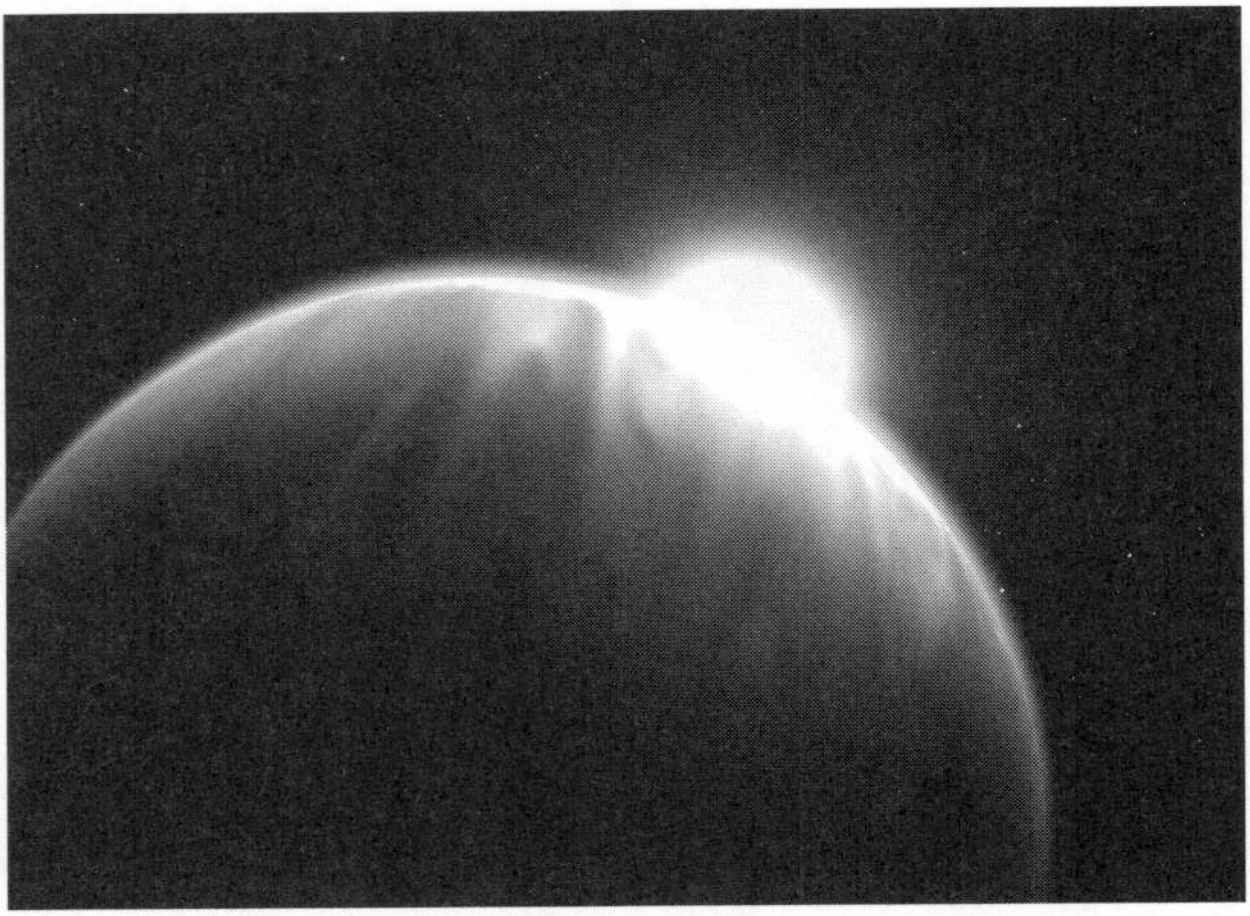

図5-1　ホットジュピターHD 189733 bのイメージ図
［画像提供／NASA/ESA/G. Bacon (STScI)］

ら主星の半径の10倍ほどしか離れていない軌道を、たった数日で周回しているということです。

短周期惑星はあまりにも主星に近いため、表面温度が1000Kを超えるような高温になっていると考えられます。そのため、こうした短周期の巨大惑星には灼熱の巨大惑星というイメージが定着し、**ホットジュピター**というニックネームがつけられました（図5－1）。

ホットジュピターの公転周期や質量などには、じつはまだ正式な定義がありません。典型的には、公転周期が10日程度以下で、土星程度より質量の大きい惑星がホットジュピターにまとめられています。

最初のホットジュピターであるペガスス座

51番星ｂの発見後、10日程度よりもう少し公転周期が長い巨大惑星や、海王星程度の質量の短周期惑星、さらには公転周期が１日未満の惑星も発見されるようになりました。これらは、それぞれの特徴を表すニックネームを与えられています。公転周期が10日程度から１００日程度までの巨大惑星は**ウォームジュピター**（ただし、表面温度は数百℃になると考えられ、私たちが感じる「ウォーム＝暖かい」とはちがいます）、そして海王星程度の質量の短周期惑星は**ホットネプチューン**、公転周期が１日未満の惑星は**超短周期惑星**（英語で ultra-short-period planets、あるいはＵＳＰ）というようにニックネームがついています。

ホットジュピターは恒星に近いところを公転していて質量も大きいので、視線速度法でもトランジット法でも発見しやすいタイプの系外惑星です。そのため、ペガスス座51番星ｂの発見後、多くの太陽型星に対して視線速度法とトランジット法による惑星探査がおこなわれました。その結果、太陽型星の約１％弱がホットジュピターをもつことがわかってきました。

また、恒星の大多数を占める赤色矮星でも、視線速度法とトランジット法での惑星探査がおこなわれてきました。赤色矮星は小さくて軽い恒星なので、ホットジュピターがあればとても発見しやすいはずです。しかし、赤色矮星のまわりでホットジュピターはほとんど発見されていません。つまり、赤色矮星にはあまりホットジュピターが存在しないことがわかってきました。

一方、高温度星のスペクトルには吸収線がほとんどなく、視線速度法による惑星探査が困難な

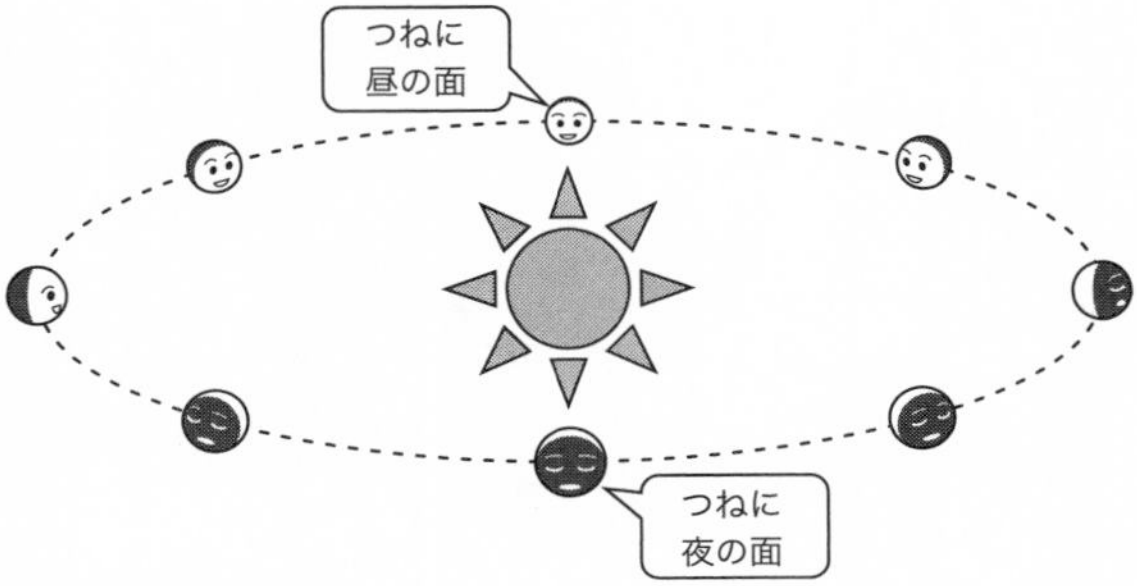

図5-2　潮汐固定
潮汐固定を受けた質量の小さな天体は、質量の大きな天体につねに同じ面を向けるようになる。ホットジュピターの場合、つねに主星に照らされる「昼の面」と、主星に照らされることのない「夜の面」が生じる。

ため、おもにトランジット法による惑星探査がおこなわれてきました。惑星探査は長年おこなわれているものの、高温度星のまわりで発見されたホットジュピターの数は、２０１９年現在、20個程度しかありません。これは、高温度星に特有の理由で惑星を発見することがむずかしいことも関係しています（コラム❺参照）。しかし、高温度星のまわりのホットジュピターは、太陽型星のまわりに比べると存在する頻度が若干少ないといわれています。

　ホットジュピターには、とても高温であること以外にも、おもしろい特徴があります。それは、**潮汐《ちょうせき》固定**を受けているということです。潮汐固定とは、質量の大きな天体の近くを質量の小さな天体が公転していると、小さな天体の公転周期と自転周期が等しくなるという現象です（図５－２）。潮汐固定を受けた小さな天体は、大きな天体につねに同じ面を向けるようになります。実際、ホットジュピターは潮汐固定の効果によって主星につねに同じ面を向けており、つねに昼の面とつねに夜の面ができているのです。じつは、同じ原理で、月も地球に対してつねに同じ面を向けています（地球からは月の裏側を見ることができないのです）。

このようにホットジュピターは、とてもおもしろい研究対象です。ここではこれ以上くわしく説明しませんが、ホットジュピターがどのようにしてできたのかについては第６章で、どんな大気をもっているかについては第８章で紹介します。

COLUMN 5

ＫＥＬＴ－９ｂの発見と高温度星まわりの惑星探査

すでに述べたとおり、数は多くないものの、ホットジュピターを伴う高温度星が複数見つかっています。２０１９年12月現在、その中で最も高温なのはＫＥＬＴ－９という星で、その表面温度はおよそ１万Ｋです。２０１７年にこの星に発見されたホットジュピター、ＫＥＬＴ－９ｂは主星を１・５日周期で公転していて、昼側の表面温度は４６００Ｋ（４３００℃以上）にもなります。この惑星は２０１９年現在、最も熱い惑星として知られています。

この惑星の表面温度は太陽型星の温度にも匹敵します。その高温のせいで、ＫＥＬＴ－９ｂの大気はふつうの惑星大気を構成するような分子ではなく、おもに原子やイオンの状態で存在していると考えられています。実際、2018年には、KELT－9 bの大気中に、気体になった鉄やチタンの原子がふくまれていることが明らかになりました。まさに想像を絶する世界です。

さて、KELT－9はとても明るい恒星なのですが、KELT－9 bはなぜつい最近（2017年）まで発見されなかったのでしょうか?

じつは、主星が明るすぎることが問題でした。明るすぎる星を観測しようとすると、カメラの検出器（CCD）が飽和してしまって、明るさの変化を正確に測定できません。そのため、KELT－9はトランジット惑星探査のターゲットからはずされていたのです。

KELT－9 bを発見したチームのKELTという名前は、Kilodegree Extremely Little Telescopeの頭文字をとったものです。このチームは、名前にExtremely Little Telescope（きわめて小さな望遠鏡）とあることからわかるように、口径がたった4・2cmという非常に小さな望遠鏡を使ってトランジット惑星を探してきました。それ以前のトランジット惑星探査で使われていた地上望遠鏡は口径10cm程度でしたから、半分以下の大きさです。このように小さな望遠鏡を使ったことが、従来のトランジット惑星探査では対象にはならなかった、とても明るい恒星のまわりのホットジュピターを発見することにつながったのです。

さて、KELT－9より熱い恒星にもホットジュピターが存在するのかどうかは、まだよくわかっていません。この疑問への答えは、２０１８年4月に打ち上げられた新しいトランジット惑星探査衛星ＴＥＳＳの観測によって明らかになると期待されています。ＴＥＳＳは高性能のＣＣＤを搭載していて、地上から肉眼で見えるくらい明るい恒星でも、正確な明るさの変化を測定することができるためです。

第7章でくわしく紹介するように、ＴＥＳＳの大きな目標は、太陽系近傍の赤色矮星のまわりに地球のような惑星たちを発見することです。その一方で、高温度星まわりの惑星探査も、ＴＥＳＳが可能にするもうひとつの系外惑星探査のフロンティアなのです。

極端な楕円軌道の惑星——エキセントリックプラネット

惑星の軌道がどれだけ円軌道からゆがんで細長くなっているかを表す量として、第４章の「視線速度法でわかること」の項で紹介した**軌道離心率**という量があります。惑星の軌道離心率は０以上１未満の値をとります（１以上になると、軌道が閉じなくなってしまいます）。軌道が完全な円のとき、軌道離心率は０で、軌道離心率が大きくなるにしたがって、軌道はだんだん細長い楕円になっていきます。

太陽系惑星たちの軌道離心率はどれも小さく、ほぼきれいな円軌道を描いて公転しています。太陽系惑星の中で軌道離心率が最も大きいのは水星で、その値はおよそ０・２です。水星の軌道は若干細長くなっていますが、まだ円軌道に近いといえるレベルです。水星以外の7つの惑星の軌道離心率はすべて0・1未満で、とくに金星や海王星は0・01未満というほぼ完全な円を描いて公転しています。

系外惑星の軌道離心率は、惑星による主星の視線速度変化を測定することで調べられます。円軌道で公転する惑星をもつ恒星では、視線速度の周期的な時間変化がきれいな波の形（サインカーブ）を描きます。しかし、軌道離心率が大きな惑星をもつ恒星では、視線速度の時間変化がサインカーブから崩れた形になります。サインカーブからの崩れ方を見れば、惑星の軌道離心率が見積もれるというわけです。

系外惑星の最初の発見以降、多くの太陽型星で視線速度法による惑星探査がおこなわれ、1996年には、複数の惑星系で軌道離心率が0・5を超える楕円軌道を描く巨大惑星が発見されました。その後の10年で多くの巨大惑星が発見され、軌道離心率のデータが充実しました。そして、公転周期が10日から数年程度の巨大惑星の多くが、軌道離心率0・2以上の楕円軌道で公転していることがわかったのです。一方、公転周期が数日しかない巨大惑星（ホットジュピター）たちのほとんどは、軌道離心率が小さく、ほぼ円軌道を描いていることもわかりました。

離心率が高いことを英語で「エキセントリック」といいます。そこで、軌道離心率が0・2を超える（太陽系で最大の水星の値より大きい）系外惑星は、**エキセントリックプラネット**と呼ば

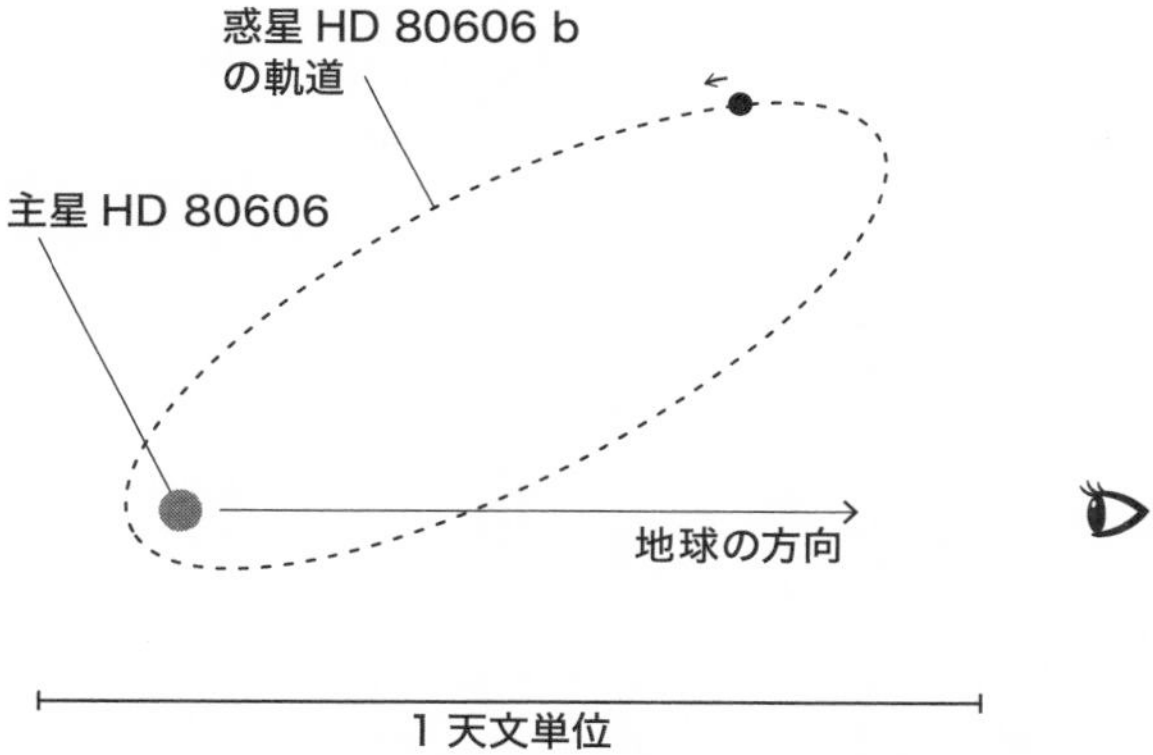

図5-3　エキセントリックプラネットHD 80606 bの軌道を上から見た図

れるようになりました。なお、エキセントリックには「奇妙な」という意味もあるので、これはぴったりなネーミングといえます。

非常にエキセントリックな軌道をもつ惑星として有名なのは、２００１年に発見されたＨＤ ８０６０６ ｂです。この惑星は、軌道離心率が０・９３という非常に細長い楕円軌道で、太陽型星であるＨＤ ８０６０６のまわりをおよそ１１１日周期で公転しています。極端な楕円軌道で公転するこの惑星は、主星との距離が公転中に大きく変化します。軌道上の主星から最も遠い点では、太陽に対する地球と同程度に主星から離れますが、最も近い点では主星の表面すれすれといってもいいほど近づくのです(図5-3)。そして、その表面温度が、主星の近くを通る６時間で８００Ｋから１５００Ｋへと跳ね上がることが、観測からわかっています。

2018年までに発見された系外惑星の軌道を見ると、太陽系惑星のように軌道離心率が0・2よりも小さいほぼ円軌道の惑星と、軌道離心率が0・2よりも大きいエキセントリックプラネットは同じくらい存在しています。太陽系には存在しませんが、エキセントリックプラネットは宇宙にはありふれているのです。

エキセントリックプラネットがどのようにしてできたかについては、ホットジュピターと合わせて第6章で紹介します。

主星の自転と逆向きに公転する惑星——逆行惑星

太陽系惑星たちはすべて、太陽の自転とほぼ同じ向きに公転しています。もう少し具体的に言うと、太陽の自転軸に対する太陽系惑星の公転軸の傾きはだいたい10度以内でそろっているのです。これは、第1章で解説したように、太陽系惑星たちが原始太陽と一緒に回転する原始太陽系円盤の中で形成したと考えると自然なことです。しかし宇宙には、軸が傾いているどころか、逆を向いている（主星の自転とは逆向きに公転している）逆行惑星も存在していました。

系外惑星の公転軸が主星の自転軸に対してどのくらい傾いているかを調べる方法はいくつかあります。中でも有名なのは、トランジット惑星が起こす**ロシター・マクローリン効果**という現象を観測する方法です。この現象は少しむずかしいので、くわしくはコラム❻で紹介します。ここ

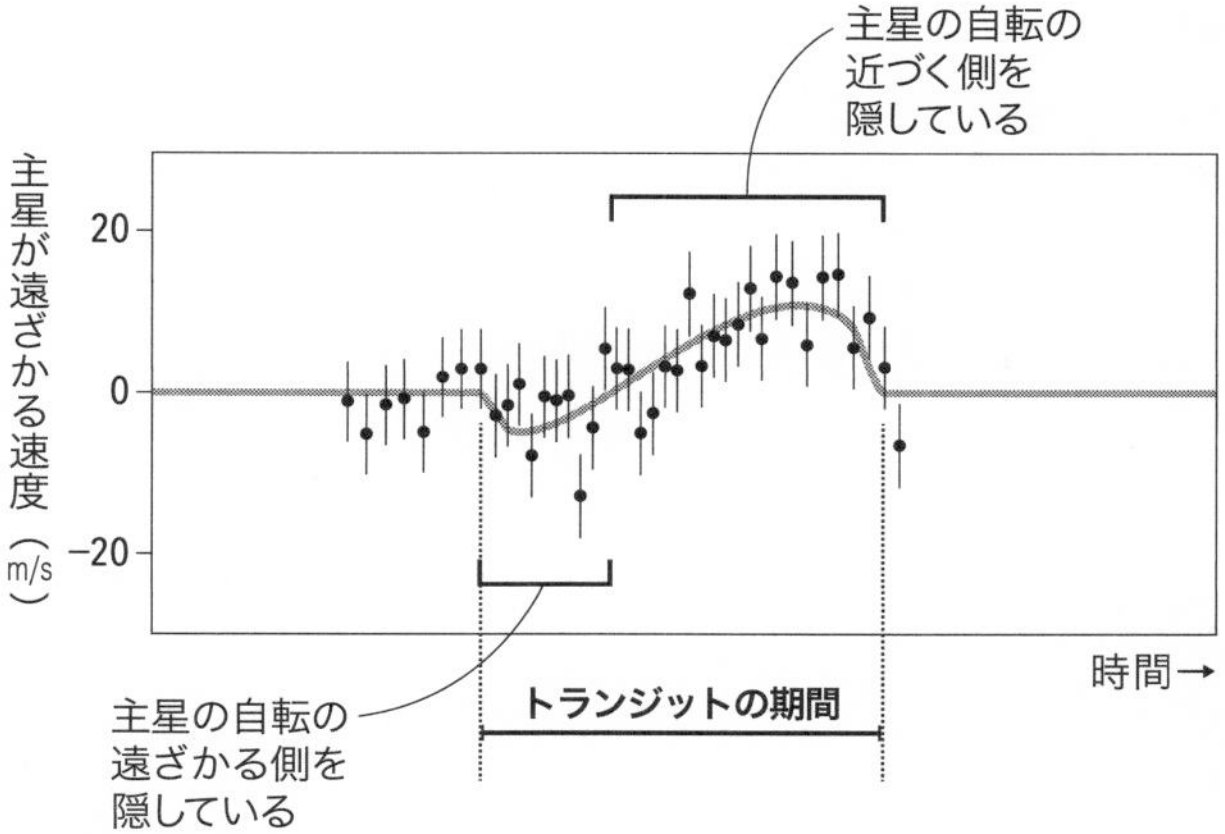

図5-4　筆者らが観測したロシター・マクローリン効果
高温度星HAT-P-7の観測で得られた視線速度。惑星HAT-P-7 bがトランジットするあいだ、まず主星が近づくような視線速度の変動が観測され、その後遠ざかるように見えた。この惑星はトランジットの前半で主星の遠ざかる側を隠し、後半で近づく側を隠したということで、惑星が主星の自転と逆向きに公転していることを示唆する。［Narita et al. 2009をもとに作図］

では、「ロシター・マクローリン効果が観測できれば、主星の自転軸に対して惑星の公転軸がどれくらい傾いているかを測定できる」とだけ理解してください。

最初にトランジット惑星の発見が報告された2000年以降、いくつものトランジット惑星でロシター・マクローリン効果の観測がおこなわれました。そして、逆行惑星が初めて発表されたのは2009年のことです。その惑星は高温度星であるHAT−P−7のまわりを周期2・2日で公転しているホットジュピターでした（**図5−4**）。HAT−P−7b（HATというトランジット惑星探査チームが発見した7番目の惑星）と名づけられたその惑星のロシター・マクローリン効果の観測には、私自身も深くかかわりました。その経緯はコラム❼で紹介します。

逆行惑星は2019年までに10個以上発見されています。エキセントリックプラネットのようにありふれた存在とはいえませんが、HAT－P－7bが奇跡の1個というわけでもないようです。逆行惑星がどのようにしてできたと考えられるかは、第6章で紹介します。

COLUMN❻ ロシター・マクローリン効果

この効果はもともと、リチャード・ロシターとディーン・マクローリン（英語の発音はマクラフリンのほうが近い）という2人の天文学者によって、食連星の食の最中に起きる視線速度の変化として1924年に報告されました。トランジット惑星の場合も、食連星と同じような仕組みで視線速度の変化が生じます。

ロシター・マクローリン効果の正体は、惑星がトランジットする際に主星の自転を隠してしまうために起こる、見かけ上の視線速度の変化です。主星は一般的に自転をしているため、私たちに対して近づく側と、私たちから遠ざかる側があります。私たちは、主星の近づく側も遠ざかる側もふくむ全体からの光を観測することで、その星の視線速度を測っています。では、惑星がトランジット時に主星の近づく側（の一部）を隠すと、何が起こるでしょうか？　じつは、惑星がトランジットをしていない場合とくらべると、主星があたかも遠ざかっているように見えてしまいます。逆に、惑星が主星の遠ざかる側を隠したときは、主星が近づいているように見えてしまいます。

この効果を観測することによって、主星の自転軸に対して惑星の公転軸がどのくらい傾いているかがわかります。少しむずかしいですが、図５－５を見ながら原理を考えてみてください。

まず、惑星が主星の自転とまったく同一の向きに公転している、つまり主星の自転軸に対する惑星の公転軸の傾きがゼロ度の場合を考えてみましょう。トランジットがはじまると、惑星は主星の近づく側の一部を隠し、だんだんと移動して主星の中央を通り過ぎ、その後は主星の遠ざかる側を隠してトランジットが終わります。このトランジットのあいだ、ロシター・マクローリン効果はどのように現れるでしょうか。まずトランジットがはじまると、主星の視線速度はトランジットをしていない場合とくらべて遠ざかる向きに変化して見えます。惑星が主星の近づく側を通過するあいだ、視線速度はだんだんともとの値に近づいていき、自転軸上（近づく側と遠ざかる側の境界）に来たときには、ずれはなくなります。そして惑星が主星の自転軸を通り過ぎ、主星の遠ざかる側を隠しはじめると、主星の視線速度は近づく向きに変化していき、もとの値からだんだんとずれていきます。そして、トランジットが終われば、主星の視線速度はトランジットをしていない場合と同じもとの値に戻ります。

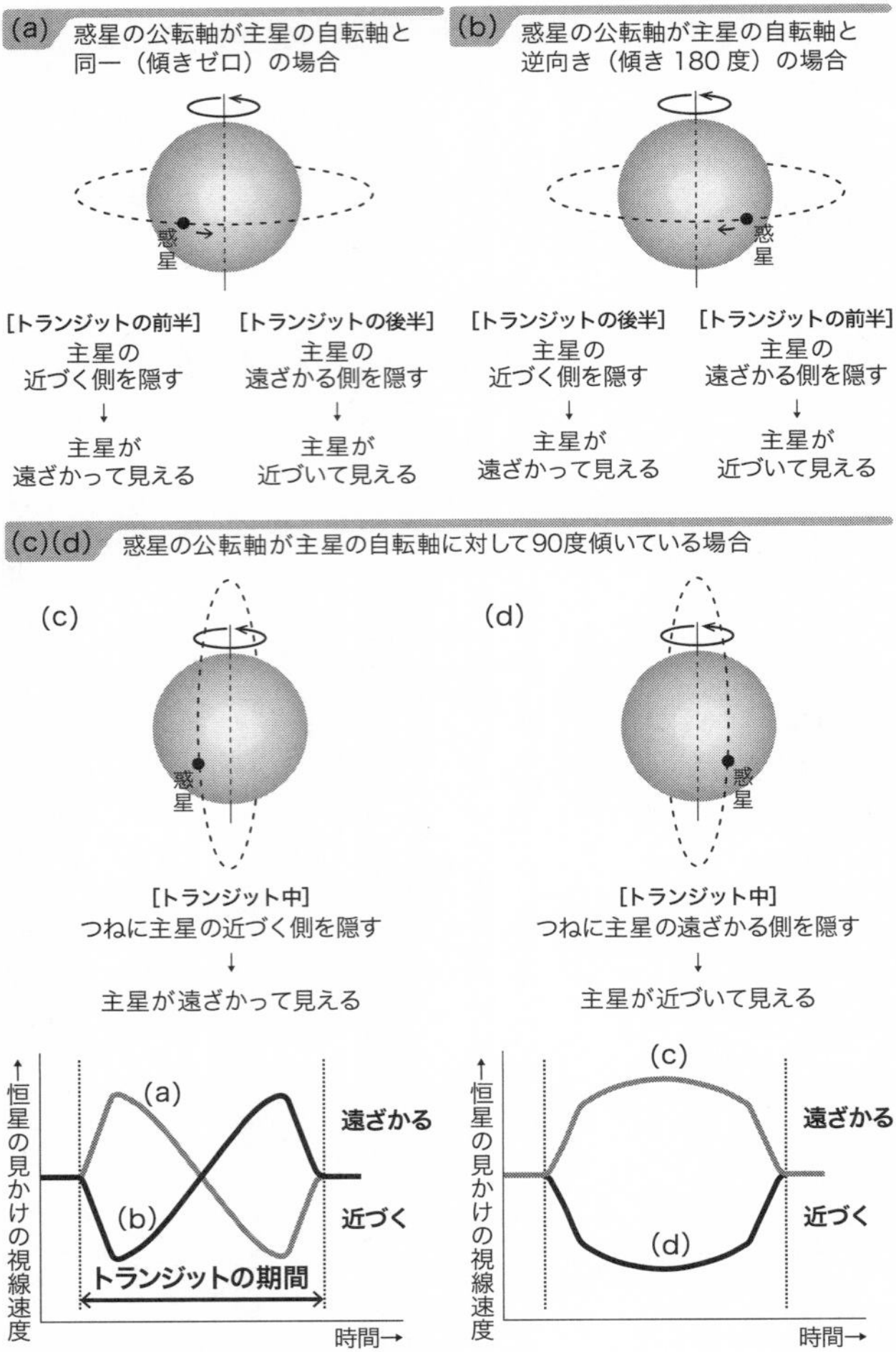

図5-5　ロシター・マクローリン効果
惑星がトランジットしているあいだに主星の視線速度の変動を観測することで、惑星の公転軸の傾きがわかる。

次に、惑星が主星の自転と完全に逆向きに公転している場合、つまり主星の自転軸と惑星の公転軸の傾きが１８０度の場合を考えてみましょう。この場合は、視線速度のずれの生じ方は、先ほどとは逆です。まず、主星が急に近づいてくるように見え、だんだんとずれはなくなり、その後主星がだんだんと遠ざかっていくように見えて、トランジットが終わってずれはなくなります。

このほかにも、惑星の公転軸が主星の自転軸に対して45度だけ傾いている場合や、90度傾いている場合などいろいろな可能性が考えられますが、その傾きに応じて、惑星がトランジット中の主星の視線速度のずれ方が変わります。そのため、ロシター・マクローリン効果を測定することで、主星の自転軸に対するトランジット惑星の公転軸の傾きが推測できるのです。

COLUMN ❼ 最初の逆行惑星の発見まで

じつはHAT－P－７bは、私たちのチームとアメリカのチームがそれぞれすばる望遠鏡を使ってロシター・マクローリン効果を測定していました。そして、両方のチームが逆行惑星であるという結論を出し、同じ日にarXiv（アーカイブ）というウェブサイトで論文を世界に公開しました。この逆行惑星発見の裏にあったエピソードを紹介します。

私は2008年5月29日の夜に、すばる望遠鏡でHAT－P－7bのロシター・マクローリン効果を観測しました。2008年の夏にそのデータを解析したところ、これまでに見たことのない結果が得られました。惑星が主星の自転と逆向きに公転していることを示す結果です。

私は最初、自分のデータの解析ミスを疑いました。しかし、解析を何度やり直しても結果は変わりません。そこで、ロシター・マクローリン効果の観測で共同研究をしていたアメリカの研究者にこの結果を伝え、独立に検証をしてもらうことになりました。

アメリカの研究者たちは2009年6月30日の夜に、すばる望遠鏡でHAT－P－7bのロシター・マクローリン効果を観測しました。そして、7月31日に彼らから連絡があり、私と同じ解析結果を得たことが確認されたのです。そこで、私たちのチームとアメリカのチームは解析結果を報告する論文をそれぞれに執筆し、8月5日に学術雑誌に投稿しました。両チームとも、お互いの論文が学術雑誌にアクセプトされるまで、その結果をarXivで公表しないつもりでした。

しかし、じつは同じころに、ヨーロッパのチームもWASP－17bというべつの逆行惑星を発見していたのです。そのチームは、学術雑誌に投稿しただけでまだアクセプトされていない論文を、8月12日にarXivで公開しました（arXivでは査読を受けなくても論文を発表することが可能です）。それを見た私たちとアメリカのチームは方針を変更して、8月13日にarXivでそれぞれ論文を公開しました。その後、私たちの論文は8月27日、アメリカのチームの論文は8月21日、ヨーロッパのチームの論文は11月

30日に学術雑誌にアクセプトされました。

このように、最初の逆行惑星の発見と発表は、日米欧の3つのチームによってほぼ同時期におこなわれました（観測と論文投稿の一番乗りは日本、論文アクセプトはアメリカがトップ、arXivでの発表はヨーロッパがいちばん先でした）。最初の逆行惑星の発見の裏には、こんな世界的な競争があったのです。

主星から遠く離れた大質量の惑星――遠方巨大惑星

太陽系には水素大気をもつ４つのガス惑星があります。このうち大量の水素を獲得して惑星のほぼ全体が水素でできているのは木星と土星の２つだけです。天王星と海王星は水素を大気として獲得できたものの、全体として見ると氷を主成分とした惑星です。

第１章で紹介した京都モデルでは、巨大ガス惑星と巨大氷惑星のちがいのおもな要因は、周囲の水素ガスを集められる〝惑星の種〟に成長するまでにかかる時間の長さだと説明されています。つまり、外側にある（主星から遠い）ほど惑星の種の成長が遅いので、天王星・海王星の種が十分に成長するころには原始惑星系円盤がほとんどなくなってしまっていたために、木星や土星ほど大量の水素を獲得することができなかったと考えられます。

このような太陽系の〝常識〟にもとづいて考えると、太陽系をつくったのと同じような原始惑星系円盤では、天王星より外側の領域には木星以上の質量をもつ惑星はつくれないだろう、と予想されます。天王星の公転距離はおよそ19天文単位なので、具体的には、およそ20天文単位より外側に木星程度以上の質量をもつ**遠方巨大惑星**は存在しない、という予想になります。

しかし、ホットジュピターやエキセントリックプラネットと同様に、宇宙を見渡すと、太陽系では考えられなかった遠方巨大惑星も存在していたのです。

遠方巨大惑星が初めて見つかったのは、2008年のことです。HR8799という若い高温度星のまわりで、直接撮像法（第4章参照）により発見されました。この星から20天文単位以上離れたところを、木星のおよそ7～10倍という大質量の巨大惑星が3つも公転していることがわかったのです。また、日本のすばる望遠鏡による観測でも、GJ504などの恒星のまわりに遠方巨大惑星が発見されています（**図5-6**）。

直接撮像法の発展により、数は少ないものの、巨大惑星が惑星系の外側の領域にも存在しうることがわかってきました。このことは、ホットジュピターやエキセントリックプラネットの存在とともに、京都モデルだけで多様な惑星系を説明することの限界を示しています。

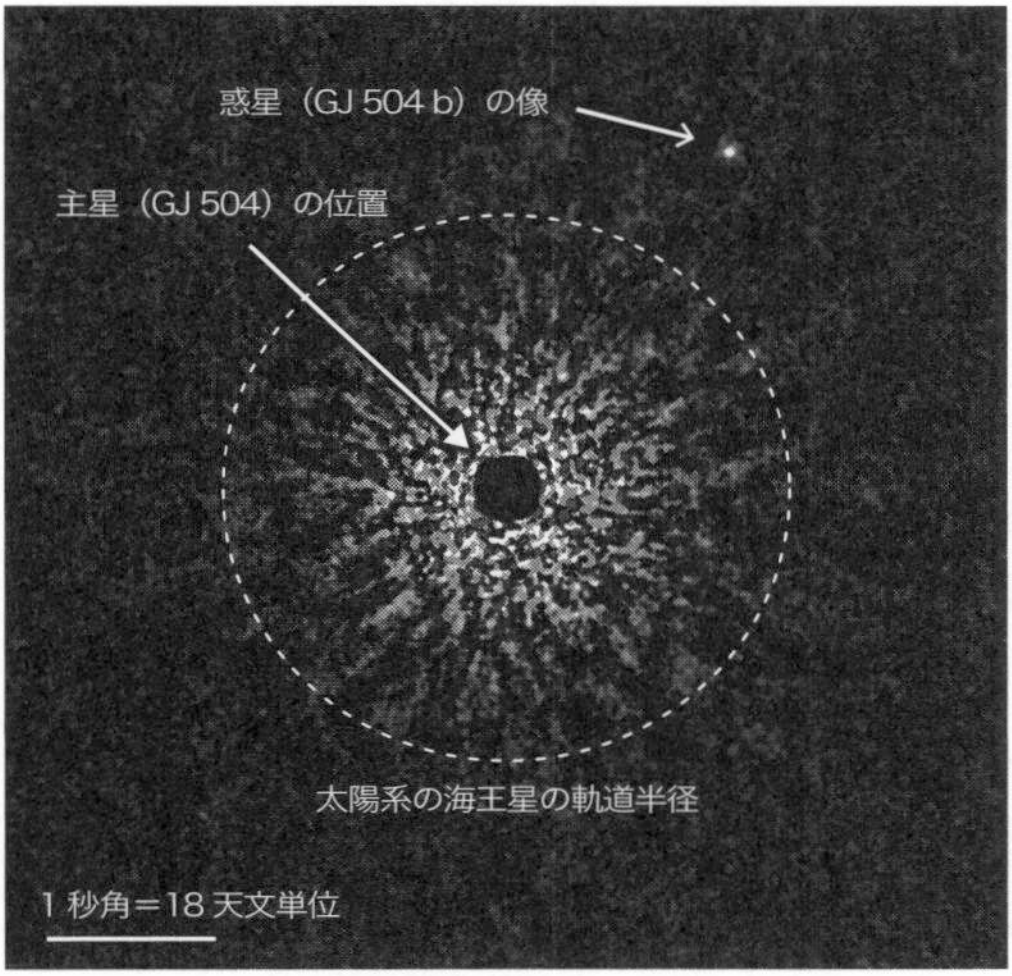

図5-6　GJ 504 bの画像
GJ 504という恒星を公転する惑星GJ 504 bが、すばる望遠鏡を使った直接撮像法により発見された。この惑星は、破線で示した太陽系の海王星の軌道よりも外側を公転しており、木星の数倍の質量をもつことがわかった。
［画像提供／国立天文台］

連星系の惑星たち

太陽はその重力圏内にべつの恒星（伴星）をもたない単独星ですが、じつは、宇宙にある恒星の多くは伴星をもち、連星系を構成していることが知られています。実際、太陽系からいちばん近い恒星系であるケンタウルス座α星系は2つの太陽型星（ケンタウルス座α星AとB）と1つの赤色矮星（ケンタウルス座α星Cあるいはプロキシマ・ケンタウリ）からなる三重連星系ですし、太陽から30光年以内程度にある恒星は、およそ

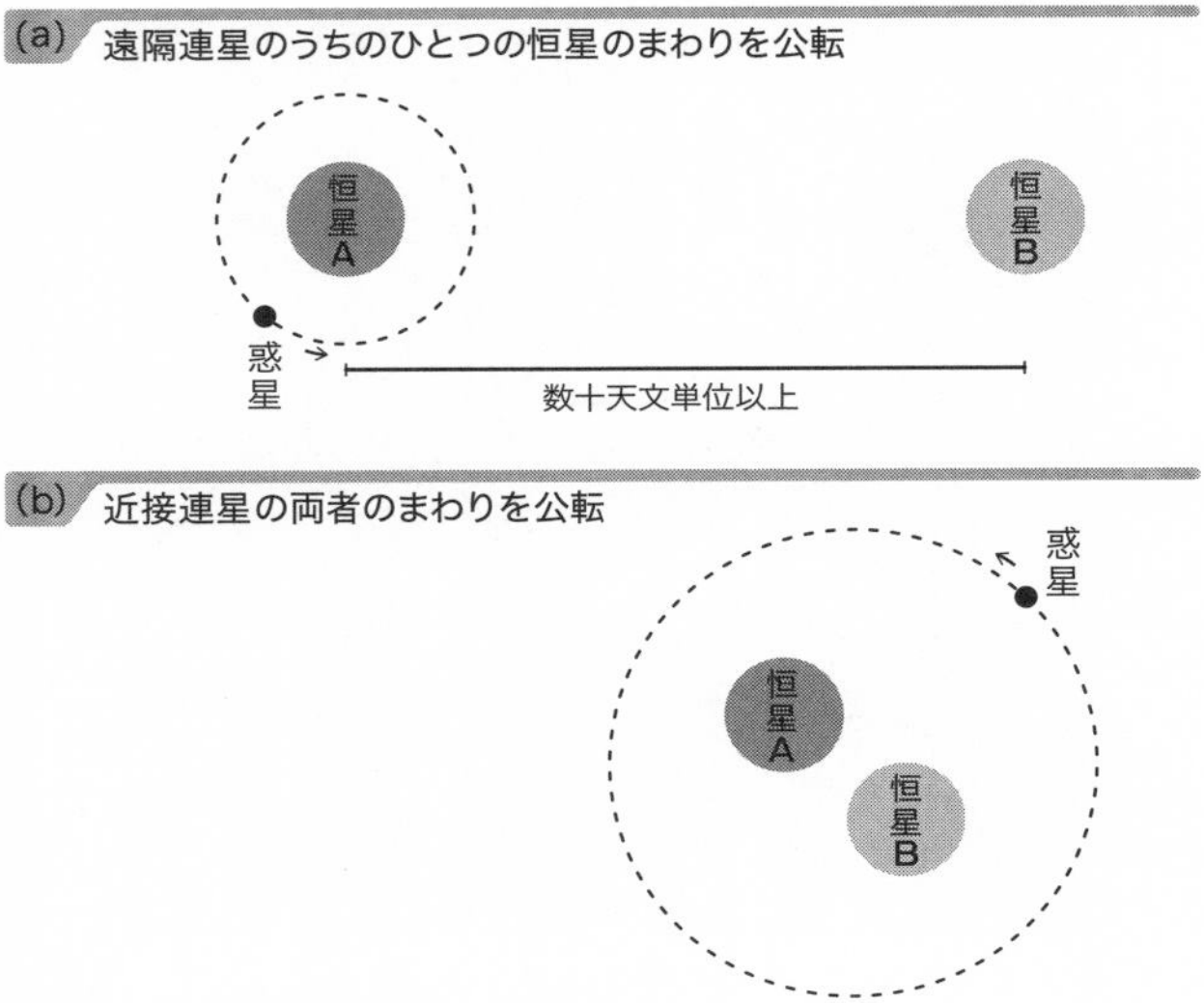

図5-7　連星系の惑星の2つのタイプ

半数が連星系をなしています。

連星には、恒星どうしが数十天文単位以上離れて公転している遠隔連星から、公転距離が非常に短い近接連星まであります。遠隔連星か近接連星かに応じて、その星を公転する系外惑星の軌道には2つのタイプが考えられます（図5－7）。ひとつは、遠隔連星のうちのひとつの恒星のまわりを公転するタイプ、もうひとつは、近接連星の両者の周囲を公転するタイプです。

実際に連星系で見つかっている惑星を紹介しましょう。

まず遠隔連星では、一方の恒星を公転する惑星がよく発見されています。遠隔連星の場合、だいたい数十天文単位以上離れていれば、もう一方の恒星での惑星形成にはあまり影響を及ぼさないと考えられています。そのため、単独星まわりと同様に恒星ごとに惑星が存在できます。また、三重連星系や四重連星系でも惑星が発見されています。たとえば、さきほども紹介した三重連星系をなす赤色矮星プロキシマ・ケンタウリには、２０１６年に視線速度法で惑星が発見されています。

近接連星の場合には、その両方の星の周囲を公転する惑星（**周連星惑星**）が存在する可能性があります。このようなアイデアは古くからありました。

有名なところでは、１９７７年に公開された映画『スター・ウォーズ／新たなる希望』の中で登場していました。主人公のルーク・スカイウォーカーが、砂漠に覆われた惑星タトゥイーンの丘から沈みゆく夕日を眺める場面があります。Binary Sunset というタイトルの曲が流れるこのシーンでは、２つの太陽が地平線に沈もうとしていました。つまり、タトゥイーンは２つの恒星からなる連星を囲むように公転する周連星惑星だったのです。この映画が公開された当時、系外惑星はまだ発見されておらず、タトゥイーンのような周連星惑星は完全に想像上の存在でした。この「タトゥイーン型」とも呼ばれる周連星惑星が宇宙に実在することがわかったのは、『スター・ウォーズ／新たなる希望』の公開から30年以上もたった２０１１年9月のことです。

初めての周連星惑星はケプラーによって発見され、Ｋｅｐｌｅｒ－16（ＡＢ）ｂと名づけられました（ケプラーが発見した16番目の惑星系の中で最初に確認された惑星。主星はＫｅｐｌｅｒ

－16 AとBからなる連星)。この惑星系では、2つの恒星Kepler－16 AとBがお互いを41日周期で公転していて、さらにその両者の外側を惑星bが229日周期で公転しています。

このようなタトゥイーン型惑星は2018年までに10個程度発見されているものの、生命が居住できそうな環境をもつ惑星はまだ見つかっていません。しかし、これからさらに観測が進めば、生命が居住できるかもしれないという意味で、もっとタトゥイーンに似た惑星も発見されるかもしれません。

大きな岩石惑星？ 小さなガス惑星？――スーパーアースとミニネプチューン

太陽系で最大の質量と半径をもつ岩石惑星は地球です。一方、ガス惑星の中では小ぶりな天王星と海王星は、だいたい地球の15倍程度の質量と4倍程度の半径をもっています。

視線速度法やトランジット法の観測によって、地球より大きく天王星・海王星より小さな質量・半径の惑星が発見されるようになりました。こうした惑星は**スーパーアース**と総称されています（図5－8）。ただ、スーパーアースという語感から想起される、「大きな地球」すなわち「大きな岩石惑星」というイメージが正しいとは限りません。密度や大気をきちんと調べてみないと、スーパーアースが岩石惑星かガス惑星かは判別できないのです。そこで、質量と半径が天王星・海王星に近く、ガス惑星である可能性が高い場合には、小さなガス惑星という意味で**ミニ**

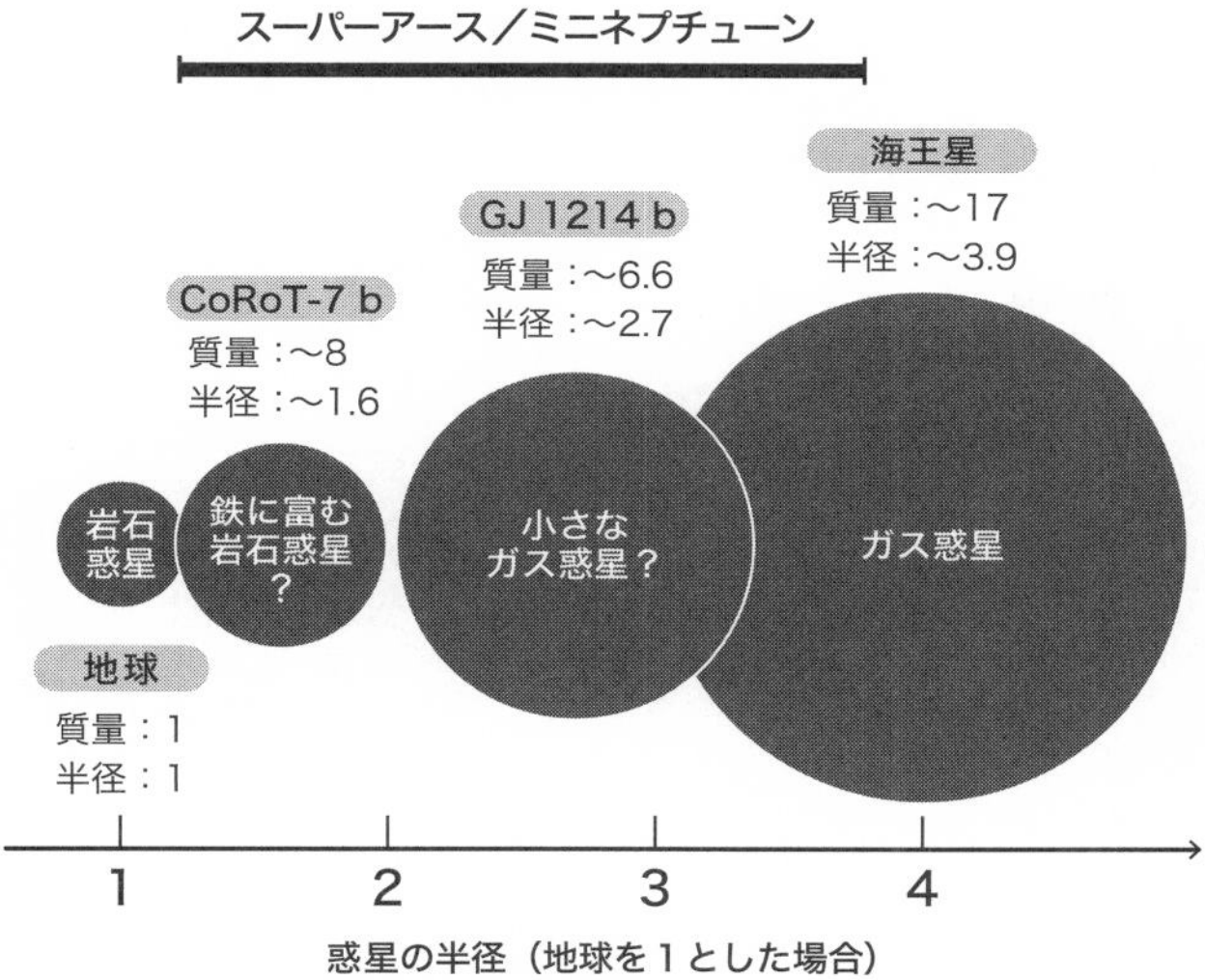

図5-8　地球、海王星、スーパーアース
質量と半径において、岩石惑星である地球とガス惑星である海王星のあいだに位置する系外惑星が発見され、スーパーアースと総称されている。岩石惑星とガス惑星を区別するため、スーパーアース／ミニネプチューンと分類されることもある。質量と半径が見積もられたスーパーアースとして、CoRoT-7 bやGJ 1214 bが知られている。CoRoT-7 bは鉄に富んだ大きな岩石惑星、GJ 1214 bは厚い雲に覆われた小さなガス惑星かもしれない。

ネプチューンと呼ばれることも多くなってきました。

スーパーアースやミニネプチューンに分類される惑星は太陽系には一個も存在しませんが、ケプラーの観測により、巨大惑星よりもはるかにたくさん見つかっています。じつは、宇宙ではありふれた存在であることがわかってきました。

質量と半径が測定されている有名なスーパーアースとしては、２００９年にトランジット法で発見された２つの惑星、ＣｏＲｏＴ－

7b（CoRoTは、フランスが中心となってケプラーより前に打ち上げた衛星の名前で、「コロ」と読みます。この衛星もトランジット観測がひとつの柱とされていました）とGJ 1214 bがあります。

CoRoT−7 bは地球の8倍程度の質量と1・6倍程度の半径をもつ惑星です。密度がかなり大きいことから、水素の大気はもたず、太陽系の水星のように、鉄に富む岩石惑星ではないかと考えられています。また、公転周期が20時間しかなく、潮汐固定を受けた昼面の表面温度が2000K程度になることから、昼面にはマグマオーシャン（融けた岩石でできた海）があるかもしれないといわれています。

一方、GJ 1214 bは地球の6・6倍程度の質量と2・7倍程度の半径をもつ惑星で、太陽系から42光年という比較的近いところにある赤色矮星GJ 1214のまわりで発見されました。太陽系に近いことから、第8章で紹介するトランジット分光という方法により、世界中の望遠鏡で惑星大気の観測がおこなわれました（図5−9）。しかし、この惑星には水素大気の兆候が見られませんでした。かといって、岩石惑星だと確定したわけではありません。二酸化炭素や水蒸気の大気をもつ兆候も見られなかったことから、厚い雲に覆われていて大気成分が隠されている可能性があります。そのため、GJ 1214 bは岩石惑星なのかガス惑星なのかがいまだにわからないスーパーアースです。

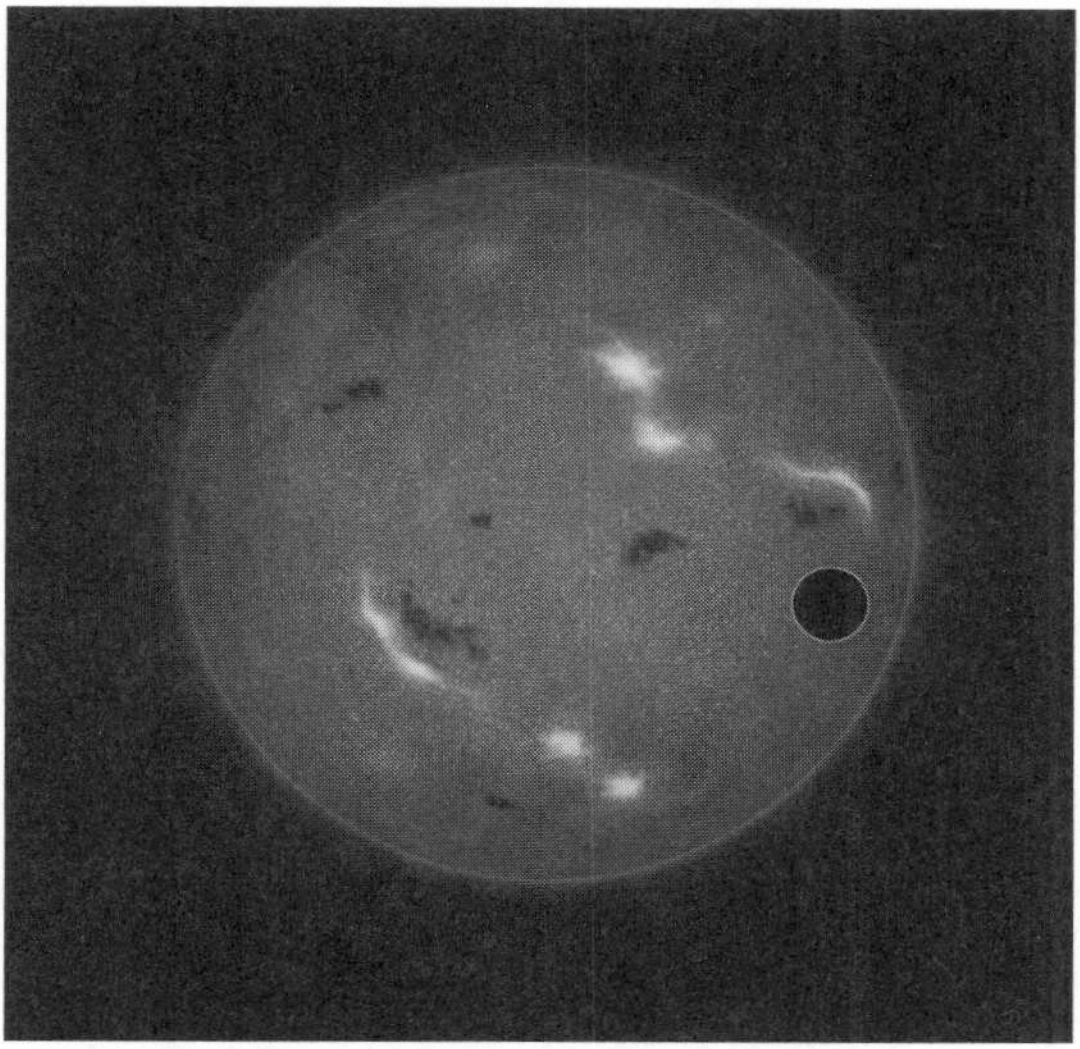

図5-9　GJ 1214 bのトランジットのイメージ図
［画像提供／国立天文台］

　このように、スーパーアースはまだ謎も多いのですが、ケプラーにより発見された多数のスーパーアースの統計的な解析から、２０１７年に新しい発見がありました。それは、スーパーアースの半径の存在頻度分布を調べた結果、地球半径の１・５〜２倍のあいだに谷間がある（そのあたりに惑星が少ない）というものです。主星からの光による惑星の水素大気の散逸を理論的に考えた場合にも、惑星の半径の谷間が生じます。そのため、この谷間が岩石惑星（水素大気が逃げ出してしまった惑星）とガス惑星（水素大気が残っている惑星）の境界なのではないか、と考えられはじめました。

ただし、ケプラーで発見されたスーパーアースのほとんどは太陽系から遠く離れた主星を公転しているため、質量の推定はあまり正確ではありません。そのため、惑星の密度がわからず、大気も調べられないので、個々の惑星でこの仮説をきちんと検証することができていません。

一方、太陽系の近くにあるトランジット惑星を発見するために打ち上げられたＴＥＳＳの観測では、質量の測定や大気組成の分析も可能なスーパーアースが数百個は発見されると予想されています。ＴＥＳＳの観測によって、謎の惑星だったスーパーアースの性質、そして岩石惑星とガス惑星の境界がくわしく理解できるのではないかと期待されています。

生命を育むかもしれない惑星――ハビタブルプラネット

宇宙にはさまざまな惑星があることがわかってきましたが、私たちの住む地球のように「生命を育むことができる惑星」はあるのでしょうか？

惑星が生命を育むために満たさなければならない最低条件は、液体の水が存在することだと考えられています。これは、地球上のあらゆる生命が、一生のどこかで必ず液体の水を必要とするためです。

そこで天文学者は、主星からの公転距離がちょうどよく、液体の水が表面に存在できるような領域を**ハビタブルゾーン**と呼んでいます。イメージとしては、この領域より主星に近いと灼熱の惑星になってしまい、逆に遠いと凍りついた惑星になってしまうということです。液体の水の存在においては、惑星が主星から近すぎず遠すぎず、ちょうどいい距離にあることが重要なのです。

このように概念としては単純ですが、ハビタブルゾーンの位置を正確に決めるためには、恒星の年齢や惑星の性質をくわしく知らないといけません（コラム❽参照）。

本書では、ハビタブルゾーンの中にある岩石惑星を**ハビタブルプラネット**と呼びます。ここで注意してほしいのは、ハビタブルプラネットはハビタブルゾーンに入っているというだけで、実際に液体の水があるかどうかとは無関係ということです。液体の水の有無は、観測によって調べてみないとわかりません。

現在の太陽のまわりで考えると、地球と瓜二つの惑星に対するハビタブルゾーンは、だいたい0・97天文単位から1・4天文単位までの範囲だといわれています。こうして見ると、じつは地球はハビタブルゾーンの内側境界にかなり近いところにあります。そして、太陽系が1万天文単位以上にわたってひろがっていることを考えると、たった0・4天文単位しか幅がないハビタブルゾーンの中に地球が入っていることは、奇跡のように思えます。

COLUMN 8

複雑なハビタブルゾーンの位置

ハビタブルゾーンの定義は、「主星のまわりで惑星の表面に液体の水が保持されうる領域」です。この定義は一見シンプルですが、じつはとても複雑です。それは、単純に主星からの距離だけで決まるのではなく、惑星自身がどんな大気をもつのか、どれくらいの量の水を表面にもつのか、そして主星の年齢などによってもその位置が変わってしまうからです（図5－10）。

まず、同じ主星のまわりで同じ公転距離にいる同じ質量・半径の惑星であっても、大気組成が異なれば、その表面温度は変わります。たとえば、大気中に温室効果ガスが多い惑星は熱を保持しやすいため、ハビタブルゾーンの内側と外側の両方の境界が主星から離れます。とくに、水素は非常に強い温室効果ガスなので、大気中に水素をもつような岩石惑星は水素をもたない岩石惑星にくらべてハビタブルゾーンの位置が外側に移動するといわれています。そのため、ハビタブルプラネットが見つかったとき、その惑星が水素大気をもつかどうかを調べることは重要です。

また、表面の大部分が海に覆われている海惑星と、表面のほとんどが地面に覆われている陸惑星とでも、ハビタブルゾーンの位置は異なります。陸惑星のほうがハビタブルゾーンの内側の境界が主星に近づきます。これは感覚的には逆のように感じられるかもしれませんが、主星からの入射光が強くなった

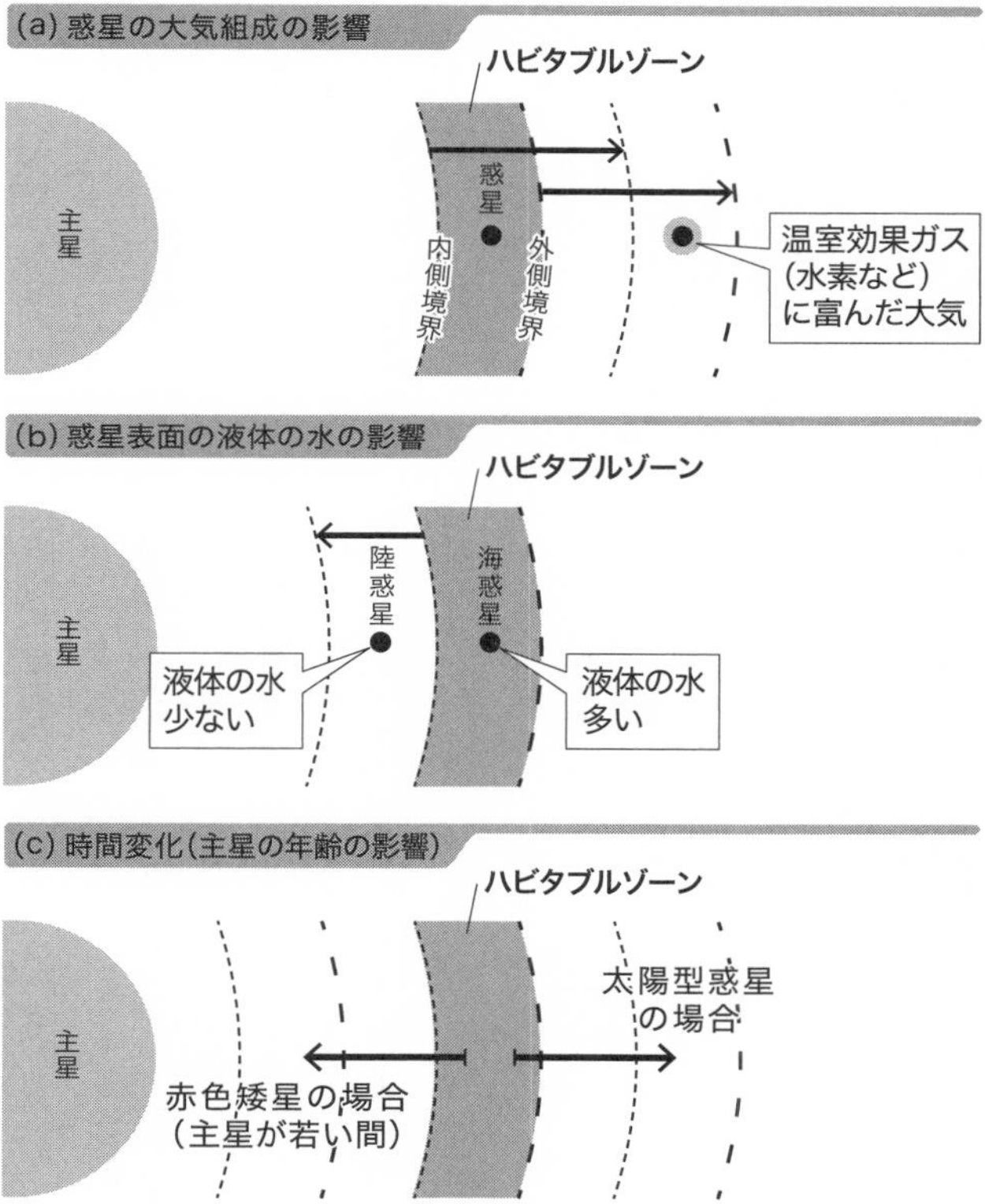

図5-10　複雑なハビタブルゾーンの位置
ハビタブルゾーンは主星からの距離だけでは決まらない。(a) 水素などの温室効果ガスに富んだ大気をもつ惑星では、ハビタブルゾーンの内側と外側の両方の境界が主星から離れる。(b) 表面に液体の水が少ない惑星ほど、ハビタブルゾーンの内側境界は主星に近づく。(c) 主星は年齢によって明るさが変化するため、ハビタブルゾーンの位置も時間的に変化する。惑星形成が終わった後、年齢とともに明るさを増していく太陽型星の場合、ハビタブルゾーンは次第に主星から遠ざかっていく。一方、若い間にもっとも活動性が高い赤色矮星の場合、惑星形成が終わった後は、主星の活動が落ち着いていくにしたがってハビタブルゾーンが主星に近づく。活動性が落ち着いた後は、ハビタブルゾーンの位置は大きく移動しなくなる。

とき、水の量が少ない惑星のほうが、液体の水が表面から完全にはなくなりにくいことを意味しています。

さらに、ハビタブルゾーンの位置は主星の年齢とともに変化します。これは、恒星の明るさ（放出する光のエネルギーの量）はその年齢によって変化していくためです。したがって、主星の明るさの変化とともにハビタブルゾーンの位置も移動していくのです。太陽型星の場合は、惑星の形成が落ち着いたあとは、年齢とともに次第に明るくなるため、ハビタブルゾーンは外側へ移動していきます。一方、赤色矮星の場合、ハビタブルゾーンはまず外側から内側へ移動し、やがてほとんど変化しなくなるという経過をたどります。これは、赤色矮星は形成直後に活動が激しく（放出するエネルギーが多く）、時間とともに次第に落ち着いていって、ある時期からは変化がとてもゆっくりになるためです。

このように、ハビタブルゾーンの正確な位置をきちんと決めるには、対象とする主星や惑星自身の性質をくわしく知る必要があるのです。

ハビタブルプラネットの多様性

現在の地球はハビタブルプラネットですが、宇宙に存在するハビタブルプラネットがどれも現在の地球のような姿をしているかというと、そうとは限りません。おそらく多様なハビタブルプラネットがあるでしょう。

たとえば、地球はかつて極域から赤道まで全体が氷に覆われていた、すなわち**スノーボールアース**だった時代が何度かあることが知られています。そのころの地球にも、一部凍らずに液体の水があった部分があり、その中で生命は生き永らえていたと考えられています。ということは、スノーボールアースのように全体がほとんど凍りついているような系外惑星でも、一部に氷が溶けた部分があって、そこに生命がいる可能性は否定できません。

また、赤色矮星まわりのハビタブルプラネットは、ホットジュピターと同じように潮汐固定されてしまうため、つねに昼の半球とつねに夜の半球ができます。こうした惑星の環境は、地球とはまったく異なるものになるでしょう。

このように、ハビタブルプラネットとひと言でいっても、その地表環境は地球とはまったくちがう可能性があり、それぞれに異なった個性があるかもしれません。

２０１９年までに発見された系外惑星には、質量や半径からおそらく岩石惑星と考えられ、主星からちょうどいい距離にあるハビタブルプラネットが10個以上ふくまれています。このうちとくに有名な惑星たちをいくつか紹介しましょう。

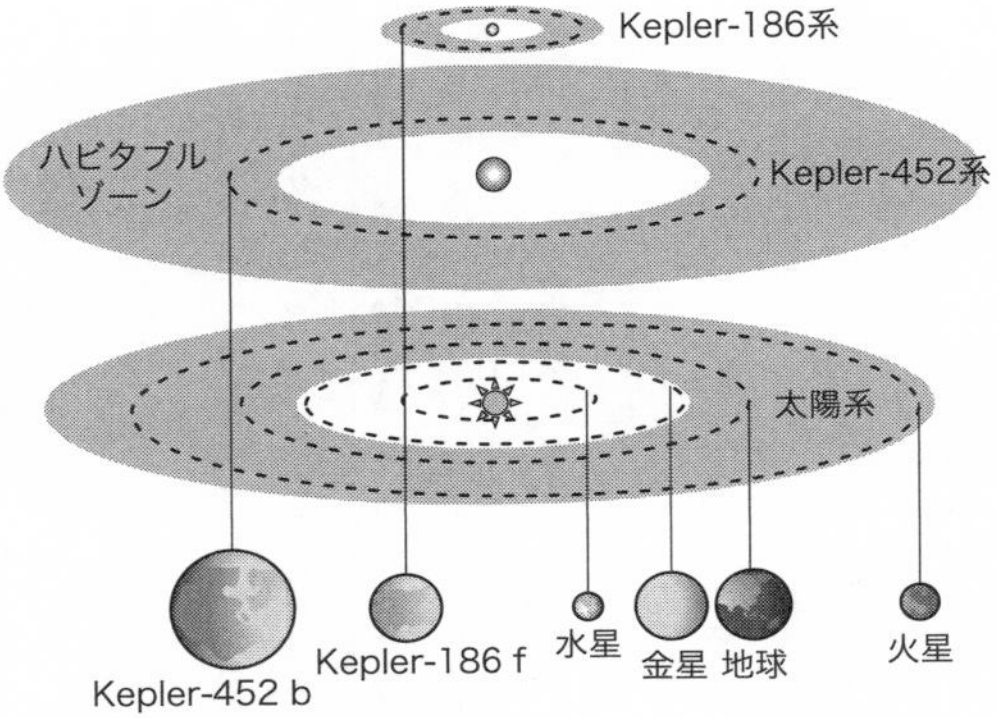

図5-11　太陽系とKepler-452系、Kepler-186系
各惑星系のハビタブルゾーンをグレーの帯で示している。Kepler-452と太陽はほぼ同じ質量の恒星で、ハビタブルゾーン内を公転する惑星Kepler-452 bが発見されている。赤色矮星Kepler-186のまわりでもハビタブルプラネットKepler-186 fが見つかっている。どちらの惑星もその質量はわかっていないが、おそらく岩石惑星だと考えられている。
［NASAの図をもとに作図］

最も地球に似ている惑星？ ——Kepler-452b

この惑星は、太陽系から約1400光年のところにある太陽とほぼ同じ質量の恒星、Kepler-452のまわりをおよそ385日で公転しています（図5-11）。この惑星の半径は地球の1・6倍ほどで、太陽系から遠く離れているため正確な質量は測定できていませんが、おそらく岩石惑星だろうと考えられています。

NASAは2011年以降毎年のように、ケプラーによって発見された「最も地球に似た惑星」を発表してきました（つぎに紹介するKepler-186 fもそのひとつです）。そして2015年に発表されたＫｅｐｌｅｒ－４５２ｂは、太陽とほぼ同じ質量の恒星を、地球とほぼ同じ周期で公転する惑星でした。現在、このＫｅｐｌｅｒ－４５２ｂが、ケプラーが発見した太陽と地球の関係に最も近い惑星であるといわれています。

地球のいとこ？――Kepler－186ｆ

これは、太陽系から約５００光年のところにある赤色矮星、Ｋｅｐｌｅｒ－１８６のまわりに発見された内側から５番目の惑星です（図５－11）。この惑星は公転周期がおよそ１３０日で、大きさは地球の１・１倍ほどです。正確な質量は測定できていませんが、おそらく岩石惑星だと考えられています。

２０１４年に発表されてから、翌年にＫｅｐｌｅｒ－４５２ｂが発見されるまで、Ｋｅｐｌｅｒ－１８６ｆはＮＡＳＡが選ぶ「最も地球に似た惑星」でした。主星が太陽よりも小さくて軽い赤色矮星であることから、「地球のいとこ」とも呼ばれています。

７姉妹の惑星系――TRAPPIST－1

この惑星系は、赤色矮星に特化したトランジット惑星探しをおこなう地上観測チームＴＲＡＰＰＩＳＴによって発見されました。この主星ＴＲＡＰＰＩＳＴ－１は太陽系から約40光年のとこ

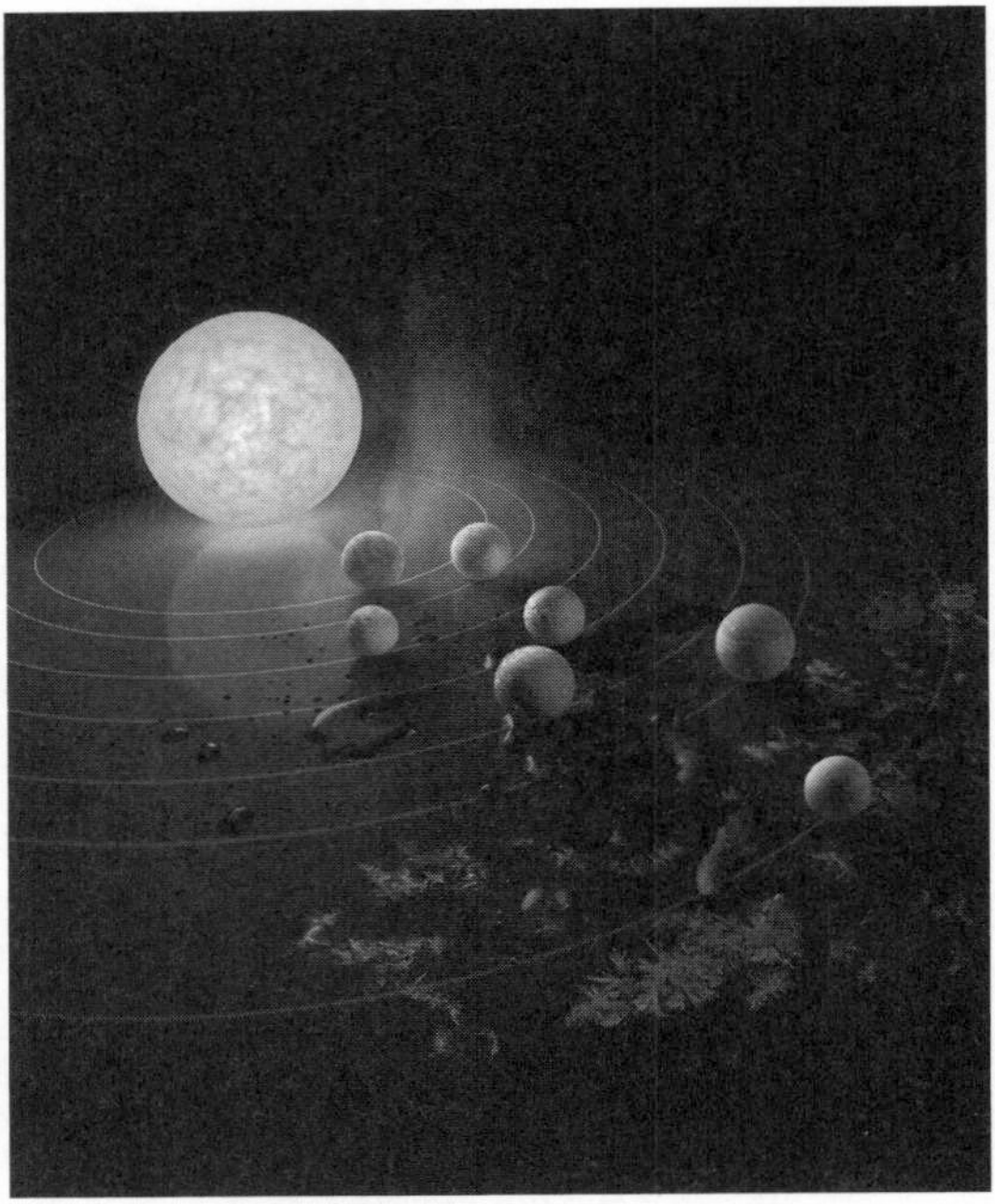

図5-12　TRAPPIST-1のイメージ図
［画像提供／NASA/JPL-Caltech］

ろにあります。当初は3つの地球に近いサイズの惑星をもつ超低温（恒星としては非常に低温の2500K）の赤色矮星として、2016年に発表されました。

しかし、2016年に集中的な追観測がおこなわれた結果、じつは3つではなく7つの惑星がトランジットしている惑星系であることがわかりました（図5-12）。そして、7つのうち少なくとも3つの惑星TRAPPIST-1e、 f、gがハビタブルプラネットでした。さらに、各惑星の質量と半径も観測で求められ、すべての惑星が地球とかなり近い質量と半径をもつことがわかりました。この７つの惑星はすべて20日以下の周期で公転しています。主星が超低温の赤色矮星であるため、ハビタブルゾーンは公転周期がおよそ10日付近のところにあります。

この惑星系では、ハビタブルゾーンの中に３つも惑星があるだけでなく、ハビタブルゾーンより近いところや遠いところにも同じような質量と半径の惑星があります。つまり、ひとつの惑星系の中に灼熱の惑星から凍りついた惑星までがあるということです。そのため、それぞれの惑星の性質を比較する比較惑星学のとてもおもしろい研究対象となっています。

地球をトランジット惑星として観測できる惑星 —— ティーガーデン星b&c

ティーガーデン星（ボナール・ティーガーデンという天文学者が２００３年に発見した恒星）は、太陽系から12・５光年のところにある赤色矮星です。ティーガーデン星を公転する２つの惑星、ティーガーデン星bとcは、視線速度法で赤色矮星まわりの惑星を探すＣＡＲＭＥＮＥＳ（読み方はカルメネス）というチームによって、２０１９年に発見されました（図５－13）。

この２つの惑星は、ハビタブルゾーンにあって、なおかつ地球と同程度の質量をもつという点でも注目に値するのですが、それに加えてもうひとつおもしろい特徴があります。それは、２０

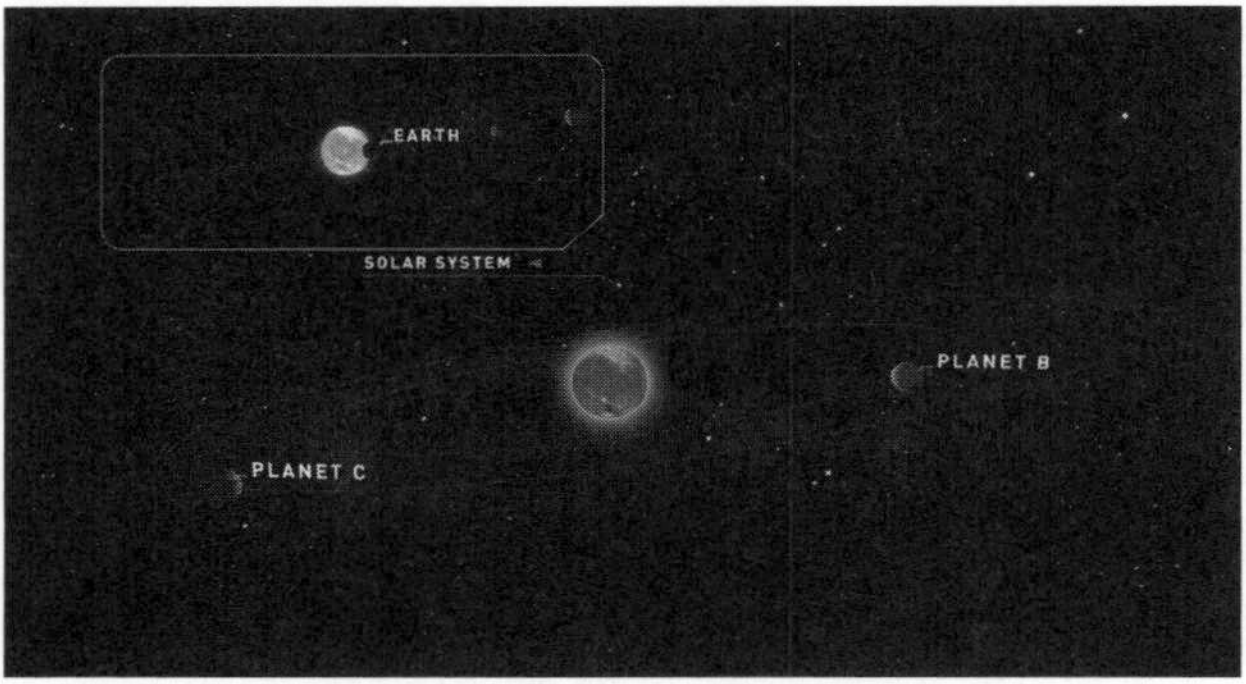

図5-13　ティーガーデン星bとcのイメージ図
中央がティーガーデン星で、そのまわりを公転する惑星「PLANET B」と「PLANET C」がティーガーデン星bとc。奥に太陽系（SOLAR SYSTEM）が描かれている。左上の枠内の絵は地球（EARTH）がトランジットする様子を示している。[画像提供／Universität Göttingen]

44年から2496年にかけてこれらの惑星たちから太陽系を見ると、地球がトランジット惑星として観測できる、という点です。もしこれらの惑星たちに知的生命が暮らしていて、そのころにトランジット法で系外惑星探しがおこなわれたら、もしかしたらあちらでも地球を発見して、お互いに生命の証拠探しがおこなわれるかもしれません。

このように、ハビタブルプラネットの発見数も次第に増えてきました。中でも、TRAPPIST－1やティーガーデン星などは太陽系から比較的近いところにあるため、第8章で紹介するような将来の観測で、個々の惑星や惑星系についてよりくわしく調べられるようになると期待されています。そして第7章で紹介するように、太陽系に近いところにあるハビタブルプラネットの探査が２０１９年現在も精力的に進められています。今後もハビタブルプラネットの発見はつづくでしょう。

第6章 系外惑星が教えてくれたこと

太陽系は特別か？ 地球は特別か？

前章では、太陽系惑星とはまったく異なる多様な系外惑星が宇宙に存在していることを見ました。この章では、その多様な系外惑星がどのようにしてできたのかを考えてみます。研究の発展により多くの手がかりが得られてきましたが、惑星形成の問題は完全な解決には至っていません。本章ではまず、最も代表的な惑星形成のシナリオを3つ紹介します。そしてそれらのシナリオをもとに、宇宙の中で太陽系や地球が特別な存在かどうかを検討してみましょう。

惑星系形成論の見直し――系外惑星の多様性は説明できるか？

第5章で紹介したように、発見された多数の系外惑星たちの軌道は、太陽系惑星の軌道とはまったく異なるものでした。こうした系外惑星の多様性の発見は、それまで太陽系を標準として考えられていた「惑星」の常識を覆したという点で、とくに大きなインパクトがありました。

系外惑星発見以前の代表的な惑星系形成論のモデルといえば、第1章で紹介した京都モデルが挙げられます。このモデルは、太陽系惑星の形成過程と軌道の分布、組成（岩石惑星かガス惑星か）などを説明することに成功していました。しかし、次々と発見された多様な系外惑星の成り立ちは、京都モデルではほとんど説明できなかったのです。

そのため、太陽系惑星を標準として考えられてきた惑星系形成論は、大幅な見直しを迫られました。系外惑星が発見されて以降の新しい惑星系形成論は、太陽系だけでなく多様な系外惑星の形成と軌道の分布も説明するという意味で、**汎惑星系形成論**とも呼ばれるようになっています。ただ、すべてを説明できる汎惑星系形成論はまだ完成しておらず、現在までに知られている系外惑星の軌道の分布を説明するさまざまなモデルが考えられているという段階です。

新しいモデルと従来の京都モデルの最大のちがいは、惑星が内側や外側（動径方向）に動くことを許すかどうかです。京都モデルでは、惑星は形成した場所から内側にも外側にも大きく移動しないことを仮定していました。それに対し新しいモデルでは、惑星が形成・成長しながら、あるいは成長し終えたあとで動径方向に移動する可能性を考えます。

このように惑星の軌道が時間とともに変わっていくことを**軌道進化**と呼びます。軌道進化を考えることが新しい惑星系形成論のモデルのいちばんの特徴であり、これらのモデルは**軌道進化モデル**とも呼ばれています。

新しいモデルではさらに、それぞれの惑星系の環境の多様性も考慮されています。環境の多様性とは、たとえば伴星の有無や、形成される巨大惑星の数などです。

第4章や第5章で述べたとおり、太陽型星の約半分、そして赤色矮星の約4分の1は連星系をなしていることが知られています。したがって、惑星系形成論で伴星の存在を考慮することは重要です。

また、若い恒星のまわりの原始惑星系円盤の大きさや質量にも多様性があることが知られています。原始惑星系円盤が大きくて、惑星の材料となる物質が大量にあれば、木星のような巨大惑星が多数できることもあるかもしれません。

では、新しい惑星系形成論では、どのようにして多様な軌道の惑星を説明するのでしょうか？ここからは、第5章で紹介した多様な惑星の軌道を説明するために提案された、代表的な3つの軌道進化モデルを紹介しましょう。

円盤移動モデル——原始惑星系円盤と惑星が相互作用する

円盤移動モデルは、京都モデルを自然に拡張した軌道進化モデルです。

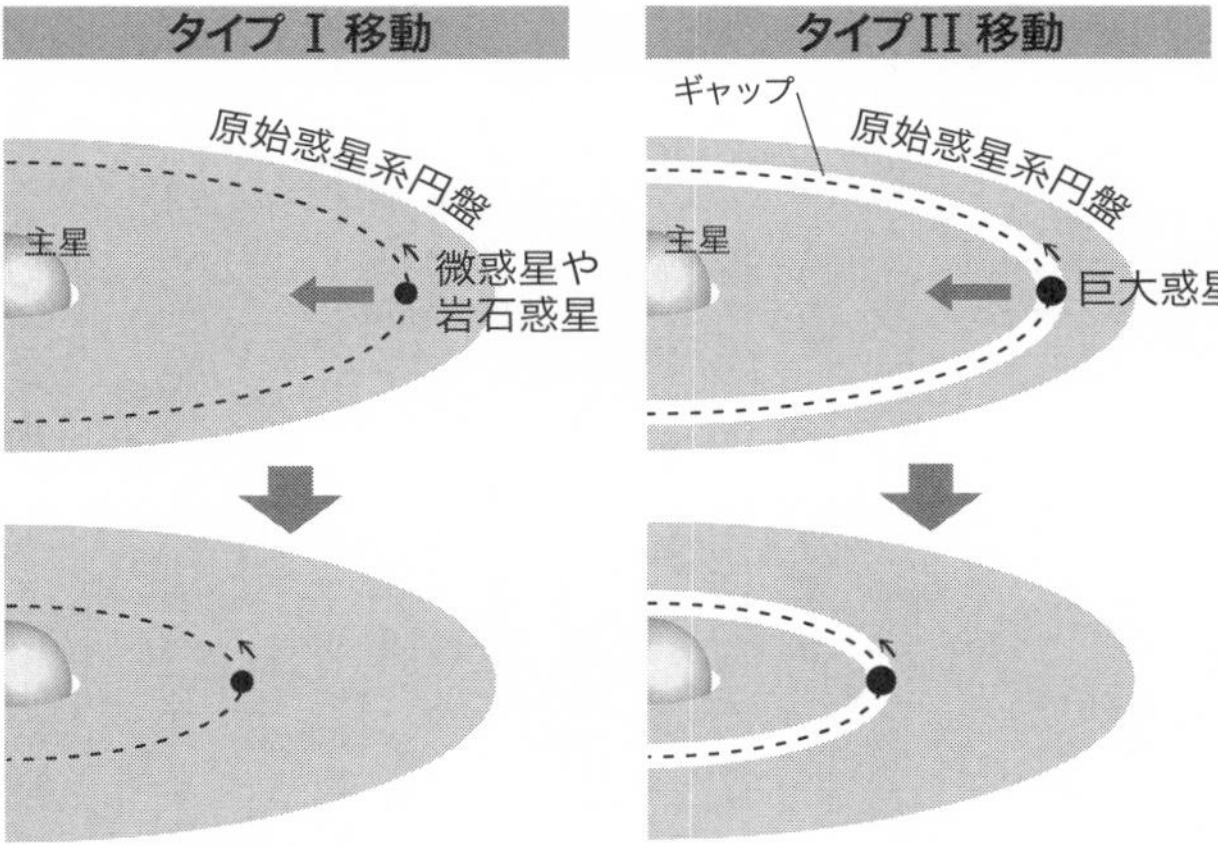

図6-1　円盤移動モデル
左：タイプⅠの移動。微惑星や岩石惑星が原始惑星系円盤にギャップを開けずに主星に近づいていく。右：タイプⅡの移動。巨大惑星が原始惑星系円盤にギャップを開けて主星に近づいていく。

このモデルでは、京都モデルと同じように、原始惑星系円盤の中で周囲の物質が集積して惑星ができたと考えます。このとき、京都モデルでは、惑星と周囲の物質とのあいだに働く相互作用（力学的なトルクのやりとり）を考慮せず、惑星は動径方向に動かないと仮定していました。一方、円盤移動モデルでは、成長中の惑星と周囲の物質との相互作用を考慮し、それによって円盤の中で惑星が内側や外側へ移動します。この惑星の移動は円盤との相互作用によって起こるので、円盤が消失したあとでは惑星は移動しません。

円盤移動モデルには、大きく分けてタイプⅠとⅡの2種類があります（図６－１）。タイプⅠは、惑星が周囲の円盤にギャップ

（間隙）を開けない場合で、惑星が周囲の物質を取り込んで円盤にギャップを開ける場合がタイプⅡです。タイプⅠ移動を起こすのは、周囲の物質を取り込む前の微惑星や岩石惑星です。一方、タイプⅡ移動は、周囲の円盤のガスを取り込んだ巨大惑星の移動に相当します。

タイプⅠとⅡの動径方向の移動のスピードをくらべると、タイプⅠのほうが速いというちがいがあります。しかし、どちらの場合も基本的には惑星が外側から内側へ（主星に向かって落下する方向に）移動するという点は共通しています。

円盤移動モデルでできうる惑星の軌道の特徴としては、以下のことが挙げられます。

まず、惑星系の内側から外側まで多様な公転距離に惑星が分布します。中でも、主星の近傍まで移動した惑星については、円盤が主星表面まで切れ目なく分布していたとすると、移動が止まりません。最終的に主星に飲み込まれてしまいます。一方、円盤が主星の近傍で途切れていれば、そこに短周期の惑星が残ることになります。実際には、主星の磁場などの影響で、後者のように原始惑星系円盤は主星近傍で途切れると考えられます。そのため、公転距離だけを見れば、このモデルは惑星の内側から外側まで多様な惑星の軌道分布を説明することができます。

一方、このモデルではほぼ円軌道の惑星だけができます。たとえなんらかの理由で円盤の中を公転しているあいだに惑星の軌道離心率が大きくなったとしても、円盤から軌道離心率を小さくするように力が加わるので、軌道がほぼ円軌道になるためです。そのため、このモデルではエキセントリックプラネットの存在は説明できません。

このモデルにはほかにもまだ不完全な点があります。とくに動径方向の移動の速さについては、じつはまだはっきりしていません。理論的に予想される移動は速すぎて、ほとんどの惑星が主星に落下してしまうか、短周期惑星ばかりになってしまうのです。そのため、発見されている多様な惑星の軌道分布を説明するには、理論的な予想より移動が遅くなるメカニズムが必要です。この問題はまだ解決されていません。

惑星散乱モデル――複数の巨大惑星がお互いを弾き飛ばす

前項で紹介した円盤移動モデルは、多様な公転距離の惑星の存在を説明できましたが、軌道離心率の大きなエキセントリックプラネットの成り立ちは説明できませんでした。次に紹介する惑星散乱モデルは、エキセントリックプラネットの形成を説明するために考えられました。このモデルでは、巨大惑星が弾き飛ばされるという結果が得られるため、スリングショットモデルあるいはジャンピングジュピターモデルとも呼ばれます。

惑星散乱モデルでは、原始惑星系円盤が消失したあとに残った円軌道の惑星たち、とくに木星クラスの質量をもつ巨大惑星たちの重力相互作用を考えます。とくに複数の巨大惑星が形成された場合に、惑星のその後の軌道進化をコンピュータでシミュレーションした研究により、次のよ

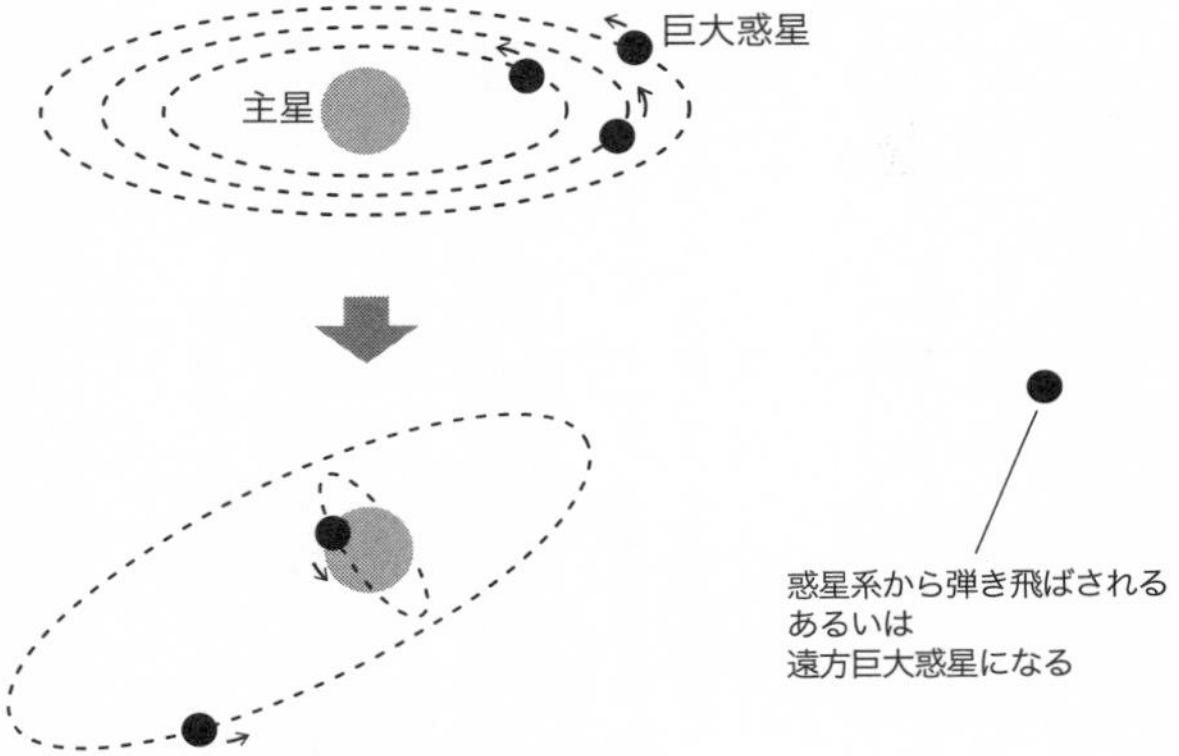

図6-2　惑星散乱モデル
惑星系に木星クラスの巨大惑星が3つ以上形成された場合、やがて重力によってそれらの公転軌道が不安定になり、弾き飛ばし合う。

うなことがわかりました。

太陽系のように木星クラスの巨大惑星が2つ（木星と土星）しかない惑星系の場合は、巨大惑星どうしが十分に離れていれば、お互いを弾き飛ばし合うようなことは起きません。しかし、近いところに2つの木星クラスの巨大惑星ができると、お互いを弾き飛ばし合う場合があることがわかりました。この惑星どうしの相互作用による軌道の変化を**惑星散乱**と呼びます。さらに、惑星系に木星クラスの巨大惑星が3つ以上できた場合には、いずれ必ず軌道が不安定になり、お互いを弾き飛ばし合うことがわかりました（図6－2）。

弾き飛ばし合った惑星は、それ以前はすべて円軌道で公転していたとしても、散乱後にはさまざまな軌道の離心率や傾きをもつ軌道に進化

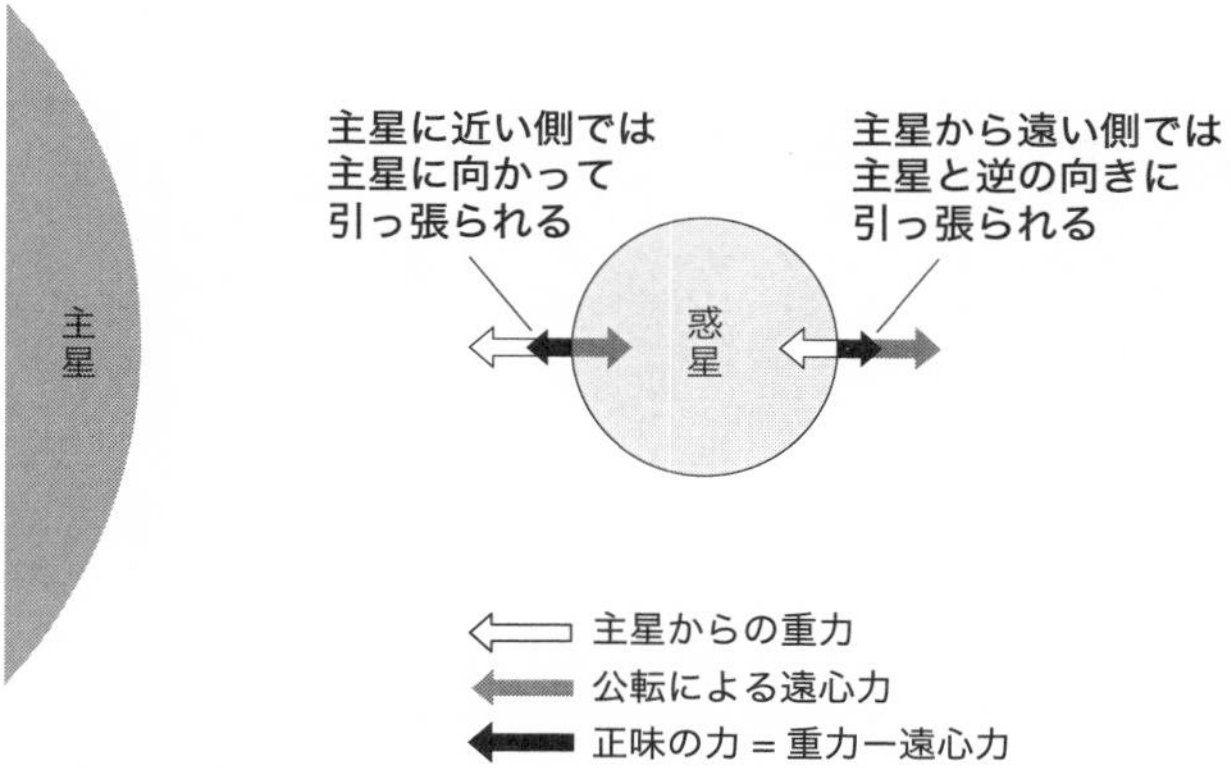

図6-3　潮汐力とは
主星のまわりを公転している惑星上の物質が受ける、主星からの重力や、公転により生じる遠心力の大きさは場所によって異なる。それらの力が合わさった結果、主星に近い側では、惑星は主星に向かって引っ張られ、主星から遠い側では主星と逆向きに引っ張られる。この力を潮汐力という。

します。さらに、３つ以上の巨大惑星が弾き飛ばし合った場合、１つの巨大惑星が惑星系から放り出されてしまうこともあります。

そして惑星散乱のあとで、さらに惑星の軌道が進化する場合が２つあります。

ひとつは、内側の巨大惑星の軌道が円軌道へと進化する場合です。これが起こるのは、惑星散乱によって弾き飛ばされた内側の巨大惑星の近星点（軌道上の主星からいちばん近い点）が、主星からおよそ０・１天文単位以下になったときです。この近星点付近にきたとき、巨大惑星は主星から**潮汐力**という力を受けます（図６－３）。この力は、惑星の重心から見た主星に近い側と遠い側で主星から受ける重力の強さが違

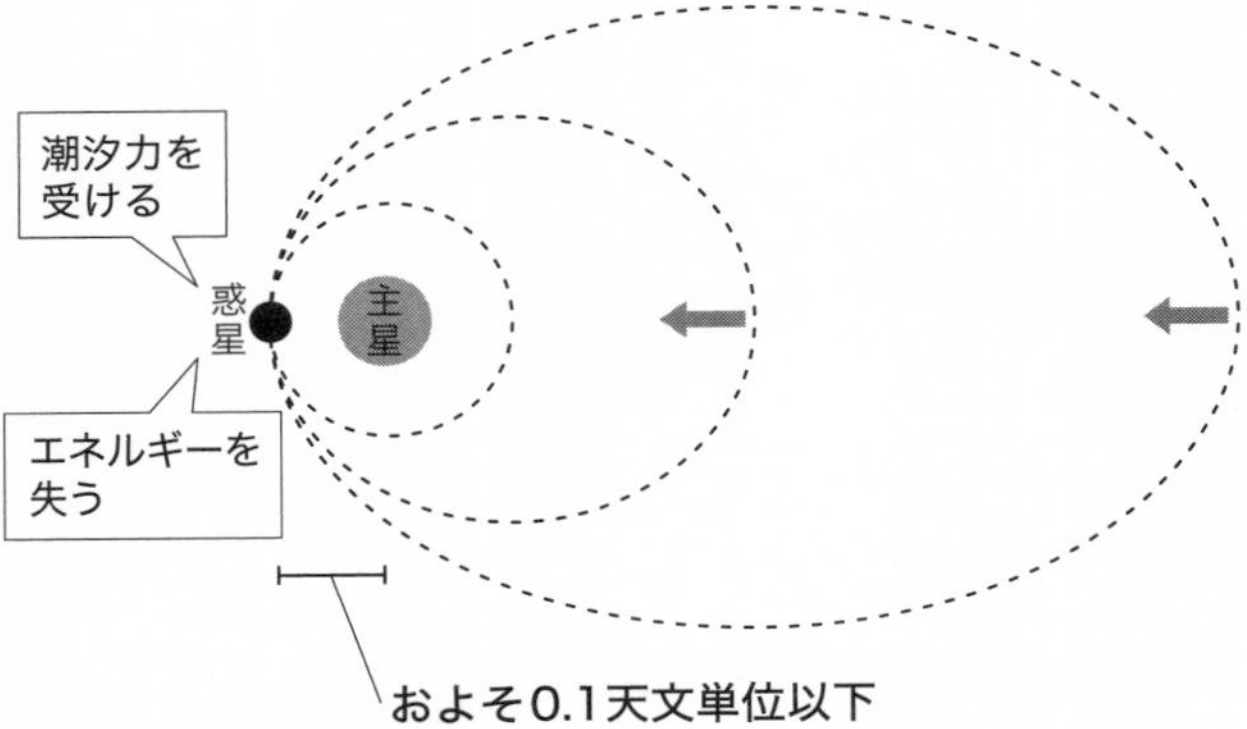

図6-4　潮汐力による円軌道化
潮汐力を受けた惑星の内部では、物質の運動が起き、摩擦熱が生じる。すると惑星は次第にエネルギーを失い、惑星の軌道長半径と軌道離心率は小さくなっていき、最後は円軌道になる。

う（主星に近い側では重力が強く、遠い側では弱い）ために起こる力です。これによって、あたかも惑星には主星の方向とその反対方向に引き伸ばされるような力が加わります。すると惑星の物質が動かされ、摩擦熱が生じます。結果として惑星はエネルギーを徐々に失い、惑星の軌道長半径と軌道離心率が時間をかけて小さくなっていきます。そして最終的には、円軌道のホットジュピターになります（図6－4）。

もうひとつの軌道進化は、惑星散乱によって飛ばされた惑星どうしがある条件を満たしたとき、**古在移動**が起きるというものです。古在移動とそれが起きる条件は次項で紹介します。

惑星散乱モデルの特徴は、条件によって多様な公転距離・軌道離心率・軌道の傾きの惑星をつくることができるというものです。内側に飛ばされた巨大惑星が円軌道になったと考えればホットジュピターを説明することができますし、エキセントリックプラネットや逆行惑星の形成も説明することができます。

一方、惑星散乱が起きると、主星からやや離れた円軌道の惑星はかえってつくりにくくなります。実際には、主星から離れたところにもほぼ円軌道の惑星は発見されているため、このモデルだけでは観測事実を説明できません。そのため、すべての惑星系で惑星散乱が起きているわけではないと考えられます。

古在移動モデル――外側にある傾いた軌道の天体が引き起こす影響を考える

古在移動モデルは、日本の天文学者の故・古在由秀氏が発見した、**古在機構**と呼ばれる現象を考慮した惑星の軌道進化モデルです（古在機構についての詳細や逸話はコラム❾を参照）。ある条件を満たした惑星には古在機構が働き、その結果として移動する（古在移動を起こす）のです。

古在移動を端的に表すと、次のような2ステップの現象です（図6-5）。

まず、ある惑星の外側に、その惑星の軌道に対して約40度以上傾いた軌道で公転する天体（伴星あるいはべつの巨大惑星など）があったとしましょう。すると、内側の惑星の軌道離心率と、外側の天体との相対的な軌道の傾きが時間とともに大きくなったり小さくなったりを繰り返しま

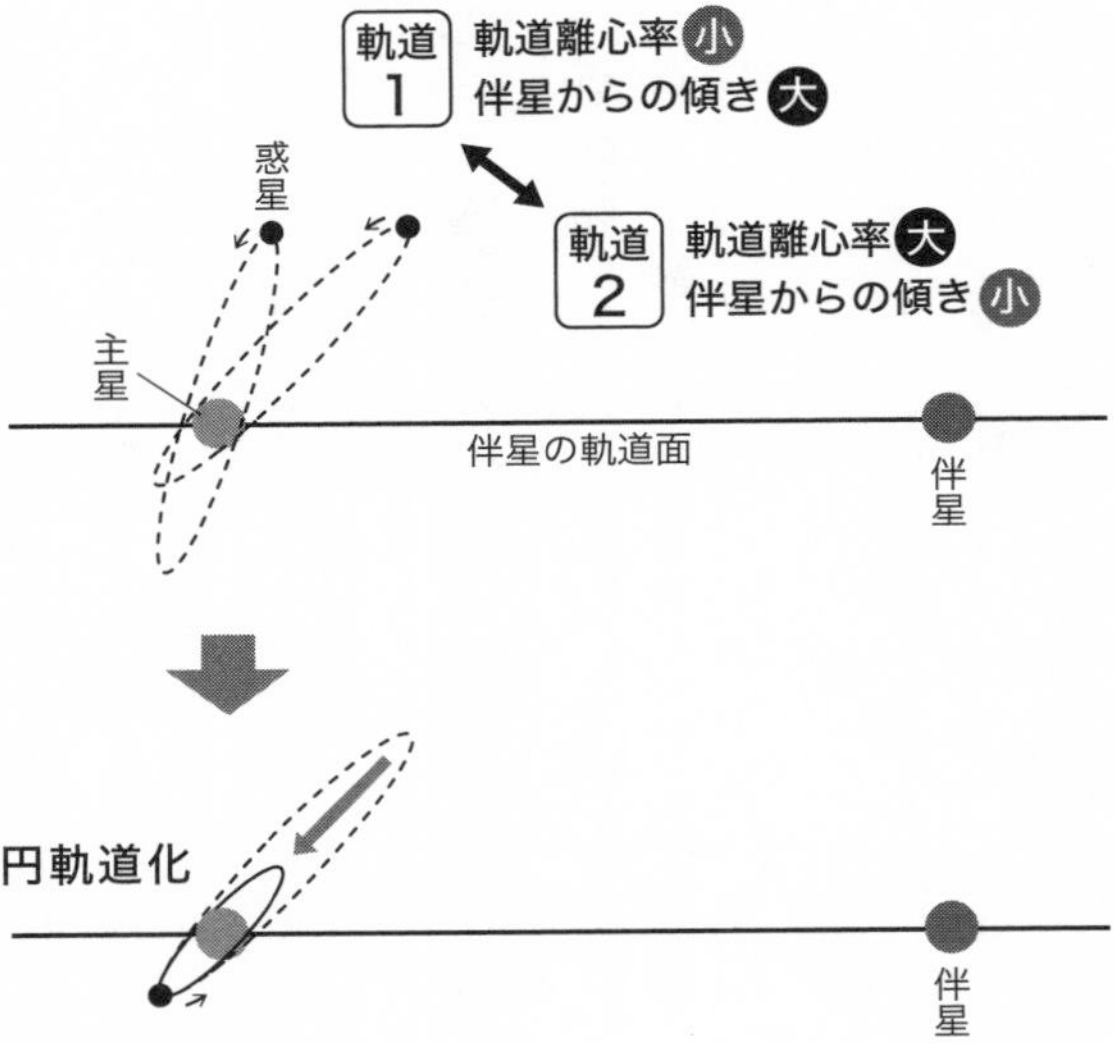

図6-5　古在移動モデル
外側に惑星の軌道から見て傾いた軌道で公転する伴星（あるいは巨大惑星）がある場合に、古在機構によって内側の惑星の軌道離心率と傾きが時間とともに大きくなったり小さくなったりする。古在機構により、最初の軌道（軌道1）が円軌道だったとしても、大きな軌道離心率の軌道（軌道2）になりうる。そして、軌道2の時の近星点が主星からだいたい0.1天文単位以下になると、潮汐力を受けて円軌道化していく。

す（この部分が古在機構によります）。

次に、内側の惑星の軌道離心率が大きくなったときに、近星点がおよそ0・1天文単位以下程度になると、惑星が主星からの潮汐力を受けて軌道離心率が下がります。この効果により、次第に惑星の軌道が円軌道へと進化していくのです。

古在移動モデルの特徴としては、惑星散乱モデルと同様に、さまざまな軌道離心率や傾きの惑星ができることが挙げられます。とくに、極端に大きな軌道離心率の惑星もできます。たとえば、第5章で紹介したHD 80606 bという惑星は、軌道離心率が0・93という極端な楕円軌道で公転していました。これは、伴星であるHD 80607が引き起こした古在移動によって形成された可能性が高いと考えられています。

古在移動モデルは、外側の傾いた軌道に伴星や惑星があることが前提になっているので、適用範囲は限られます。しかし、前項で述べたように、惑星散乱の結果としてこの条件が満たされる場合もあります。惑星散乱と古在移動が順番に起こる可能性もあるということです。

また、同一平面を公転する複数の惑星のさらに外側に、惑星たちの軌道面から相対的に傾いた軌道を回る伴星がある場合を考えてみましょう。この場合、まず外側の惑星の軌道が伴星の古在機構によって大きく傾きます。その結果、外側の惑星と内側の惑星のあいだでも古在機構の条件が満たされ、内側の惑星の軌道も傾く（二重の古在機構が起こる）こともありえます。複雑で、奥深いモデルです。

古在移動モデルでも、条件によって多様な公転距離と軌道離心率、軌道の傾きの惑星が生まれるので、エキセントリックプラネットや逆行惑星の形成も説明することができます。しかし条件が少し複雑で、それが満たされているかどうかを観測によって確認することがむずかしい場合が多い、という問題があります。古在移動が起きたと考えられる惑星系がどの程度の割合で存在するのかは、まだ明らかになっていません。

COLUMN 9 古在機構

古在機構という言葉は、その天体現象を発表した古在由秀氏にちなんでいます。古在氏は世界的に著名な天体力学の研究者で、1962年に古在機構を提案する論文を発表しました。ただ、もともとの論文で説明されたのは、木星が一部の小惑星に引き起こす天体現象で、系外惑星について考えられた機構ではありませんでした。

ところが、系外惑星の発見以降、系外惑星系でも古在機構の条件が満たされる可能性が認められ、あらためて注目されるようになりました。とくに、2003年にHD 80606 bの軌道進化モデルとして古在移動モデルが提案されてからというもの、エキセントリックプラネットの形成モデルとして惑星散乱モデルとともに盛んに研究されるようになりました。最近の系外惑星に関する国際会議では、古在機構によって惑星の軌道離心率と傾きが振動することを「Kozai-ing」と動詞で表現する研究者もいるほどです。

古在機構に関するこぼれ話をひとつ紹介します。じつは、物理的に同じ現象を最初に発表したのは古在氏ではなく、ソ連（当時）の天体力学の研究者ミハイル・リドフであるとされています。リドフは地球周回や月周回の人工衛星の軌道に月や地球、太陽が与える影響として同じ機構を指摘する論文を書いていて、それは１９６１年にロシア語で発表されていました。この論文は１９６２年に英語に翻訳され、古在氏の論文とほぼ同時期に出版されています。このため、本来は「リドフ－古在機構」と呼ぶのが正しいのではないか、ともいわれています。

ホットジュピターはどうやってできたのか？

ではここからは、第5章で紹介した、太陽系にはない「奇妙な軌道」の惑星たちが、軌道進化モデルでどのように説明されるのかを見ていきましょう。

最初に発見された系外惑星であるペガスス座51番星bは、第2章で紹介したように、たった4・2日という短周期で公転する木星のような巨大惑星、すなわちホットジュピターでした。巨大惑星が最初からこのような場所（主星の近く）で形成されうるかというと、むずかしいと考えられています。それは、原始惑星系円盤の物質分布から考えて、主星近傍にはホットジュピターをつくるほど大量の材料物質がないためです。そこで、最初はもっと材料物質が豊富な外側の軌道で形成され、軌道進化の結果としてホットジュピターになったという考え方が、現在では一般的になりました。

ホットジュピターは、先に紹介した円盤移動モデル、惑星散乱モデル、古在移動モデルのいずれでもつくることができます。ただし、個々のホットジュピターが実際にどの軌道進化モデルでできたかを判別するには、それをふくむ惑星系全体をよく調べる必要があります。

たとえば、ホットジュピターの近くにべつの小さな惑星があれば、そのホットジュピターは円盤移動モデルでできたと推定されます。なぜなら、惑星散乱モデルや古在移動モデルでホットジュピターができた場合、近くの小さな惑星は弾き飛ばされてしまうからです。

また、ホットジュピターの外側の軌道にべつの巨大惑星があるかどうかや、惑星系に伴星があるかどうかを調べることで、個々のホットジュピターが惑星散乱モデルや古在移動モデルで形成された可能性を探ることができます。たとえば、そもそも伴星がなければ古在移動モデルの可能性はありません。また、外側にエキセントリックな巨大惑星があれば惑星散乱モデルの可能性が高いといえますし、外側に伴星があるけれど、ほかの巨大惑星が見当たらないなら古在移動モデルの可能性が高くなります。そのため、ホットジュピターがある惑星系を直接撮像法で観測して伴星の有無を調べたり、視線速度法で長周期のべつの巨大惑星が存在するかどうかを調べたりする研究がおこなわれています。

ただ、現時点では観測技術の限界のため、ホットジュピターの外側にある巨大惑星や伴星を完全には探し切れていません。そのため、それぞれの軌道進化モデルがホットジュピターの形成にどの程度寄与しているかは、まだ完全にはわかっていない状況です。

エキセントリックプラネットや逆行惑星はどうやってできたのか？

エキセントリックプラネットや逆行惑星の存在は、円盤移動モデルでは説明できません。こうした惑星たちの軌道を説明しうるのは、惑星散乱モデルか古在移動モデルです。しかし、エキセントリックプラネットや逆行惑星をもつ個々の惑星系が、惑星散乱モデルと古在移動モデルのどちらの軌道進化を経たのかは、やはりそれぞれの惑星系の全体像をきちんと理解しないと判別できません。

定性的に考えると、伴星がない単独星まわりでもエキセントリックプラネットや逆行惑星が見つかっているので、惑星散乱モデルのほうが優勢かもしれません。しかし、先に述べたとおり、惑星散乱の結果としてつづけて古在移動が起こることも考えられ、事情は複雑です。

前項でも述べたように、それぞれの惑星系がどのように軌道進化して形成されたのかを知るためには、惑星系の内側から外側までの全体像を調べる必要があります。エキセントリックプラネットも逆行惑星も、必ずその外側の軌道を回るべつの天体が存在するはずです。こうした惑星系の外側の軌道にある惑星や伴星の探査が待ち望まれています。

遠方巨大惑星はどうやってできたのか？

第5章では、直接撮像法によって、太陽系の天王星より遠方（だいたい20天文単位より外側）の軌道に巨大惑星をもつ惑星系が発見されていることを紹介しました。このような遠方巨大惑星の存在は、京都モデルでは説明できません。

では、京都モデルで考えたような原始惑星系円盤と、ここまで紹介してきた軌道進化モデルを組み合わせることで遠方巨大惑星を説明できるでしょうか？　円盤移動モデルと古在移動モデルでは、基本的に惑星は主星に近づく向きに軌道が移動するため、遠方巨大惑星の存在を説明することはできません。そこで、もっと内側で誕生した巨大惑星が惑星散乱によって遠方に飛ばされたか、最初からその付近で誕生した可能性を考える必要があります（図6－6）。

もし発見された遠方巨大惑星の軌道がエキセントリックだったとしたら、惑星散乱の結果として外側に移動した巨大惑星かもしれません。あるいは、もしきれいな円軌道だとしたら、それは太陽系をつくった原始惑星系円盤よりずっと大きくひろがった原始惑星系円盤から、その付近で誕生したという可能性が考えられます。

遠方巨大惑星は公転周期がとても長いため、直接撮像法で惑星の軌道を調べようとすると時間がかかります。ですが、継続的に観測をおこなうことで、個々の惑星系がどうやってできたかを

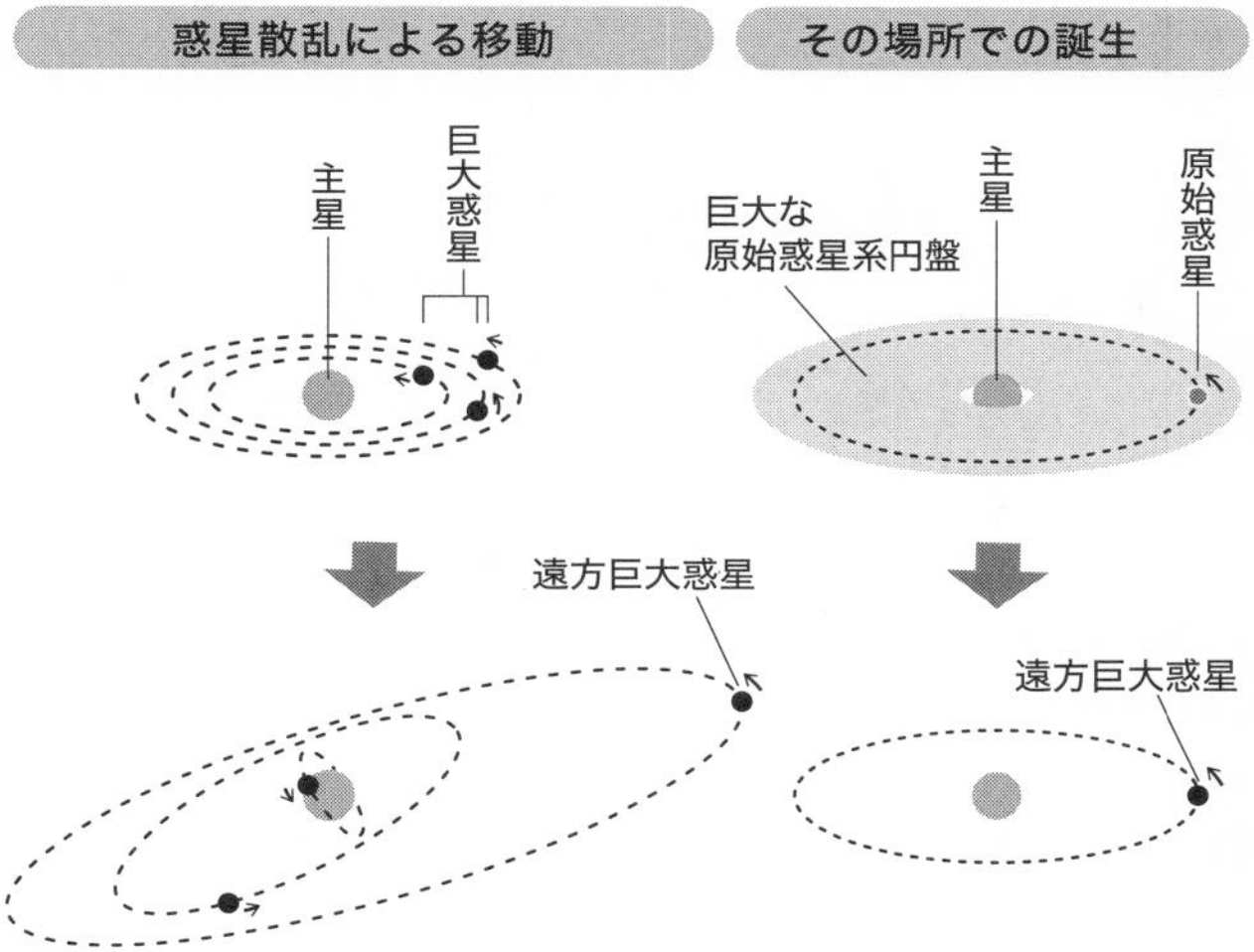

図6-6　遠方巨大惑星のでき方
左：惑星散乱により、最初に形成された場所よりも遠くに飛ばされてできる。右：原始惑星系円盤が巨大で、最初から遠方で形成される。

知るための手がかりが得られるでしょう。

太陽系は特別な存在か？

本章では、多様な軌道の系外惑星がどのように形成されたと考えられるかを見てきました。最後に、本章で紹介した軌道進化モデルを考慮して、私たちの太陽系について改めて振り返ってみましょう。

まずいえるのは、「太陽系は惑星系の標準ではない」ということです。

最初の系外惑星の発見までは、基本的に太陽系惑星を念頭に置いて惑星系の形成モデルが考えられてきました。

しかし、そのような従来の惑星系形成

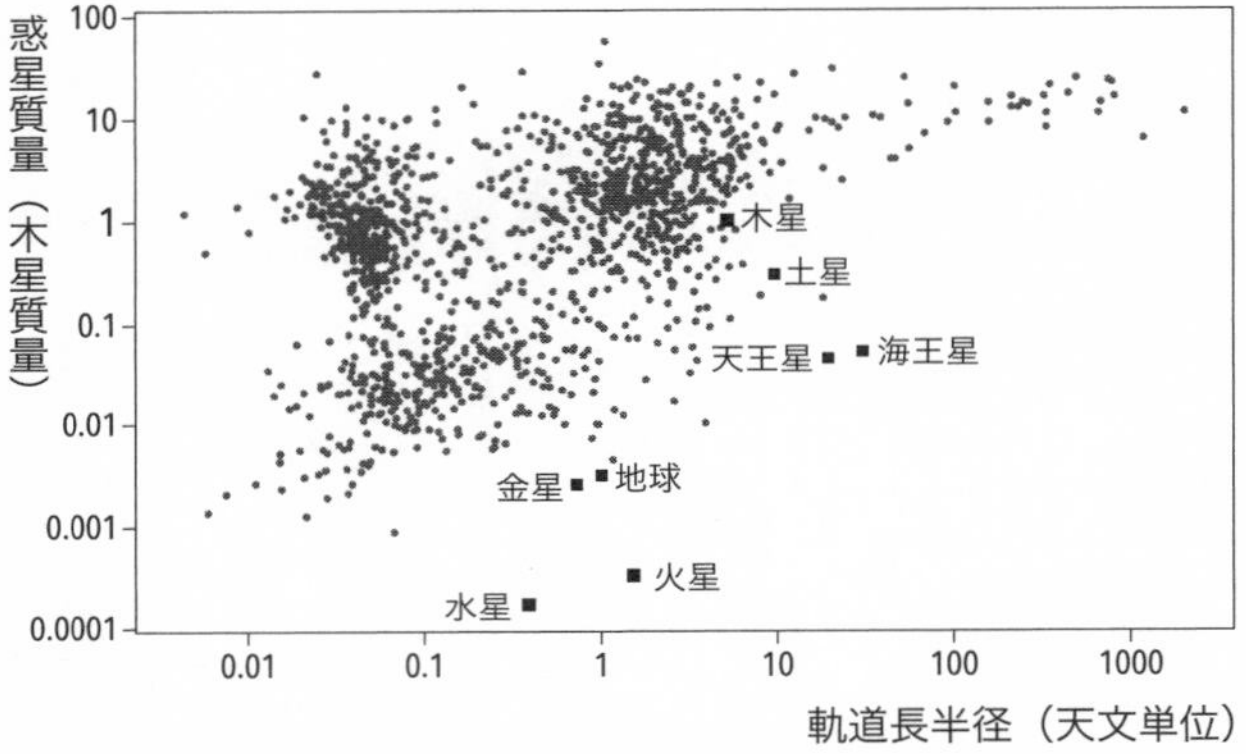

図6-7　既知の惑星の軌道長半径と質量の分布
太陽系惑星を■で示した。［NASA Exoplanet Archiveのデータをもとに作図］

論では、その後発見された多様な軌道の系外惑星の存在を説明できませんでした。そのため、太陽系は多様な姿をもつ惑星系のひとつに過ぎない、というのが現在の認識です。

では、太陽系のような姿の惑星系はめったにない特別な存在なのでしょうか？　それとも、普遍的に存在するありふれた惑星系なのでしょうか？

じつは、この問いにはまだ答えることができません。

答えられない理由のひとつは、太陽系のすべての惑星と同じ軌道や質量の惑星を発見できる系外惑星探査がまだ実現されていないためです。これまでの系外惑星探査では、主星に近く、質量が大きい惑星ほど発見されやすく、逆に惑星の軌道が主星から遠くなるほど、惑星の質量が小さくなるほど発見はむずかしくなりました。図6-7は、既知の系外惑星の軌道と質量の分布をまとめたものです。これを見ると、これまでの系外惑星探査が到達できたのは、太陽系惑星でいうとまだ木星だけで、木星以外の太陽系惑星の軌道と質量の領域には、系外惑星探査がまだ十分に到達できていないことがわかります。

繰り返しになりますが、私たちの太陽系は内側に４つの岩石惑星をもち、その外側に２つの巨大ガス惑星、さらに外側に２つの巨大氷惑星をもちます。そして、すべての惑星がほぼ円軌道で同じ向きに公転しています。このような姿の太陽系と瓜二つの惑星系がほかにもあるのか、そしてそれが普遍的に存在するかどうかは、これからの系外惑星探査で明らかにされていくでしょう。将来の系外惑星探査の計画については、第Ⅲ部でくわしく紹介します。

ところで、太陽系惑星の軌道を見ると、本章で紹介した惑星散乱モデルや古在移動モデルが想定する劇的な軌道進化は、太陽系では起こらなかったと考えられます。一方、太陽系惑星を円盤移動モデルの範疇で説明しようとすると、動径方向の惑星移動を考えない京都モデルのままでは太陽系の説明ができなくなってしまいます。そこで最近では、太陽系形成論の見直しも進んできました。

とくに、近年のコンピュータの計算能力の向上により、いろいろな条件で太陽系の形成をシミュレーションできるようになってきました。そうしたシミュレーションをもとに、**ニースモデル**や**グランドタックモデル**と呼ばれる新しい太陽系形成論が提案されています。しかし、それらの最新モデルでも、太陽系の現在の姿を説明するにはいろいろと細かい条件の調整が必要です。そうした条件が系外惑星系でも普遍的に満たされるものなのか、あるいはめったにないことなのかを検討することで、「太陽系は特別な存在なのか？」という問いの答えに迫ることができるでしょう。

地球は特別な惑星か？

では次に、生命を育む可能性のある惑星＝ハビタブルプラネットという意味で、地球が宇宙で特別な存在なのか、それとも普遍的な存在なのかを考えてみましょう。

これまでにおこなわれた観測から、ハビタブルゾーンにある岩石惑星という意味でのハビタブルプラネットは、宇宙で比較的ありふれた存在のようです。具体的には、2割程度の太陽型星と5割程度の赤色矮星がハビタブルゾーン付近に地球の2倍以下の半径の惑星をもつといわれています。この割合はやや楽観的で、誤差もありますし、すべてが岩石惑星ではないかもしれません（第5章の「大きな岩石惑星？　小さなガス惑星？」の項を参照）。

しかし、ハビタブルプラネットの存在頻度がほとんど0％ということはありません。つまり、ハビタブルプラネットはある程度宇宙に普遍的に存在しているようです。

ここで、第1章の最初にお話しした銀河の中の恒星の数を思い出してみてください。天の川銀河には１０００億個以上の恒星があると考えられています。その８割程度は赤色矮星で、それ以外はほぼ太陽型星です。これに前述のハビタブルプラネットが存在する割合をかけると、天の川銀河には数百億個のハビタブルプラネットがあることになります。

しかし、地球にそっくりで生命にあふれる惑星たちが天の川銀河に数百億個もあるかというと、そうではないでしょう。ハビタブルゾーンにある岩石惑星だからといって、その惑星が生命を育める条件（たとえば、液体の水や適度な温度など）を備えているとは限りません。そして、たとえ条件を満たしていたとしても、そこに実際に生命が存在するかどうかは、まったくわからないのです。

さらに、ひと言でハビタブルプラネットといっても、その環境には大きな多様性があると考えられます。たとえば、ハビタブルゾーンの中でも主星に近い側にいるか遠い側にいるかによって、惑星表面の環境は大きく変わります。また、太陽型星まわりのハビタブルプラネットと赤色矮星まわりのハビタブルプラネットでは、主星から受ける光の環境が大きく異なります。

地球とまったく異なる環境のハビタブルプラネットでも生命が誕生するかどうかは、天文学の範疇では答えることのできない大きな問題です。この問題を考えるためには、宇宙における生命を考える「アストロバイオロジー」という新しい研究分野が不可欠です。アストロバイオロジーの研究については第９章で紹介します。

まとめると、ハビタブルプラネットの存在は普遍的だけれども、地球のように実際に生命を育む惑星が普遍的かどうかはまだわからない、というのが現状です。そのため、「地球は特別な惑星か?」という問いに答えるためには、より多くのハビタブルプラネットを発見すること、そしてそこに生命の痕跡があるかどうかを調べる研究が必要になるでしょう。

第Ⅲ部

「第二の地球」、発見前夜

ハビタブルプラネット探査とアストロバイオロジー

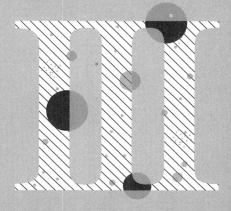

第7章 さらなる探査へ

まだ見ぬ惑星たちを求めて

1995年の初めての系外惑星の発見以降、ケプラーの活躍などによって、これまでに多様な系外惑星が4000個以上も発見されてきました。さらに、生命を育む環境をもつ可能性のある惑星、ハビタブルプラネットも発見されるようになってきました。では、これからの系外惑星探査はどのような方向へ進んでいくのでしょうか？　本章では、2020年代にかけて計画されている系外惑星探査の概要と、期待される成果を紹介します。

さらなる系外惑星探査の意義

初めて系外惑星が発見されてから25年がたち、発見された系外惑星の数はすでに4000個を超えました。そうすると、これからさらに系外惑星が見つかったとしても、たいした情報は得られないのではないか、これ以上探査をつづける科学的な意味はあるのか、という疑問が湧いてくるかもしれません。

２０２０年代に入った今、さらに系外惑星探査を進める意義があると私は考えています。それは次のような理由からです。

まず、これまで発見されてきた系外惑星の多くは、太陽系から数百光年以上離れたところにあるものでした。たとえば、主星との関係が太陽と地球の関係に最も近いとされているハビタブルプラネットＫｅｐｌｅｒ－４５２ｂ（第５章参照）は、太陽系から約１４００光年彼方にあります。また、「地球のいとこ」と呼ばれる赤色矮星まわりのハビタブルプラネットＫｅｐｌｅｒ－１８６ｆ（同じく第５章参照）も、太陽系から約５００光年離れていました。

このように私たちから離れたところにある惑星系では、惑星が存在することはわかっても、その惑星のくわしい性質、たとえば質量や半径、密度、軌道、大気などを調べることができません。つまり、系外惑星の発見数が増え、惑星の存在頻度など統計的な特徴はわかってきましたが、各惑星の詳細を知ることはできていないのです。

では、既存の望遠鏡や現在計画されている望遠鏡で個々の惑星の性質を調べるとしたら、どれくらい近くにある惑星でなくてはならないのでしょうか。これらの望遠鏡の能力では、太陽系からだいたい100光年以内、できれば50光年程度以内の距離にある惑星でなければ、くわしい性質を調べられません。そのため、今後の方向性としては、太陽系に近い惑星系の系外惑星探査が重要になっています。

また、第6章でも述べましたが、これまでに発見された系外惑星の軌道と質量の分布を見ると、これまでの系外惑星探査は太陽系惑星でいうところの木星までしか到達していません。そのため、太陽系のような惑星系が普遍的な存在なのかという問いの答えを得るためには、より軽い惑星や、より主星から離れた冷たい領域にある惑星を探す必要があります。

このほかにも、今まであまり見つかってこなかった周連星惑星(タトゥイーン型惑星)や高温度星まわりの惑星などを探すといった研究も、科学的におもしろいと思います。

以上の背景をふまえて、次項からは、どのような系外惑星探査が実際に計画されていて、どんな惑星たちが発見されると期待されているのかを紹介していきましょう。

後回しにされてきた赤色矮星

今後の系外惑星探査の大きな流れとして、なるべく太陽系の近くにある惑星系の小さな惑星、とくに生命の痕跡まで探すことが可能なハビタブルプラネットたちを発見するという目標が掲げられています。しかし、太陽系から遠いところにある惑星がもう何千個も発見されているのに、どうして太陽系に近い惑星系で系外惑星探査が進んでこなかったのでしょうか？

その大きな理由は、太陽系に近い恒星のほとんどが赤色矮星であることと、赤色矮星の可視光での暗さにあります。

第1章で紹介したように、恒星の70％強は赤色矮星で、太陽系に近い恒星もほとんどは赤色矮星です。赤色矮星は質量も半径もせいぜい太陽の半分しかなく、表面温度も太陽よりおよそ２０００Ｋ以上も低い恒星です。そして、赤色矮星は可視光ではきわめて暗く、私たちの目では見えない近赤外光（７００㎚より長い波長域）で明るいという特徴をもっています。

そのため、太陽系の近くにあっても、赤色矮星は可視光ではとても暗いのです。そして、これまでの系外惑星探査の主力だった視線速度法やトランジット法の観測は、おもに可視光でおこなわれてきました。そのため、太陽系に近い赤色矮星たちは探査の対象からはずれてしまっていたのです。

一方、ケプラーによるトランジット法の観測精度であれば、赤色矮星であっても十分に惑星探査が可能です。ただ、太陽系の近くにある赤色矮星は全天に散らばっています。そのため、限られた領域を長期に観測するというケプラーの戦略では、太陽系の近くにある赤色矮星はほとんどその観測視野に入らなかったのです。

赤色矮星まわりの惑星探査がむずかしいもうひとつの理由として、太陽型星とくらべて恒星の

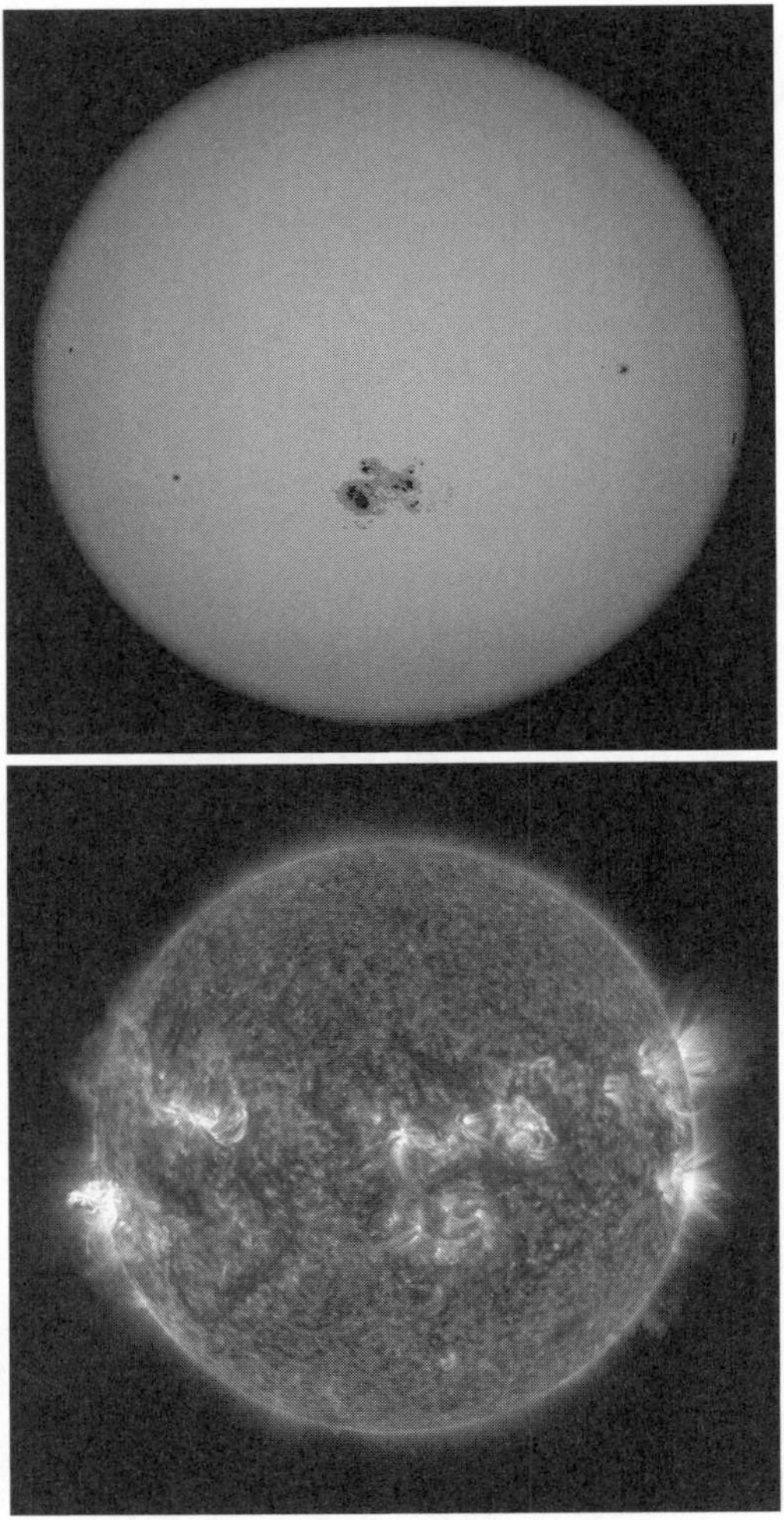

図7-1　黒点（上）とフレア（下）
[画像提供／いずれもNASA/SDO]

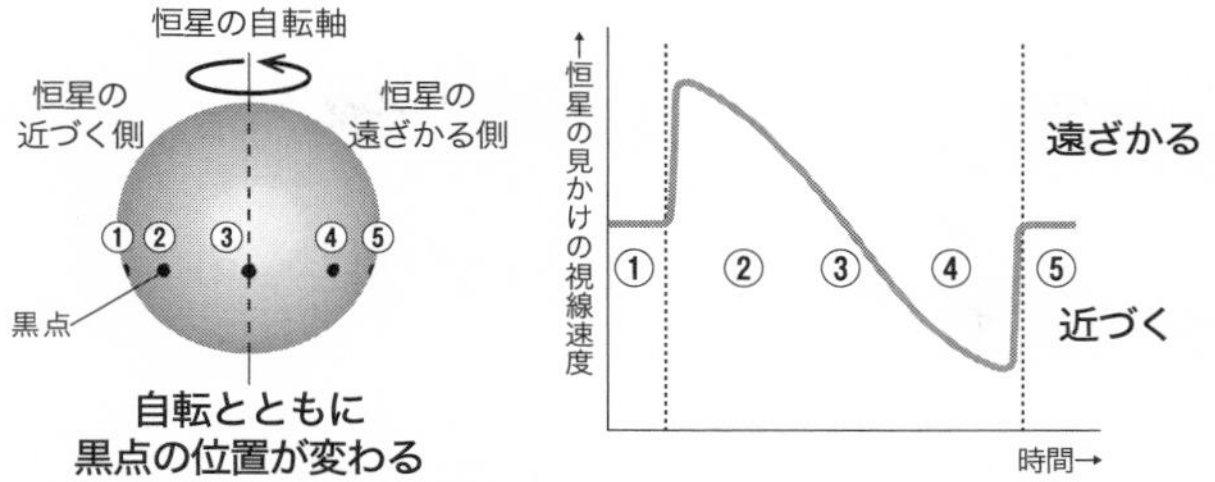

図7-2　黒点の視線速度への影響
左図のように、小さな黒点がひとつ現れ、恒星の自転とともに位置が変わっていく場合を考える。位置の変化とともに、右図のように恒星の見かけの視線速度が変化する。黒点の部分が暗いため、主星の自転軸と公転軸が揃った場合の、トランジット惑星によるロシター・マクローリン効果と同様の結果になる（図5-5参照）。実際には、黒点はひとつだけ現れるとは限らないため、黒点の影響は複雑になる。

活動性が高いことが挙げられます。恒星の活動とは具体的には、その表面に生じる**黒点**や**フレア**という現象のことです（図７－１）。黒点というのは、恒星の表面に現れる、ほかの領域より温度が低く暗い部分のことです。フレアは、恒星の表面で突発的に起きる爆発現象です。

赤色矮星は太陽型星にくらべて黒点もフレアも多いことが知られています。黒点が多く、不均一に分布していると、自転とともに明るさが変化します。また、フレアの発生や、黒点の発生・消失によっても複雑な明るさの変動が生じます。このような恒星自身に起因する明るさの変動は、トランジットの観測による惑星探査の邪魔になります。

また、黒点はロシター・マクローリン効果（第５章参照）と同じ仕組みで、見かけ上の視線速度の変化を起こします（図７－２）。そのため、黒点が多く不均一に分布した赤色矮星では、惑星が存在していなくても複雑な視線速度の変動が起きてしまうのです。この効果のために、視線速度法による惑星探査もむずかしくなります。

このように赤色矮星では、惑星ではなく恒星そのものに由来する視線速度や明るさの変動が太陽型星にくらべて大きいため、惑星に由来する変動が埋もれてしまいます。そのため、赤色矮星は視線速度法やトランジット法による惑星探査にはむずかしいターゲットだったのです。

以上のような事情から、これまでの系外惑星探査は太陽型星を狙ったものが多く、赤色矮星は後回しにされてきました。

COLUMN ⑩ 恒星までの距離と恒星のタイプによる明るさのちがい

夜空にはたくさんの星が輝いていますが、私たちから見たそれぞれの星の明るさは、恒星までの距離や恒星のタイプ（赤色矮星・太陽型星・高温度星）によって変わります（図7－3）。

同じ恒星が太陽系の近くにある場合と遠くにある場合をくらべると、近いほうが明るく見えます。具体的には、見かけの明るさは距離の2乗に反比例します。たとえば、10倍遠く離れると、見かけの明るさは100倍暗くなります。

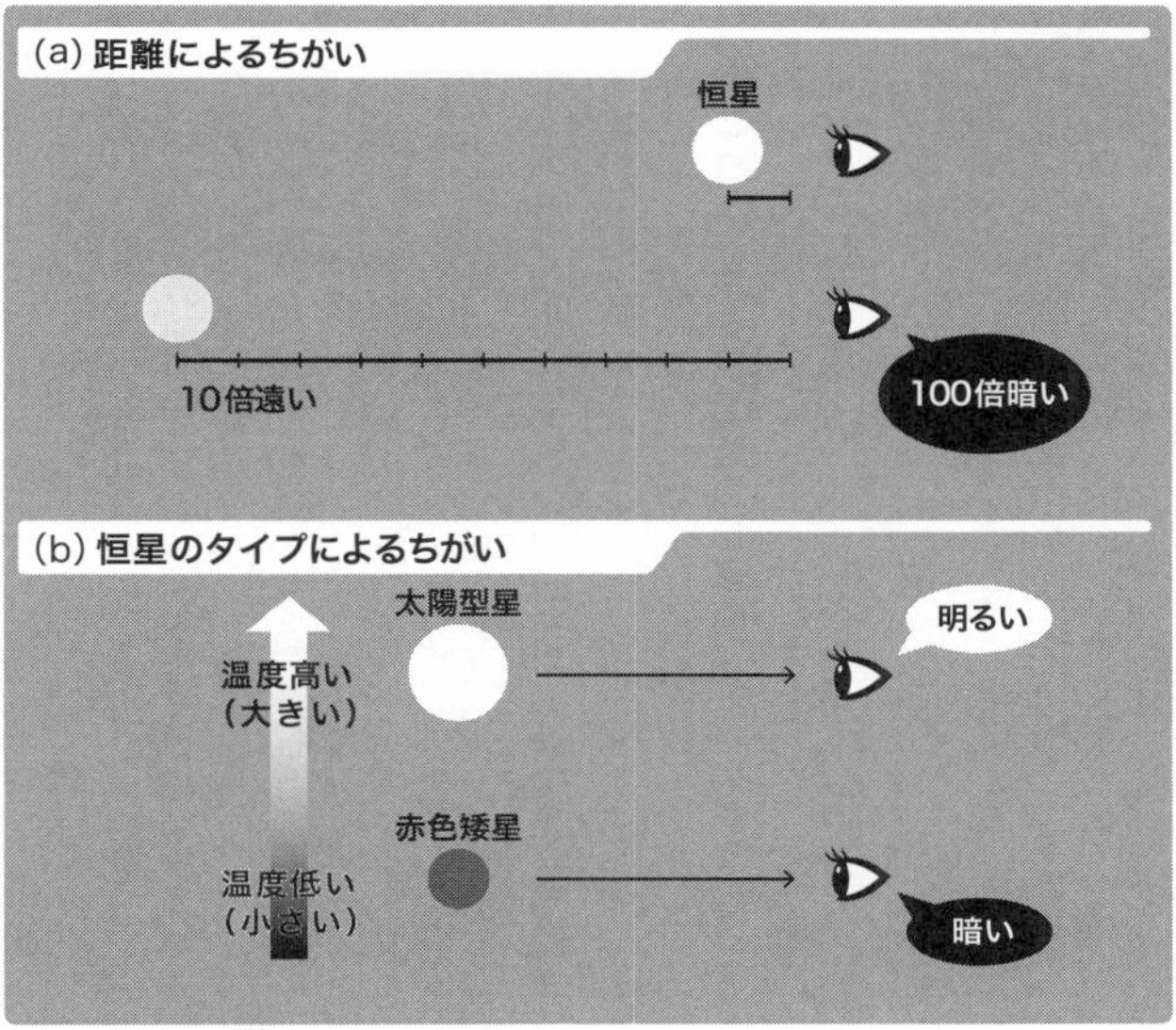

図7-3　恒星の明るさのちがい
(a) 同じ明るさの恒星でも、観察される明るさは距離によって変化する。10倍遠ざかると、100倍暗く見える。(b) 恒星は温度が高いほど明るくなる。同じ距離にある太陽型星と赤色矮星では、より高温の太陽型星のほうが明るく見える。

恒星のタイプによるちがいとしては、恒星の温度が高くなるほど恒星は明るくなります。つまり、３つの恒星のタイプを明るい順に並べると、高温度星、太陽型星、赤色矮星となります。とくに赤色矮星は可視光ではとても暗く、太陽型星と赤色矮星が同じ距離にあった場合、赤色矮星のほうが圧倒的に暗くなります。そして多くの場合、近くにある赤色矮星より、遠くにある太陽型星のほうが可視光ではずっと明るく見えます。

太陽に最も近い恒星であるプロキシマ・ケンタウリを考えてみましょう。この赤色矮星はたった4・2光年のところにありますが、可視光では肉眼で見える限界の明るさの100分の1にも満たない明るさしかありません。一方、プロキシマ・ケンタウリと三重星系をなすケンタウルス座α星AとBは太陽型星で、プロキシマ・ケンタウリとほぼ同じ距離にありますが、こちらの2つは私たちの目で見える明るい恒星として知られています。

また、夜空には私たちの目でも見える星々がたくさん輝いていますが、それらはすべてプロキシマ・ケンタウリより遠くにある太陽型星や高温度星たちなのです。

見直された赤色矮星の長所

しかしこの10年ほどのあいだに、惑星探査のターゲットとして、赤色矮星にはいくつか長所もあることが認識されるようになりました。

まず、温度が低い赤色矮星まわりの惑星系では、ハビタブルゾーンが主星に近く、公転周期にして数日から数十日のあたりになります。そのため、とくにハビタブルプラネットを狙う観測では、惑星の発見や追観測までの期間が比較的短くて済みます。

さらに、赤色矮星と太陽型星のハビタブルプラネットをくらべた場合、惑星の軌道が恒星に近くなるため、赤色矮星のハビタブルプラネットのほうがトランジットする確率が高くなります。具体的には、太陽のまわりで地球の距離にある惑星がトランジットする幾何学的確率は０・５％程度ですが、赤色矮星まわりのハビタブルプラネットがトランジットする確率は数％程度です。

また、赤色矮星が太陽型星にくらべて質量も半径も小さいことも有利に働きます。たとえば、同じ質量と半径の惑星が起こすトランジットの減光や視線速度の変動をくらべると、赤色矮星のほうが太陽型星の場合よりも大きいのです。

具体的に比較してみましょう。地球が太陽の手前をトランジットするときに起こす減光は０・００８％程度しかなく、地上望遠鏡の精度では観測するのが不可能です。一方、地球サイズのハビタブルプラネットが赤色矮星の手前をトランジットする際の減光は０・１％以上になるので、高精度の地上望遠鏡であれば観測することができます。また、地球が太陽に起こす視線速度変動は秒速10㎝ほどしかありません。一方、赤色矮星まわりのハビタブルプラネットは、主星が軽いことと、公転軌道が主星に近いことから、視線速度変動が秒速１ｍ程度と大きくなります。

そのため、恒星の活動に由来する明るさや視線速度の変動を観測データから取り除くことができるなら、じつは、赤色矮星はハビタブルプラネットを探すのに適したターゲットなのです。

以上のような背景から、２０１９年現在、以下の３つの戦略で太陽系の近くにある恒星、とくに赤色矮星を狙った系外惑星探査が盛んにおこなわれています。

・地上からのトランジット惑星探査
・視線速度法による系外惑星探査
・宇宙からの全天トランジット惑星探査

それでは、これらの戦略にもとづく探査がそれぞれどのようなものか、具体的に紹介しましょう。

赤色矮星に特化した地上からのトランジット惑星探査の先駆け：マース

太陽系の近くにある赤色矮星だけをターゲットとする地上からのトランジット惑星探査の先駆けとなったのは、ハーバード大学が主導するマース（MEarth）というプロジェクトです。マースのチームを率いているのは、トランジット惑星の第一発見者であるデイヴィッド・シャルボノーです（**コラム❹**参照）。

マースでは、アメリカ・アリゾナ州のフレッド・ローレンス・ウィップル天文台に設置された8台の40㎝望遠鏡群を使って観測がおこなわれています。その戦略は、ふだんはそれぞれの望遠鏡で太陽系の近くにあるべつべつの赤色矮星の明るさの変化を連続的に観測し、もしトランジットらしき減光が見えたら、８台が集中してそのターゲットを観測するというものです。前述のように、赤色矮星は可視光ではとても暗いため、マースでは近赤外光を使って赤色矮星を観測しています。

マースは、赤色矮星を狙ったトランジット惑星探査を２００８年に開始しました。そして２００９年には、地球の約２・７倍の大きさをもつスーパーアースＧＪ　１２１４ｂを発見しました。この惑星は太陽系から約48光年と比較的近いところにあり、なおかつ、北半球からも南半球からも観測ができる方向にありました。そのため、スーパーアースとしては最も盛んに研究されてきました。

その後２０１４年には、チリのセロ・トロロ汎米天文台に８台の40㎝望遠鏡群からなる新たな観測拠点、マースサウスも設置されました。それに伴い、アメリカに設置されていたもともとのマースは、マースノースと呼ばれるようになりました。こうして、アメリカとチリの２ヵ所から北天と南天の両方での惑星探査がおこなわれるようになったのです。

その後２０１５年には、マースサウスの観測によって太陽系から約41光年のところにある赤色矮星ＧＪ　１１３２のまわりに、地球の約１・２倍の半径と約１・６倍の質量をもつ惑星ＧＪ　１１３２ｂが発見されました。この惑星は密度が地球とほぼ同じなので、おそらく岩石惑星だろ

う と考えられています。しかし、この惑星は公転周期が1・6日ほどという、主星にとても近いところにあるため、熱すぎてハビタブルプラネットではありませんでした。

地上観測による赤色矮星まわりのハビタブルプラネットの発見

マースが動き出したころ、ベルギーの天文学者ミカエル・ギヨンらも、マースと同じように赤色矮星に特化したトランジット惑星探査を計画していました。ギヨンらは2010年に、TRAPPIST（同名のベルギービールにちなむ）と名づけられた60㎝望遠鏡をチリのラ・シヤ天文台に設置しました（図7－4）。そして、マースよりも大きな望遠鏡を使って、近赤外光の観測によるトランジット惑星探査をはじめたのです。彼らの狙いは、マースのターゲットよりもさらに温度の低い（そのためさらに小さくて暗い）赤色矮星でした。

そしてTRAPPISTチームは2015年におこなった観測から、約40光年の距離にあるTRAPPIST－1と名づけた赤色矮星のまわりに、複数のトランジット惑星を発見しました。TRAPPIST－1は、表面温度が約2500Kという超低温度の赤色矮星でした。

この成果は、2016年に『ネイチャー』で発表されました。その内容は、「地球サイズの惑星を3つ発見した」という報告でした。しかし、その後の宇宙望遠鏡や地上望遠鏡を使った集中的な観測により、惑星の個数が間違っていたことが判明します。じつは7つもの惑星がトランジ

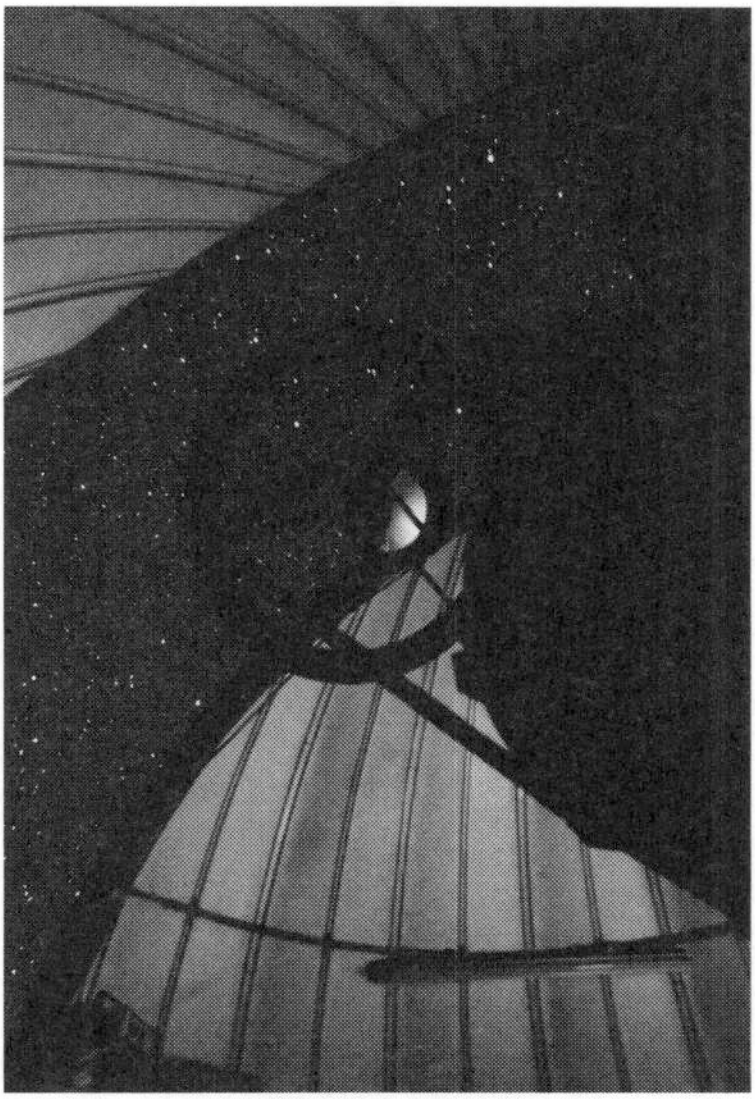

図7-4　TRAPPIST望遠鏡
[写真提供／ESO/E.Jehin]

ットしていたのです。この7つのトランジット惑星の発見は2017年2月に『ネイチャー』で発表され、大きなニュースとなりました。

　この7つの惑星は、多少ばらつきがあるものの、どれも地球とほぼ同じ大きさと質量をもっています。そして、そのうち公転周期が10日前後の3つの惑星がハビタブルプラネットでした。

　一方、ハビタブルプラネットの発見という成果ではトラピストに先を越されたマースでしたが、ほぼ同時期の2017年4月に、LHS 1140 bというハビタブルプラネットの発見を『ネイチャー』で報告しました。

ＬＨＳ　１１４０　ｂは地球の約１・７倍の半径と約7倍の質量をもつことがわかっており、地球より若干密度が大きい岩石惑星だと考えられています。この主星であるＬＨＳ　１１４０は太陽系から約49光年の距離にあり、赤色矮星の中では活動性が低い、とても穏やかな恒星であることが知られています。そのため、数ある赤色矮星まわりのハビタブルプラネットの中でも、生命の生存により適している惑星かもしれないという議論もなされています。

ただし、恒星の活動性の程度と生命の生存がどのように関係しているかは、天文学だけの知識ではわかりません。そのため、活動性が高い赤色矮星まわりのハビタブルプラネットが生命の生存に適していない、とは断定できません。このような問題を検討するためのアストロバイオロジーの研究については、第9章で紹介します。

さて、２０１7年に発見されたＴＲＡＰＰＩＳＴ－１の惑星たちやＬＨＳ　１１４０　ｂは将来の生命の兆候の探査の有力な候補です。もちろん、ほかにも太陽系の近くにある赤色矮星をトランジットするハビタブルプラネットがあるかもしれません。

そこでギヨンらのトラピストチームは新たなプロジェクト、ＳＰＥＣＵＬＯＯＳ（読み方はスペキュラース。同名のクッキーの名前にちなむ）を立ち上げました（図7－5）。これは、トラピストよりも大きな望遠鏡（口径１ｍ）を複数使って、とくに温度の低い赤色矮星まわりのトラ

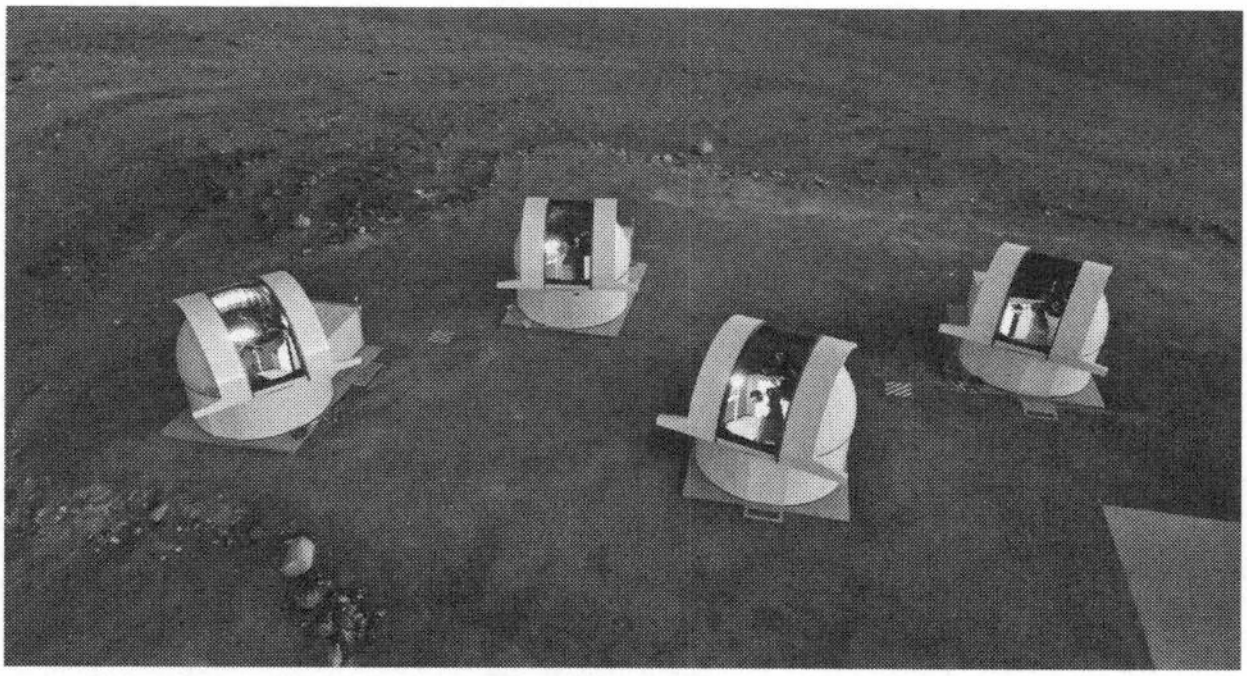

図7-5　SPECULOOSの望遠鏡群
［写真提供／tau-tec GmbH］

ンジット惑星を探査する計画です。この計画のために、２０１９年時点で南半球に４台、北半球に１台の１ｍ望遠鏡が設置されています。こうした計画によって、赤色矮星まわりのハビタブルプラネットがさらに発見されるかもしれません。

視線速度法による赤色矮星まわりの系外惑星探査

視線速度法による系外惑星探査は、もともと可視光を使った観測装置が主流でした。可視光で天体の視線速度変動を高精度で測定できる観測装置として、チリのラ・シヤ天文台の３・６ｍ望遠鏡に搭載されたＨＡＲＰＳ（High Accuracy Radial velocity Planet Searcher の略称、読み方はハープス、日本語に訳すと高精度視線速度系外惑星探査装置）が有名です。

ＨＡＲＰＳとそれを搭載した３・６ｍ望遠鏡は系外惑

星探査専用で、2003年の稼働以来、視線速度法による系外惑星探査をおこなっています。HARPSは秒速1mを切るような高精度で天体の視線速度を測定することができます。これまでに、地球と同程度の質量をもつ惑星をふくむ多くの系外惑星を発見してきました。

その中でも特筆すべき成果として、プロキシマbの発見が挙げられます。プロキシマbは、太陽系から最も近い恒星プロキシマ・ケンタウリを公転するハビタブルプラネットで、質量が地球より少し大きなスーパーアースであると考えられています。

このように、可視光を使った視線速度測定装置でも赤色矮星まわりの系外惑星探査はおこなわれてきましたが、赤色矮星の中でもとくに温度が低いものは可視光では暗すぎて十分な精度が出ませんでした。そこで2010年代に入ると、近赤外光を使った視線速度測定装置が世界中の望遠鏡で計画されるようになってきました。

その中で先陣を切ったのは、スペインやドイツのチームが開発したCARMENES（読み方はカルメネス）です。カルメネスはスペインのカラ・アルト天文台にある3・5m望遠鏡に搭載され、2016年から赤色矮星をターゲットにした系外惑星探査を開始しました。

2019年までに発表されたCARMENESの成果で、特筆すべきものは2つあります。ひとつは、太陽系から約6光年のバーナード星（第2章で紹介した、ファンデカンプがアストロメトリ法で系外惑星探査をおこなった赤色矮星）に、視線速度法でスーパーアースを発見したことです。CARMENESはバーナード星を集中的に観測し、その結果をHARPSなどが取得していたデータと合わせて解析することで、公転周期233日のところにスーパーアースが存在することを発見し、2018年11月に『ネイチャー』で発表しました。この惑星はファンデカンプが主張していた巨大惑星とはもちろん異なります。しかし、「幻の惑星」の代名詞として知られていたバーナード星に、50年以上の時を経て本当に惑星が発見されるというのは、感慨深いものです。

そしてもうひとつの特筆すべき成果は、第5章でも紹介したティーガーデン星まわりの2つのハビタブルプラネットの発見です。ティーガーデン星は太陽系から12・5光年のところにあり、前項で紹介したLHS 1140と同様に、とても活動性が低い赤色矮星であることがわかっています。また、これらは地球と同程度の質量をもつハビタブルプラネットなので、今後おこなわれる生命の痕跡を探す観測の有力なターゲットになるかもしれません（第8章参照）。

このように視線速度法によって、2019年までに太陽系からいちばん近い赤色矮星であるプロキシマ・ケンタウリと、2番目に近い赤色矮星であるバーナード星に惑星が発見されました。また、プロキシマbやティーガーデン星bとcなど、太陽系の近くにあるハビタブルプラネットも次々と発見されてきました。

これらの惑星はどれも質量はそれほど大きくありません。このことは、赤色矮星まわりに比較的低質量の惑星、さらにはハビタブルプラネットも豊富に存在する可能性を示唆しています。トランジット法とちがい、視線速度法では惑星の軌道を真横から見なくても探査できるため、太陽系の近くにある赤色矮星に対する系外惑星探査に有利だと言えます。

そして2017年から2018年にかけて、CARMENESに続く近赤外光を使った視線速度測定装置たちが次々と完成し、ファーストライト（装置に望遠鏡からの光を初めて通す初観測のこと）を迎えました。

日本のチームはハワイのマウナケアにある口径8・2mのすばる望遠鏡用にIRD（読み方はアイアールディー）という観測装置を開発しました。また、フランス、カナダなどのチームは、同じくハワイのマウナケアにある口径3・6mのカナダ・フランス・ハワイ望遠鏡にSPIRou（読み方はスピルー）を開発し、アメリカのチームはテキサスにある口径9・2mのホビー・エバリー望遠鏡にHPF（読み方はハビタブルゾーンプラネットファインダー）を開発しました。

これらの観測装置は2018年に性能の確認などがおこなわれ、2019年から本格的に赤色矮星に特化した系外惑星探査を開始しました。

また、2019年以降にも、近赤外光で精密な視線速度測定をおこなうというコンセプトの観測装置が、世界中の望遠鏡に搭載されようとしています。たとえば、HARPSと一体となって可視光と近赤外光で同時に視線速度測定をおこなうＮＩＲＰＳ（読み方はニアプス）や、口径８・４ｍの望遠鏡を２台もつ大双眼鏡望遠鏡（ＬＢＴ）に搭載される予定のｉＬｏｃａｔｅｒ（読み方はアイロケーター）などです。

こうした新しい世代の視線速度測定装置の登場によって、今後も太陽系の近くにある赤色矮星の系外惑星探査が進むと期待されます。

トランジットサーベイ衛星：ＴＥＳＳ

太陽系の近くにある恒星まわりの惑星探査の３つ目の方法として紹介するのは、トランジット法により宇宙からほぼ全天を観測するＮＡＳＡのトランジット惑星探査計画ＴＥＳＳです。

ＴＥＳＳはもともと、マサチューセッツ工科大学の研究者らがグーグル社などの支援を受けて検討し、２００８年にＮＡＳＡに提案した計画です。しかし、初回の提案では不採択となりました。その後打ち上げられたケプラー宇宙望遠鏡の成果により、宇宙からのトランジットサーベイの有効性が実証されました。そして、衛星軌道などの観測戦略が大幅に改良されて２０１０年に再提案され、２０１３年４月に正式にＮＡＳＡの計画として採択されました。

ＴＥＳＳの大きな目標は、「太陽系の近くにある恒星を公転する岩石惑星やスーパーアースなどの小型の惑星を発見し、その質量まで決定すること」です。とくに必ず満たすべき目標として、「半径が地球の4倍以下の惑星を多数発見し、そのなかの50個以上について質量を決定すること」が掲げられています。

ＴＥＳＳはほぼ全天を観測するため、太陽系の近くにある恒星も多数ターゲットになります。そこで、とくに太陽系の近くにある赤色矮星や明るい太陽型星は優先度が高く設定されています。ＴＥＳＳはこうした優先度の高い約20万個程度の恒星の明るさを2分ごと、その他の観測視

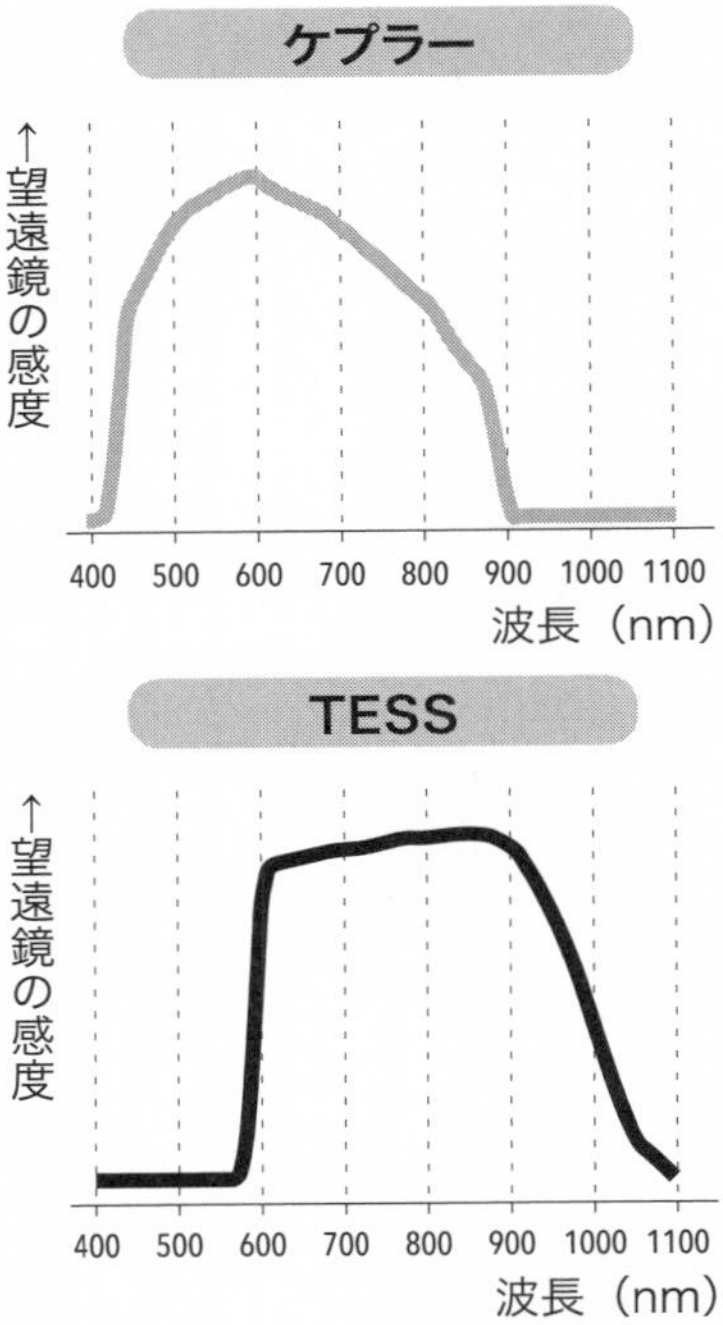

図7-6　ケプラーとTESSの感度曲線
ケプラーは可視光領域で感度が高い一方で、TESSは近赤外領域（700nmより長い波長域）で感度が高い。
[NASAの図をもとに作成]

野内のすべての天体の明るさを30分ごとに測定します。
またＴＥＳＳは、赤色矮星が明るくなる近赤外光に感度が高いＣＣＤを採用しています（図7-6）。これにより、太陽系の近くにある赤色矮星であれば高精度で明るさの変化を測定することができ、小さな惑星でも発見可能です。そのような赤色矮星であれば、視線速度法による追観測をおこなうことで、発見された惑星の質量を調べることもできます。

ＴＥＳＳは採択から約5年後の２０１８年4月18日に、スペースＸ社のファルコン９ロケットでアメリカ・フロリダ州のケープカナベラル空軍基地から打ち上げられました（図7-7）。そして、打ち上げから約3ヵ月後の２０１８年7月下旬に観測を開始し、9月からは発見した惑星候補のデータを公開しはじめました。

観測で得られた結果から、ＴＥＳＳは当初の想定を上回る高い測光精度を達成できていることが確認されました。つまり、太陽系の近くにある明るいターゲットに対しては、ケプラーと比較してまったく遜色のない精度をもつことがわかったのです。

最初の1年間におこなわれた南天の観測で、ＴＥＳＳは１０００個以上もの惑星候補を発見しました。そして、２０１９年7月からは北天の観測がはじまっています。さらに、同じく２０１９年7月には、当初の2年間の計画を超えて、ＴＥＳＳはさらに2年間（以上）、観測期間が延長されることが決定しました。ＴＥＳＳの観測によって、これから多くの惑星たちが太陽系の近

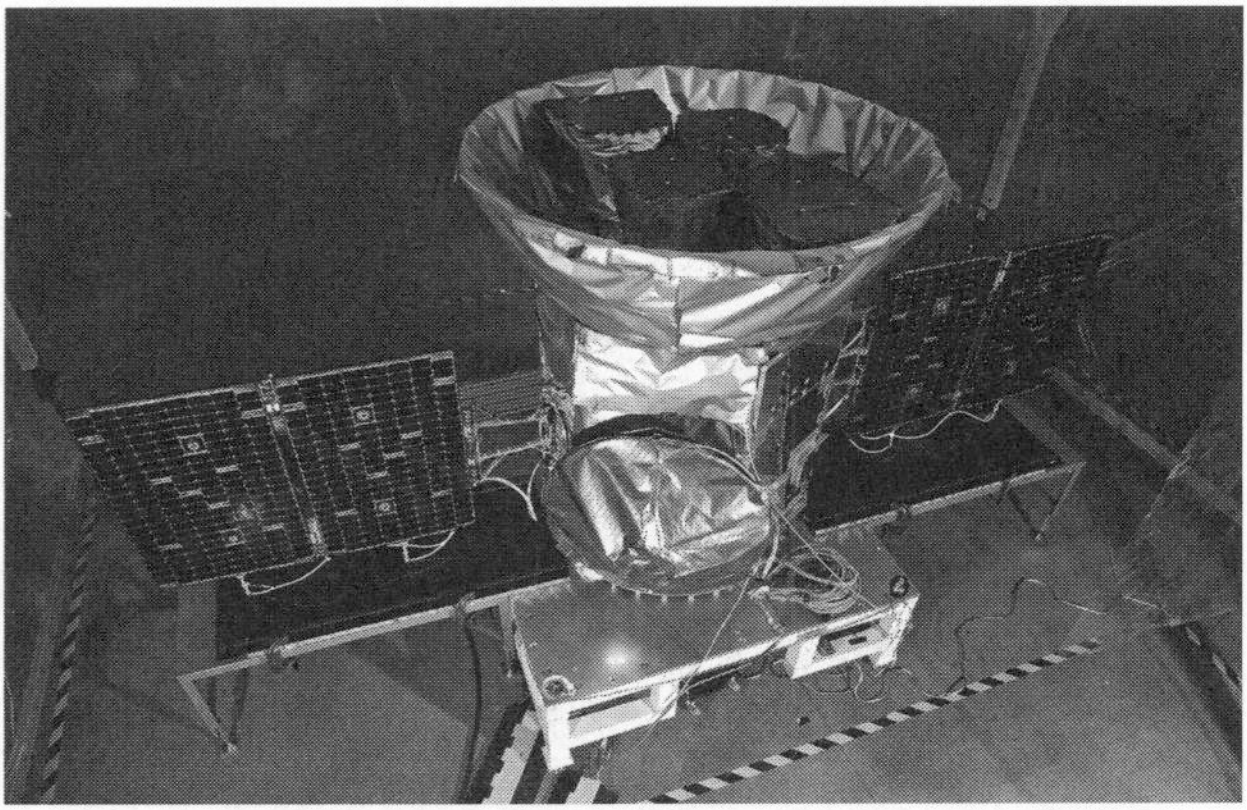

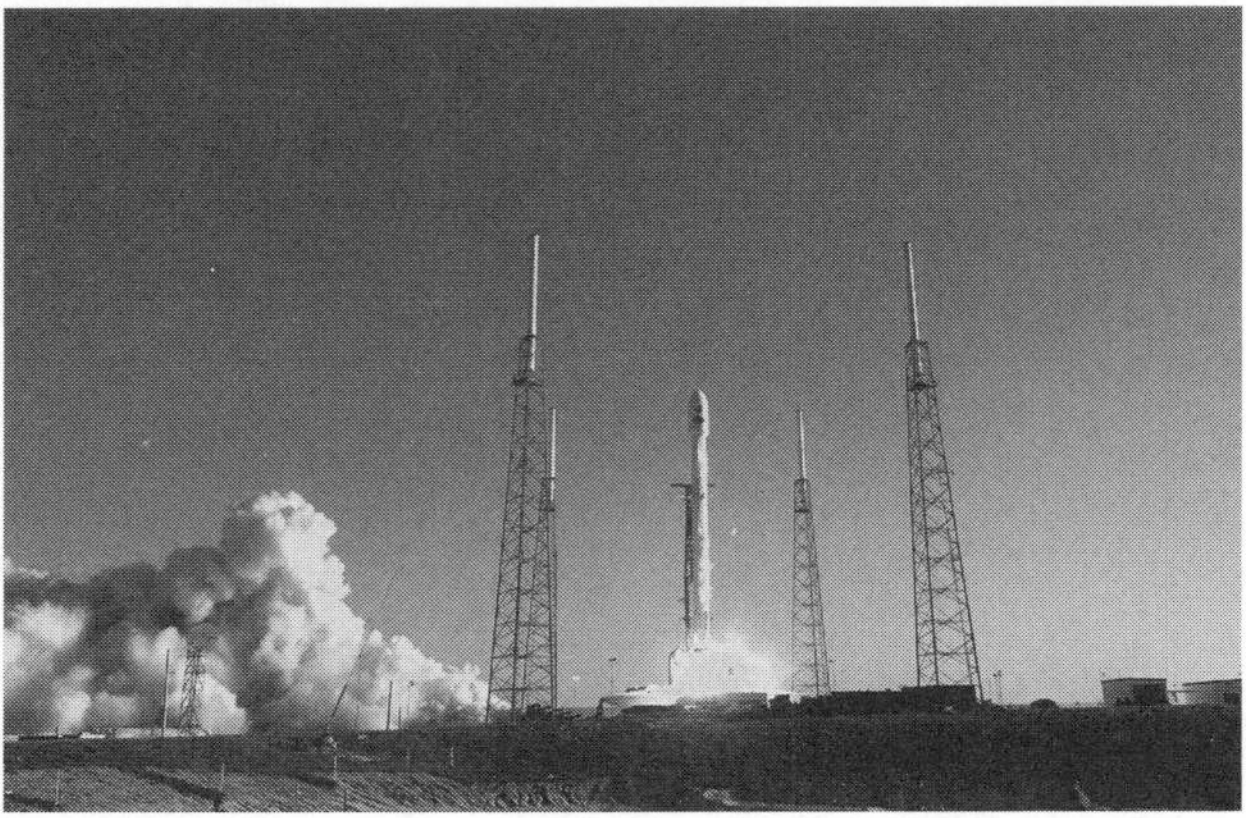

図7-7　TESS
上：TESSの本体。打ち上げ前の組み立てが完了した状態。下：打ち上げの様子。2018年4月18日、アメリカ・フロリダ州のケープカナベラル空軍基地からスペースX社のファルコン9ロケットで打ち上げられた。
[写真提供／上：Orbital ATK、下：NASA]

くで発見されるのは間違いありません。

COLUMN ⓫ ＴＥＳＳのユニークな観測戦略

ＴＥＳＳは24度×24度という非常に広い視野をもつ、口径10㎝のカメラを4台（カメラ1〜4）備えていて、24度×96度もの広い領域を一度に観測できます（図7－8）。そして、地球が太陽のまわりを公転している面（黄道面）を境とした南天と北天をそれぞれ13個のセクターに分け、各セクターを27・4日ずつ観測します。

カメラ4の中心はつねに極の方向（黄道面の極で、黄道北極と黄道南極という）を向いていて、セクターが変わると、視野がそのまわりで回転していきます。つまり、各セクターは極の方向を観測するカメラ4の領域で一部重なっていて、その領域では約1年間の観測がおこなわれます。また、セクターが複数重なる領域なら約54日以上の観測がおこなわれます。したがって、赤色矮星まわりの公転周期が10日から数十日程度のハビタブルプラネットも発見可能です。ＴＥＳＳの観測により、太陽系の近くにある赤色矮星のまわりで10個程度の新しいハビタブルプラネットが発見されると期待されています。

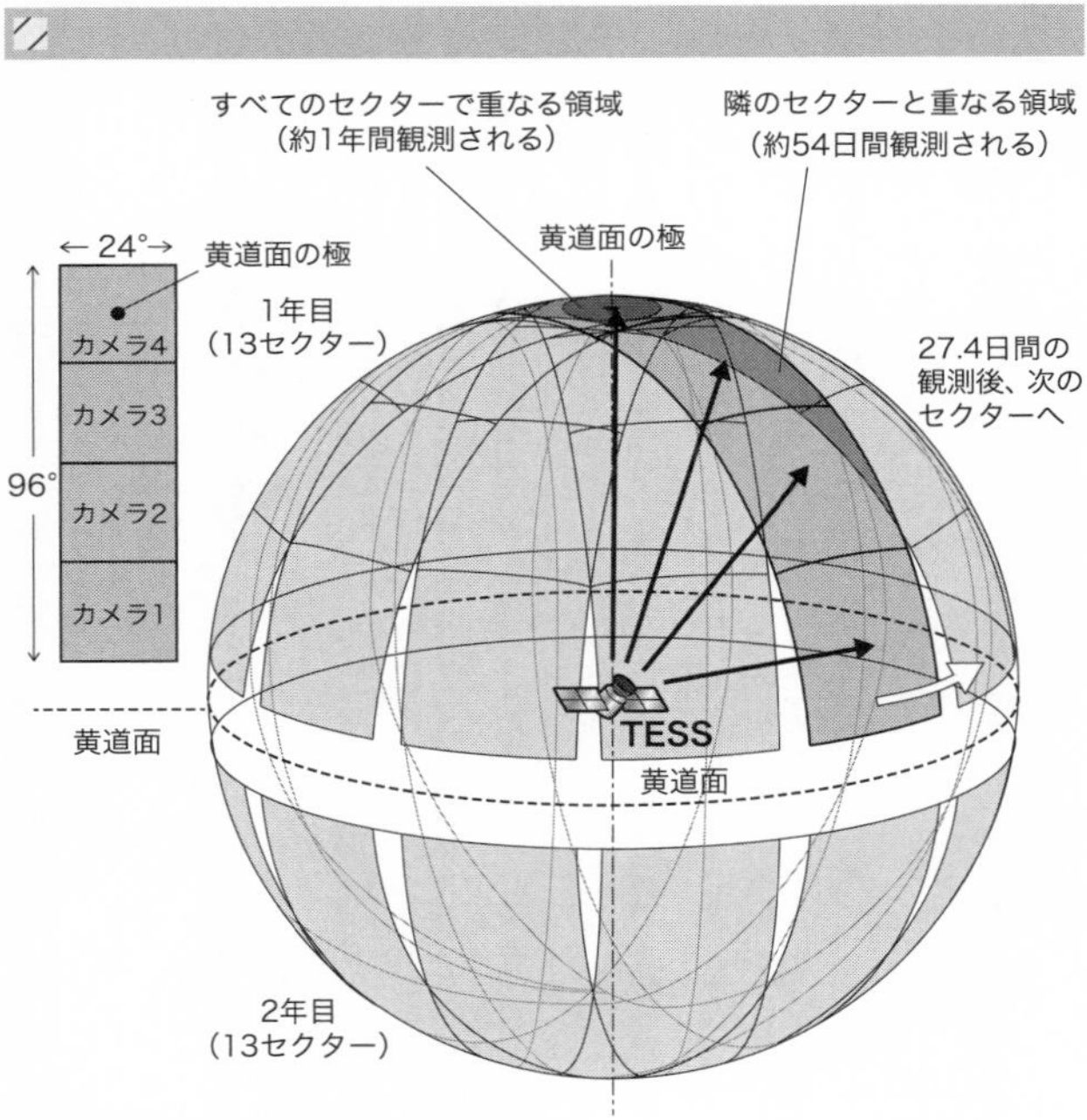

図7-8　TESSの視野とセクター

TESSは4つのカメラで、24度×96度の視野を同時に観測する。27.4日間は同じ領域（セクター）を観測し、1年間で13セクターを観測する。

[NASAの図をもとに作成]

TESSの課題

２０１８年からＴＥＳＳによる全天のトランジット惑星探査がはじまりました。しかし、ＴＥＳＳにも弱点があります。それは、第４章でも紹介したように、トランジット法で発見される惑星候補のすべてが惑星というわけではなく、ＴＥＳＳの観測だけでは本物の惑星であることを確定することができないという点です。

ＴＥＳＳの場合、このことがとくに大きな課題となります。なぜなら、ＴＥＳＳはケプラーより格段に広い視野をもつため、1ピクセルがカバーする空の領域がケプラーよりさらに広くなります。すると、偽物（食連星）の混入率がケプラーより高くなると見込まれるからです。そこで、ＴＥＳＳの惑星候補に対しては、本物（惑星）と偽物（食連星）を判別する発見確認のための追加観測が不可欠になります。

それに加えて、ＴＥＳＳは各セクターの観測期間が約27日しかありません。そのため、公転周期が比較的長い惑星のトランジットは数回しか観測できません。すると、発見された惑星候補の公転周期の誤差は大きくなり、将来のトランジット時刻の予報の誤差も大きくなります。その誤差のせいで、翌年にはトランジットを見失ってしまう可能性も高まります。そのため、ＴＥＳＳの観測後なるべく早期に追加でトランジットを観測し、その後のトランジット時刻の予報精度を高めることも重要です。

ＴＥＳＳは何千個もの大量の惑星候補を発見すると見込まれています。そしてこれらの各候補に対して追加のトランジット観測をおこない、本物（惑星）と偽物（食連星）を判別していく必要があるのです。これはとても困難な課題です。

このような事情から、ＴＥＳＳが発見する惑星候補を「効率的に」発見確認していくことがとても重要になってきました。これは、ハビタブルプラネットなどのとくにおもしろい惑星をいち早く発見するためにも重要です。しかし、効率的な発見確認を実現するためには、どうしたらいいでしょうか？

私は、ＴＥＳＳがＮＡＳＡに再提案された２０１０年からＴＥＳＳの共同研究者に加わっており、ＴＥＳＳのチームの中でおもしろい惑星をいち早く発見確認するための方法を考えてきました。

本物の惑星を見抜くMuSCAT

私が考えたのは、複数の波長帯（色）で同時にトランジットを観測できる装置を開発し、トランジットを多色で観測して、その減光率（減光の度合い）の波長依存性を調べるという方法です。

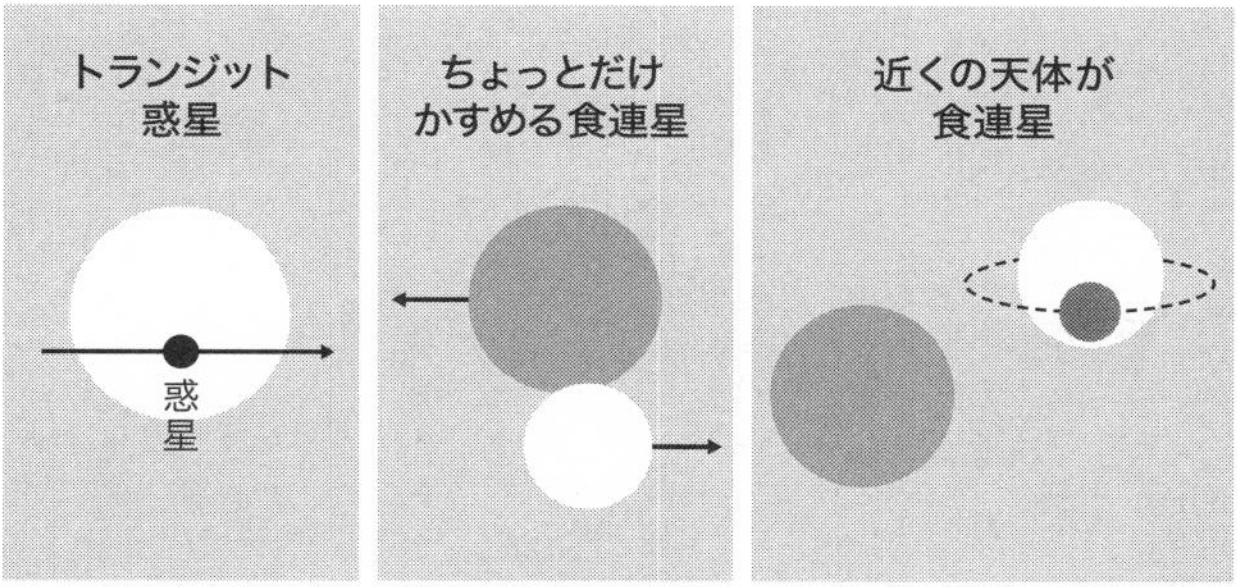

図7-9　本物のトランジット惑星と偽物
左は本物のトランジット惑星。真ん中のように、お互いに端の部分をかすめるグレージング型の食連星や、右のように近くに食連星がある星では、トランジット惑星とそっくりな減光が観測されることがある。

どうしてこの方法で本物の惑星と偽物の食連星を見抜くことができるのでしょうか？

惑星の場合、主星の前を通過する惑星自身は光っていないため、惑星が隠した割合がそのまま減光率になります。一方、食連星でもお互いが端の部分をかすめる場合（グレージング型の食連星）や、同じピクセルの中に明るい恒星と近くにある食連星が混入してしまう場合は、惑星のトランジットにそっくりな減光が観測されることがあります（図７－９）。

しかし、食連星の場合は、手前を通過する恒星自身が輝いているため、その光を反映して、観測される減光率は波長によって大きく異なります。そのため、多色でトランジットを観測すると、その減光を起こしているのが本物の惑星なのか、偽物の食連星なのかを判別することができるのです。

このアイデア自体は１９７１年にフランク・ローゼ

ンブラットによって提案されていました（ローゼンブラットによるその論文は、初めてトランジット法による惑星探査を提案した論文として知られています）。しかし、実際にその観測をおこなうための多色同時撮像カメラは世界にほとんど存在しませんでした。とくに、トランジット観測に望まれるレベルの高精度を多色で同時に達成できる専用の観測装置は、２０１３年当時ひとつもありませんでした。

そこで私たちの研究チームは、ＴＥＳＳが正式に採択された２０１３年から多色同時撮像カメラの開発に取り組みました。それは可視光領域の青い光と赤い光、そして私たちの目では見えない近赤外光の３色で同時に天体を撮像し、各色の明るさを観測できるカメラです。私たちが1年半かけて開発したこの観測装置を搭載したのは、岡山県浅口市にある旧岡山天体物理観測所の１８８cm望遠鏡です。この観測装置は、岡山の名産にちなんで、ＭｕＳＣＡＴ（Multi-color Simultaneous Camera for studying Atmospheres of Transiting exoplanets の略称、読み方はマスカット）と名づけられました（**図7－10上**）。

ＭｕＳＣＡＴは２０１４年12月24日の夜にファーストライトを迎えました。本格的な観測は２０１５年に開始され、天体の明るさの変化を3色で同時に高精度（０・１％未満の明るさの変化までとらえられるレベル）で測定できることが実証されました。これは地上望遠鏡としてはトップレベルの精度でした。しかもＭｕＳＣＡＴは複数の波長で同時にデータを取得できるため、世

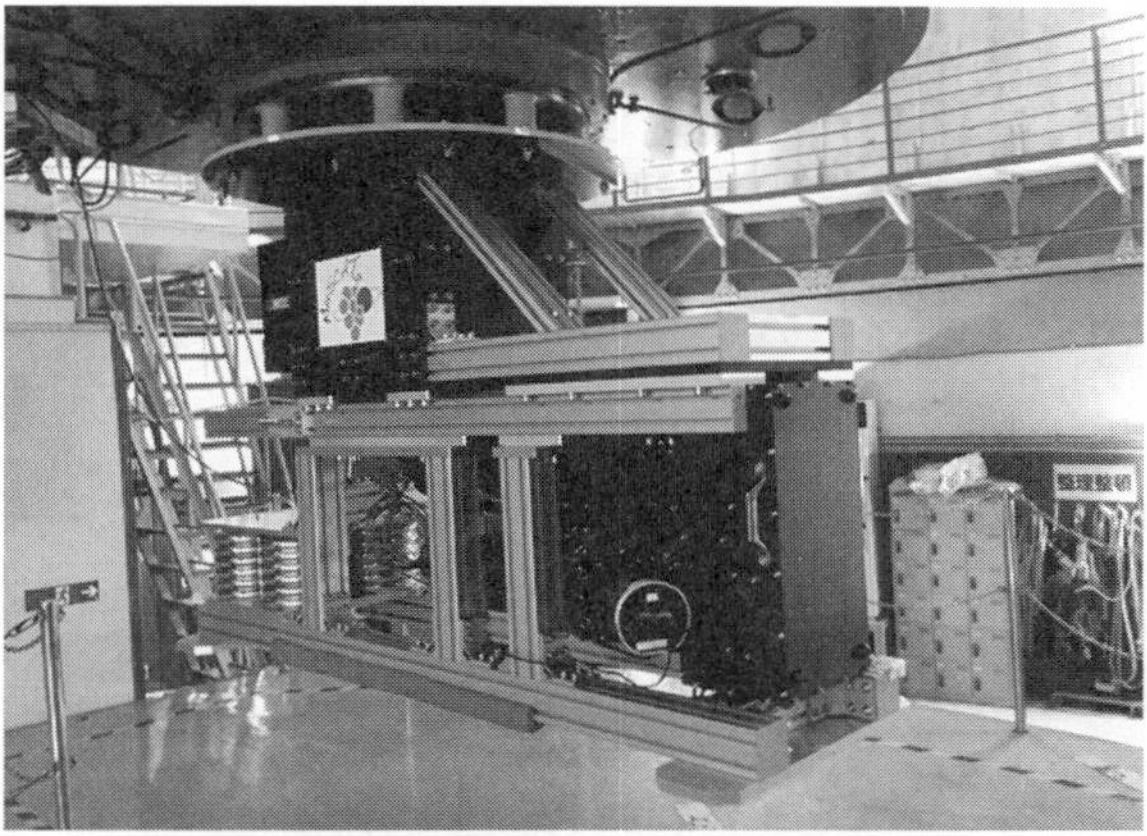

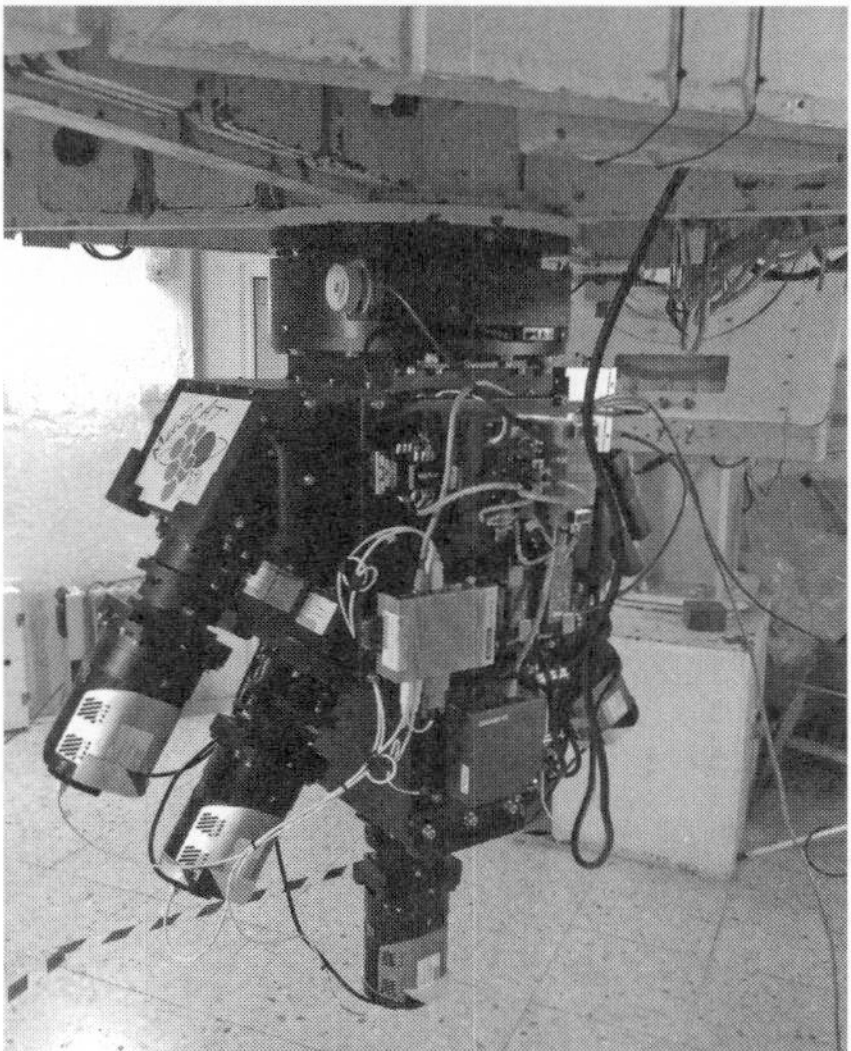

図7-10　上：MuSCAT、下：MuSCAT2
[写真提供／MuSCAT チーム]

界的に見ても類のない、とても強力な観測装置であることがわかりました。そしてその後は、2019年時点で最も高温の系外惑星として知られるKELT-9bをはじめ、スーパーアース、ホットネプチューンなど新しいトランジット惑星の発見確認に成功してきました。

進化するMuSCAT

このMuSCATの性能について2015年11月の国際会議で発表したところ、スペインにあるカナリア天体物理研究所の研究者から、スペイン・カナリア諸島のテネリフェ島にある1・52m望遠鏡に2台目となる観測装置を搭載しないか、という国際共同研究の提案がありました。そこで私たちは、2016年から2台目の多色同時撮像カメラMuSCAT2を開発し、2017年8月24日にテネリフェ島にあるテイデ観測所でファーストライトを迎えました（図7-10下）。

MuSCAT2はMuSCATのアップグレード版で、撮像できる近赤外光の波長帯を1つ増やした4色同時撮像カメラです。さらに、MuSCAT2が設置されたテネリフェ島のテイデ観測所は年間の晴天率が約7割という世界有数の天文観測最適地として知られています。そしてテイデ観測所は標高2000mを超える高所にあり、標高400m未満の旧岡山天体物理観測所にくらべて地球大気の影響が小さいという利点もあります。ファーストライト後の試験観測から、

ＭｕＳＣＡＴ２はＭｕＳＣＡＴと同程度以上の精度を４色で同時に達成できることがわかりました。

このようにして、２０１７年からは日本とカナリア諸島の２ヵ所で多色同時撮像観測が可能となりました。日本とカナリア諸島では時差が９時間あります。そのため、日本で観測できないトランジットがカナリア諸島で観測でき、またその逆もあるなど、トランジット惑星候補の観測機会が増えました。さらに、日本とカナリア諸島で連続的に観測をおこなえば、同じ天体を長時間連続観測することが可能となり、トランジット継続時間が比較的長い惑星でも発見確認観測が可能となりました。

とはいえ、ＭｕＳＣＡＴとＭｕＳＣＡＴ２だけで24時間切れ目なく多色同時撮像観測ができるわけではありません。カナリア諸島が朝を迎えてから日本が夜になるまでに、少し間隔が空いてしまうためです。もしアメリカのどこかに３台目の多色同時撮像カメラを設置することができれば、ＭｕＳＣＡＴシリーズの設置された望遠鏡のどれかはつねに夜になり、24時間連続で多色同時撮像観測をおこなうことが可能となります。

そこで私たちは、２０１８年に３台目となるＭｕＳＣＡＴ３の開発を検討しはじめました。アメリカの研究者にコンタクトをとり、ＭｕＳＣＡＴ３を受け入れてくれる望遠鏡を探しました。すると、アメリカのいくつかの研究機関からＭｕＳＣＡＴ３の受け入れを検討したいという申し出がありました。

私たちは5つの研究機関と交渉を進め、2019年9月、アメリカ・マウイ島にある2m望遠鏡にMuSCAT3を搭載することを決定し、現在その開発をおこなっています。TESSによるほぼ全天のトランジット惑星探査がはじまった今、世界に多色同時撮像カメラを複数設置して発見確認に備えているのは世界で私たちだけです。

TESSの北天の観測がはじまる2019年夏以降は、TESSが発見する惑星候補の中から、太陽系の近くにある惑星候補、とくにハビタブルプラネットのようなおもしろい惑星候補たちの発見確認を集中的におこないたいと考えています。

2020年代の系外惑星探査

以上のように、2020年代前半までには、とくに赤色矮星をターゲットとした、視線速度法やトランジット法による系外惑星探査が大きく進むと期待されます。その結果、太陽系の近くにある赤色矮星のまわりでいくつものハビタブルプラネットが発見されるかもしれません。それと同時に、赤色矮星が惑星をもつ頻度や、その軌道分布などが明らかになると期待されます。

それでは、2020年代のそのほかの系外惑星探査の方向性はどうなっていくのでしょうか？

今後の研究計画はまだ変わっていく可能性もありますが、ここからは2020年代におこなわれそうな、３つの系外惑星探査の方向性を簡単に紹介しましょう。

太陽型星に第二の地球たちを探すトランジットサーベイ衛星：PLATO

コラム⓫や「ＴＥＳＳの課題」の項で述べたとおり、ＴＥＳＳはほぼ全天でトランジット惑星を探しますが、各セクターの観測期間は約27日しかありません。そのため、太陽型星のハビタブルプラネットを発見することは困難です。なぜなら、主星の温度が高くなるとハビタブルゾーンが主星から離れ、ハビタブルプラネットの公転周期は長くなるからです。

ＴＥＳＳでも、黄道面に対する南北の極方向の領域では約1年間にわたる連続観測がおこなわれます。その領域であれば、周期が１００日を超えるような惑星も発見できるかもしれません。しかし、周期が1年に近い「太陽を公転する地球のような」ハビタブルプラネットを発見することは困難です。

そのような背景のもとで、欧州宇宙機関（ＥＳＡ）が計画している宇宙望遠鏡がＰＬＡＴＯです（図7－11）。ＰＬＡＴＯはまだ設計段階ですが、２０１７年4月に発表されたＥＳＡの報告書では、太陽型星のハビタブルプラネットの発見がおもな目的として掲げられ、２０２６年の打ち上げを目指して検討が進んでいます。

現在考えられているのは、口径12㎝のカメラを26個並べて、ＴＥＳＳと同じくらい（ケプラー

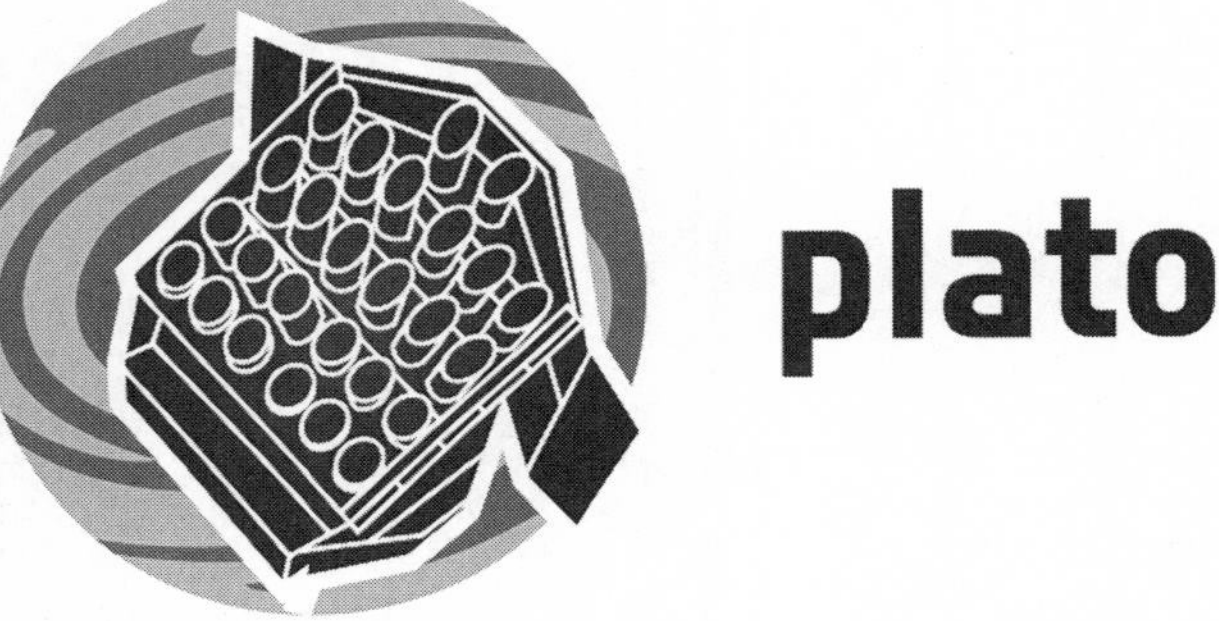

図7-11　PLATOのロゴ
European Space Agency（ESA）による公式ロゴ。PLATOの特徴である26個のカメラが表現されている。［Wikimedia Commonsより転載］

の20倍以上）の広さの視野（ただし、長方形のＴＥＳＳの視野と異なり、ＰＬＡＴＯの視野はほぼ正方形）を観測するという案です。そして、２つの視野に対してそれぞれ2年か3年の連続観測をおこないます。26個ものセクターを順次観測していくＴＥＳＳとちがって、１つの視野を長期にわたって観測するのがＰＬＡＴＯの特徴であり、太陽型星のハビタブルプラネットを探すための戦略です。この戦略はケプラーと同じですが、ＰＬＡＴＯはケプラーの20倍以上もの広い視野をもつため、ケプラーよりずっと多くの明るい太陽型星を探査できるのです。

　ＰＬＡＴＯで発見される明るい太陽型星まわりのハビタブルプラネットの数は、見積もりの不定性が大きいですが、数個から数百個程度になるだろうと考えられています。それらのハビタブルプラネットは、次に紹介するさらに高精度な視線速度測定装置による観測で質量や軌道を決定できる見込みです。

太陽型星に第二の地球たちを探す視線速度測定装置

２０１０年代はとくに赤色矮星を狙って近赤外光を使った視線速度測定装置の開発が世界的におこなわれてきましたが、それと並行して太陽型星まわりのハビタブルプラネットを探すことを目的とした視線速度測定装置の検討や開発も進められてきました。こうした目的の観測装置は、秒速10cm程度の視線速度の変動をとらえられる精度を目指しています。秒速10cmの変動というと、地球の公転により太陽に引き起こされる視線速度変動と同じレベルです。

中でもいち早く２０１８年から稼働をはじめたのが、ヨーロッパのチームが開発したＥＳＰＲＥＳＳＯ（Echelle SPectrograph for Rocky Exoplanets and Stable Spectroscopic Observationsの略称、読み方はエスプレッソ）です。この観測装置は、チリのパラナル観測所に設置されたヨーロッパ南天天文台の８・２ｍ望遠鏡に搭載されています。

ＥＳＰＲＥＳＳＯは南半球にあるため、ＴＥＳＳの1年目の観測で発見された惑星の質量の決定に取り組んでいるほか、視線速度法によって明るい太陽型星の系外惑星探査を独自に進める予定です。さらに、ＰＬＡＴＯが打ち上がったあとには、ＰＬＡＴＯが発見した太陽型星まわりのハビタブルプラネットの質量を決定する主力の観測装置になると期待されています。

ＥＳＰＲＥＳＳＯと同様に太陽型星のハビタブルプラネットを発見することを目的とした観測装置は、ハワイにあるケック望遠鏡などでも開発が進められています。

こうした視線速度測定装置により視線速度法で発見されたハビタブルプラネットは、確率的にほとんどトランジットしません。そのため、惑星の半径や真の質量を知ることはむずかしいですが、第8章で紹介するように2030年代以降に登場すると期待される望遠鏡や観測装置が実現すれば、惑星大気などを調べることができるかもしれません。

ＷＦＩＲＳＴによる冷たい領域の探査

2020年代におこなわれるもうひとつの大規模な系外惑星探査が、ＷＦＩＲＳＴ（Wide Field Infrared Survey Telescope の略称）と呼ばれる衛星計画によるマイクロレンズ法を使った系外惑星探査です。

ＷＦＩＲＳＴは、ハッブル宇宙望遠鏡と同じ口径2・4ｍの、もともと偵察衛星用につくられていた望遠鏡が科学目的に転用された衛星計画で、近赤外光の広視野カメラや可視光のコロナグラフなどの観測装置が搭載される予定です。ＷＦＩＲＳＴは多目的の衛星計画ですが、近赤外光の広視野カメラではマイクロレンズ法による系外惑星探査が実施される予定です。

第4章で紹介したように、マイクロレンズ法は視線速度法やトランジット法とは相補的に、スノーラインと呼ばれる主星からやや離れた領域にある惑星の発見に優れています（図４－９参照）。さらに、宇宙からおこなう高精度の観測によって、地球よりも小さな惑星まで検出できる見込みです。これによって、ケプラーの観測では到達できなかった、主星から離れた冷たい領域での小さな惑星の分布を明らかにできると期待されています。

ＷＦＩＲＳＴの打ち上げは２０２５年ごろになると期待されますが、このＷＦＩＲＳＴによるマイクロレンズ法を用いた惑星探査が実施されることによって、私たちはようやく系外惑星の軌道分布の全体像を知ることができるのです。

第8章 系外惑星大気の調べ方

あの惑星はどんな世界なんだろう？

これまでに多くの系外惑星が発見されてきましたが、そこにはいったいどんな世界がひろがっているのでしょうか？　天文学者たちは、系外惑星の大気を調べる観測方法をいくつか考案してきました。本章では系外惑星大気の調べ方を紹介し、これまでにわかったこと、そしてこれから系外惑星の大気をよりくわしく調べるための将来の観測計画について紹介します。

系外惑星大気をどう調べるか？

1995年以降、系外惑星が相次いで発見されるようになると、その質量や半径、軌道の多様性については早い段階からわかってきました。これは第5章や第6章で紹介したとおりです。しかし、系外惑星がどんな大気をもっているのかという研究は、それにくらべると遅れてはじまりました。それは、大気のことを調べられる系外惑星の発見が少し遅かったためです。

太陽系惑星であれば、探査機を送り込んでその大気を調べることもできますし、惑星からの光だけを夜空で空間的に分解して観測することができます。そして惑星が放つ光（可視光ではおもに太陽からの光を反射した光、赤外光ではおもに惑星が熱によって放射する光）を分光することによって、惑星の大気成分を調べることができます。しかし、系外惑星はあまりにも遠くにあり、しかもそのすぐそばに明るい主星がいるため、太陽系惑星のようには大気を調べることができません。

では、系外惑星の大気はどのようにして調べればよいのでしょうか？

大気について調べられるのは、おもにトランジット惑星と直接撮像法で発見された惑星です。視線速度法やマイクロレンズ法だけで発見された惑星は、残念ながら大気について調べるのは困難です（実際には視線速度法で発見された短周期惑星でも大気を調べる方法はあるものの、やや高度な内容なので割愛します）。

それでは、トランジット惑星と直接撮像法で発見された惑星について、どのようにして大気を調べるのかを紹介しましょう。

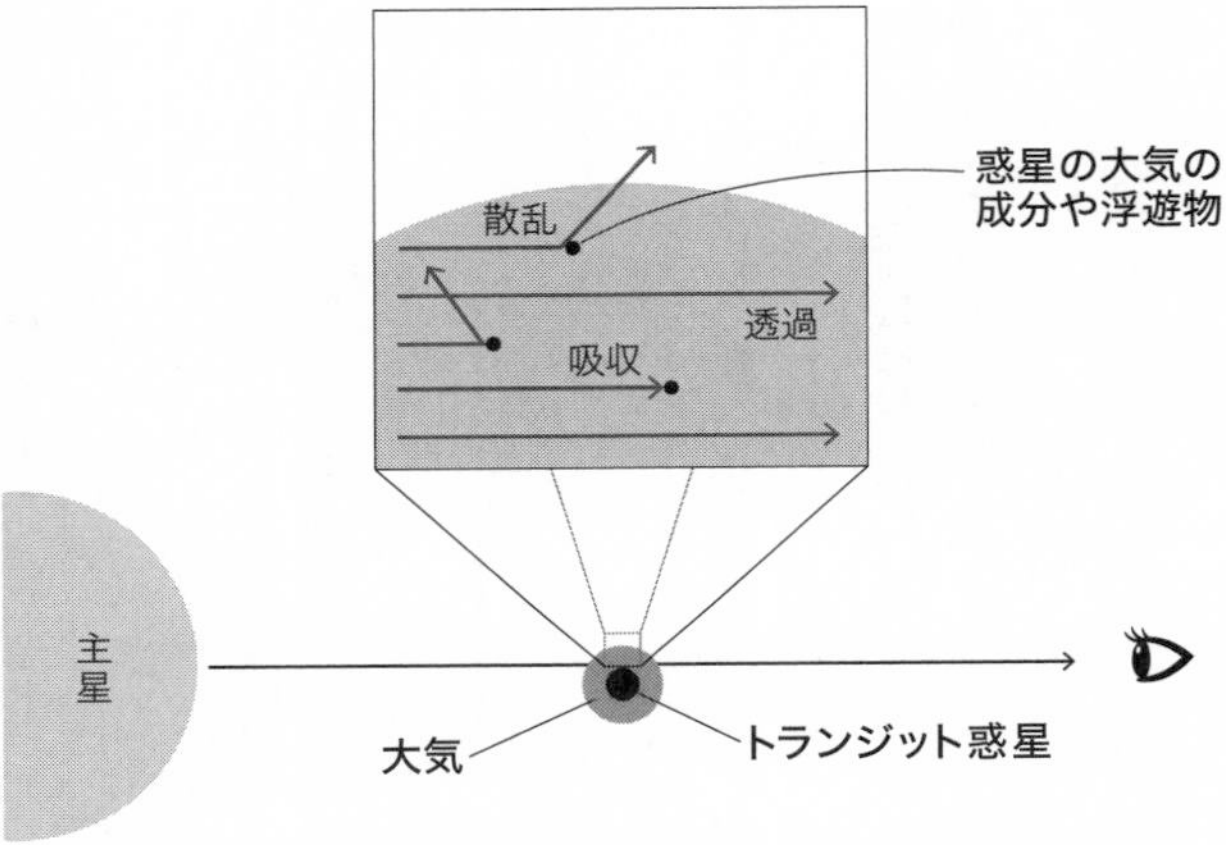

図8-1　トランジット惑星の大気成分や浮遊物の影響
トランジット惑星が大気をもつ場合、トランジットのあいだ主星の光の一部はその大気を透過して届く。惑星大気中では大気成分や雲・もやなどの浮遊物によって光が吸収・散乱されるため、透過光を調べることで大気の情報が得られる。

系外惑星大気の調べ方
——①トランジット分光

トランジット法で発見されたトランジット惑星は、私たちから見て主星の手前を通過します。そして、トランジット惑星が主星の手前を通るとき、主星から来る光は惑星によって遮られます。このとき、トランジット惑星を包みこむ大気があると、主星の光の一部はその大気を透過してきます。その際、惑星の大気の成分や浮遊物（雲やもや）によって光が吸収・散乱されます（図8-1）。そのため、トランジット中に私たちに届く光には、その惑星の大気成分や空模様の情報がふくまれているのです。

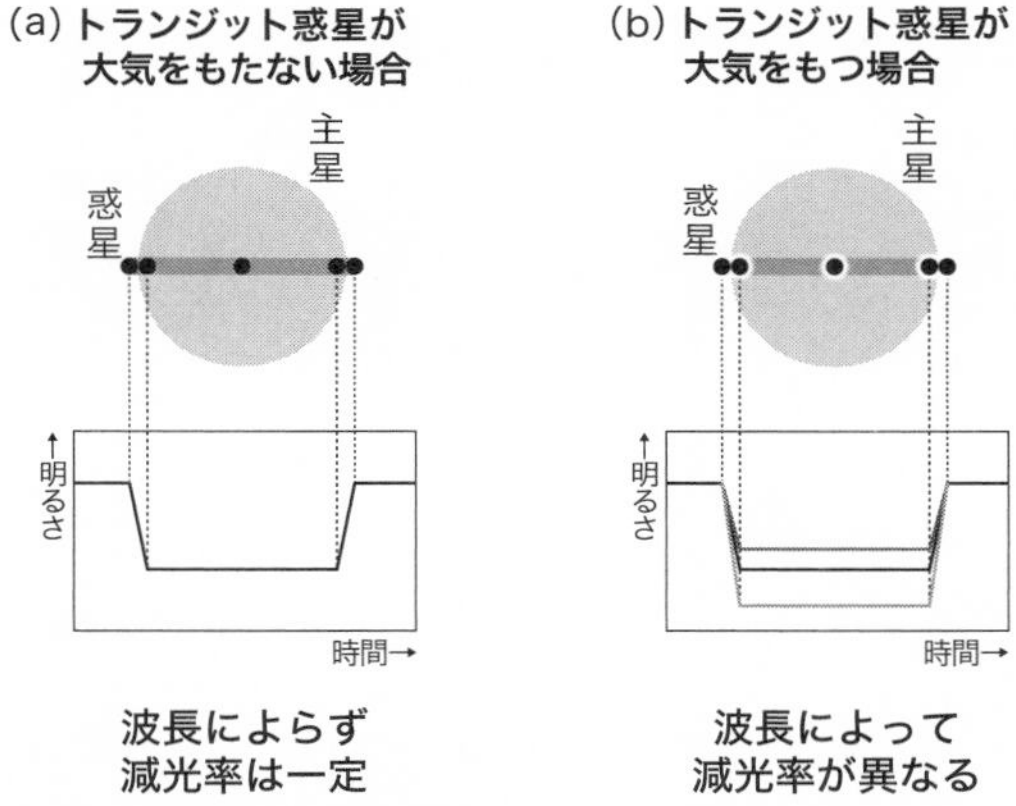

図8-2　トランジット分光

トランジット時の減光率を波長ごとに調べることができる。(a) トランジット惑星が大気をもたない場合、波長によらず減光率は一定。(b) 惑星が大気をもつ場合、波長によって減光率が変わる。ただし、この図では波長による減光率のちがいを強調している（実際にはごくわずかなちがいしかない）。

具体的に何が起こるかというと、惑星の大気による光の吸収や散乱、晴れているか曇っているかといった空模様によって波長ごとに光の通り具合が変わります。その結果として、波長ごとに若干トランジットの深さ（減光率）が変わってきます（図8-2）。また、もし完全に大気がない惑星だった場合には、トランジットによる減光率は波長によらず一定となります。こうした理解にもとづき、トランジットの深さを波長ごとに調べることで、惑星の大気成分や空模様を調べることができるのです。この手法は**トランジット分光**あるいは**透過光分光**と呼ばれています。

トランジット分光により初めて系外惑

星の大気成分を観測したのは、デイヴィッド・シャルボノーらによるハッブル宇宙望遠鏡を用いた観測でした。ターゲットとなったのは、シャルボノーらが初めて発見したトランジット惑星HD209458b（コラム❹参照）です。この惑星の大気中にナトリウム原子がふくまれることを示す観測結果が、2002年に発表されました。

この観測では、ナトリウム原子の吸収波長である589nm付近とその周辺の波長とでトランジットの深さの比較がおこなわれました。その結果、589nm付近でトランジットによる減光が深いことがわかりました。これは、惑星大気中のナトリウム原子による追加の光の吸収があったことを示していて、HD209458bの大気中にナトリウム原子が存在することがわかったのです。

ナトリウム原子の大気というとなじみがないかもしれません。しかし、じつは地球にも中間圏（地球の地表から高度50〜80kmあたり）と呼ばれる大気の上層部にナトリウム原子があることが知られています。この発見によって、系外惑星でもナトリウム原子が大気中に存在することがわかったのです。

さらに、その後のハッブル宇宙望遠鏡などの観測から、HD209458bからは大量の水素がどんどん宇宙空間に流出していることや、水蒸気や二酸化炭素などさまざまな分子が大気中にふくまれることがわかってきました。

そして、トランジット惑星の発見数が増えるにつれて、主星が明るいなど、トランジット分光のターゲットとして都合のいい条件を備えた惑星も増えてきました。そして２０１９年までに、ホットジュピターだけでなく、比較的半径が小さいホットネプチューンやスーパーアースをふくむ20個程度の惑星で、大気成分や空模様の調査がおこなわれてきました。トランジット分光によってこれまでにわかってきた系外惑星の大気の性質は、のちほどほかの方法の結果と合わせて紹介します。

系外惑星大気の調べ方――②二次食分光

系外惑星の大気を調べる方法として次に紹介するのは、二次食分光です。**二次食**とは、トランジット惑星が主星の背後を通過する現象のことで、トランジットを一次食とよぶこともあります。エキセントリックプラネットはトランジットをしても二次食を起こさないことがありますが、円軌道で公転するトランジット惑星は必ず二次食を起こします。

二次食の直前や直後、惑星は観測する側から見て主星の向こう側にあります。つまり、観測者に向けている面全体が、満月のように主星の光を反射している（昼面を観測者に向けている）状況です。

二次食の際には、この惑星の昼面から届く光（主星の光の反射光や惑星自身の放射光）が主星

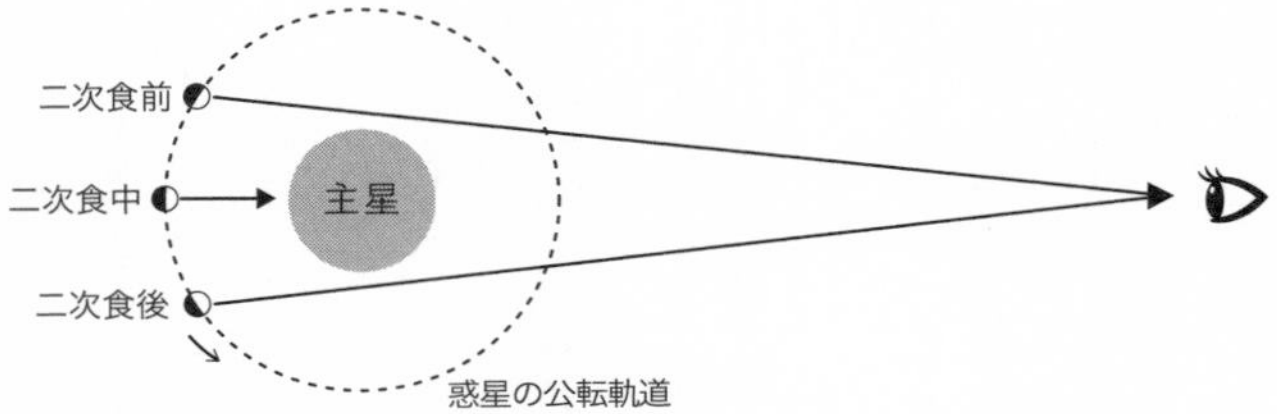

図8-3　二次食
トランジット惑星は（エキセントリックプラネットを除けば）必ず主星の背後を通過する。これを二次食という。二次食の直前・直後は惑星の昼面が観測者を向いているが、二次食中は惑星の昼面からの光（主星の光の反射光と惑星自身の放射光）が主星に遮られる。したがって、二次食中にはその直前・直後よりやや暗くなる。二次食中と二次食前後の光の差分が、惑星の昼面からの光の情報となる。

によって隠されます。したがって、二次食のあいだ、その前後の時間より惑星からの光の分だけ暗くなります。つまり、二次食中とその前後の光の差が、惑星の昼面の輝き方の情報に相当するのです（図8－3）。

ただ、明るい主星が惑星に隠されるトランジットにくらべて、二次食では暗い惑星が隠れるだけなので、基本的に二次食による減光はトランジットによる減光よりずっと小さくなります。そのため、二次食による減光の検出はトランジットを検出するよりずっと困難です。

しかし、もし二次食を観測することができると、惑星の昼面からどんな光がやってきているのかがわかります。惑星の昼面からの光には、主星からの光の反射光と、惑星自身の熱による放射光がふくまれています。このうち反射光はおもに私たちの目に見える可視光で輝いていて、熱による放射光は私たちの目に見えない赤外光で輝いています。そしてこれらの光は、惑星の表面から惑星の大気を通ってやってくるので、惑星の表面と大気の情報をふくんでいるのです。

したがって、二次食を分光観測することで、惑星の大気成分、惑星の波長ごとの反射率、昼面の表面温度などを調べることができます。これを**二次食分光**といいます。

系外惑星による二次食の検出が初めて報告されたのは２００５年のことです。それは、ＨＤ２０９４５８ｂとＴｒＥＳ－１という2つのホットジュピターに対するスピッツァー宇宙望遠鏡を使った赤外線観測の成果でした。二次食の検出自体が初めてだったことに加えて、これらの観測によって初めてホットジュピターの表面温度が測定されました。ホットジュピターは主星に近いところを公転しているので、表面温度が高いと予想されていましたが、じつはそれまで実際に測定されたことはありませんでした。この二次食の検出によって、惑星の昼面からの熱放射の強さがわかり、これらのホットジュピターの昼面の温度が１０００Ｋを超えていることが初めて観測で確認されました。

さらに、ケプラーやＴＥＳＳといったトランジット観測用の宇宙望遠鏡では、宇宙からの超高精度の観測により可視光での二次食の検出も報告されています。その結果、ホットジュピターは木星や土星といった太陽系の巨大惑星にくらべると、反射率が低いものが多いこともわかってきました。

ただ、先に述べたように、二次食はトランジットにくらべると観測するのがかなりむずかしく、とくに可視光での検出はまだあまり例がありません。赤外光でも、熱による放射光が強い（高温の）ホットジュピター以外での検出例は少なく、ホットジュピターより小さな惑星や温度が低い惑星ではほとんど研究が進んでいません。より小さな惑星や温度が低い惑星での二次食の観測は、次世代の宇宙望遠鏡での観測が期待されています。

系外惑星大気の調べ方——③直接撮像分光

系外惑星を調べる第三の方法は、主星と惑星の光を分離して、惑星からの光だけを分光して調べる**直接撮像分光**です（図8-4）。その名前からわかるとおり、第4章で紹介した直接撮像法と関係があります。

直接撮像法は、明るい主星を隠して暗い惑星を発見する方法です。望遠鏡を使った撮像観測では、明るい主星は数秒程度の短い時間の観測でもとらえられますが、そのまわりにある惑星は暗いのでどこにあるかわかりません。そこで直接撮像法では、ターゲットとなる主星とその周囲を通常1時間程度、あるいはもっと長く観測して、詳細な解析をおこなうことで惑星を探します。

このようにして直接撮像法で発見された惑星は、どこにあるかわかっているため、その方向から来る惑星の光だけを狙って分光することができます。これが直接撮像分光です。

これまでに直接撮像法で発見された惑星に対しては、直接撮像分光観測もおこなわれてきました。これによって、各惑星がどんな光を放っていて、どんな成分の大気をもっているかが調べられています。さらに、惑星が放つ光の吸収線の形を調べて惑星の自転速度などを割り出す研究もおこなわれています。

ただ、これまでに直接撮像法で発見された惑星は、主星から離れた（外側の軌道にいる）巨大惑星

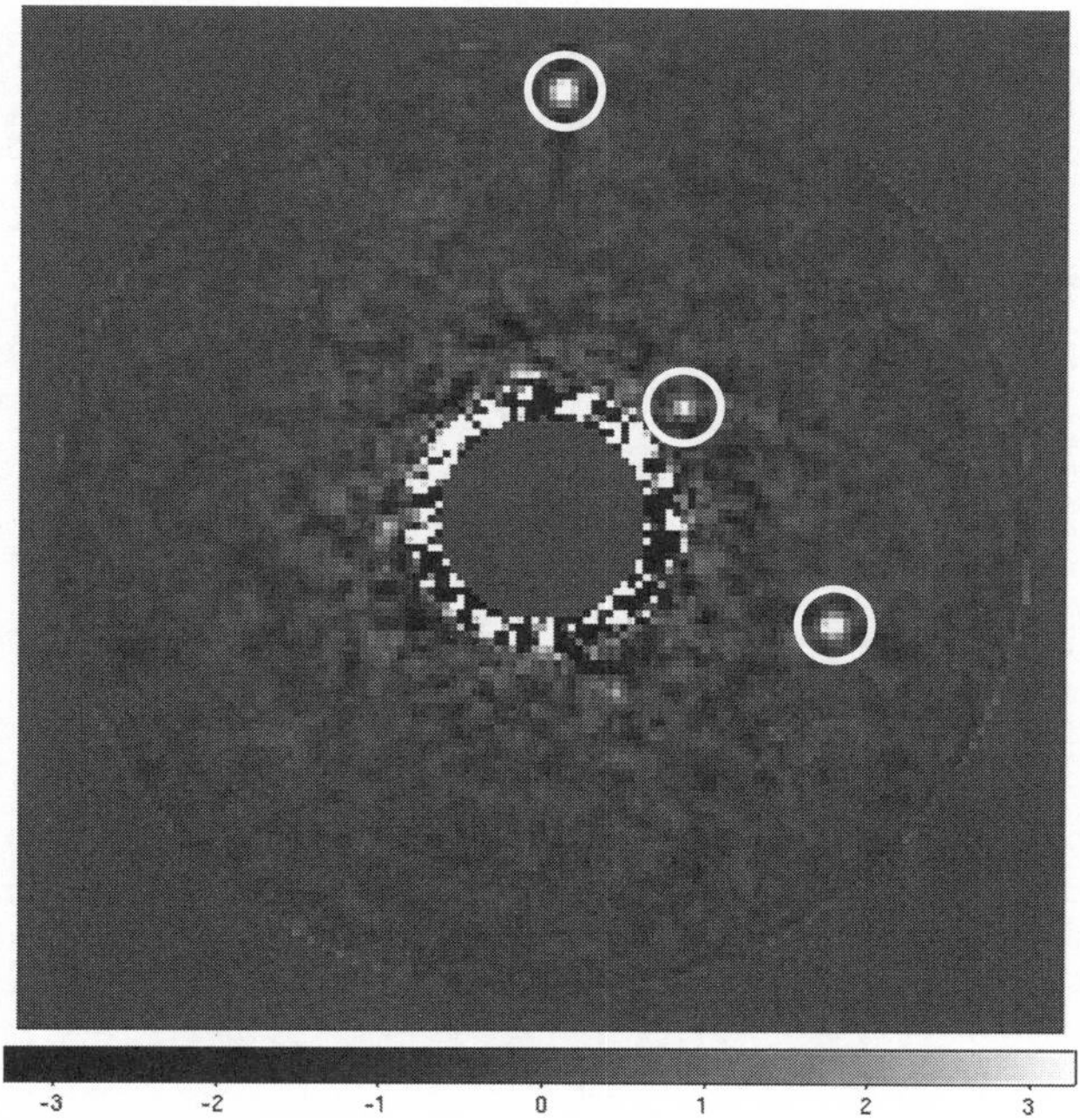

図8-4　直接撮像分光
すばる望遠鏡に搭載された直接撮像分光のための観測装置カリスでの観測例。中心星HR 8799は隠されていて、周囲の丸がついているところにある惑星の光を分光して、その大気を調べている。
［画像提供／プリンストン大学カリス・チーム、国立天文台］

に限られていて、内側にいる惑星や小さい惑星たちの発見はできていませんでした。そこで、次世代の超大型地上望遠鏡や大型宇宙望遠鏡では、内側の軌道で公転する小さな惑星たち、とくにハビタブルプラネットの直接撮像分光を実現することが大きな目標となっています。

このような観測は現在の技術ではまだ実現できません。技術的にとてもむずかしいのですが、もし実現できれば、惑星の大気や表面について最もくわしく調べられる方法になると考えられます。

系外惑星大気についてわかってきたこととまだわからないこと

ここまで、系外惑星の大気や表面の調べ方を紹介してきました。この項では、これまでの研究でわかってきたこととまだわからないことを惑星のタイプに分けて紹介します。

ホットジュピターの大気の多様性

ホットジュピターは20年以上前に見つかったタイプの系外惑星なので、そのくわしい特徴ももうだいたいわかっているのではないか、と思われるかもしれません。しかし、ホットジュピターの大気の性質については、じつはまだまだわからないことだらけです。ひとつだけはっきりとわかってきたのは、ホットジュピターの大気は多様であるという事実です。

まず、ホットジュピターの中には晴れた（雲に覆われていないところもある）惑星もあれば、曇っている（全体的に厚い雲に覆われている）惑星もあります。このことは、トランジット分光観測により、惑星の大気を透過してきた光を調べることでわかりました。ただ、どういうホットジュピターが晴れていて、どういうホットジュピターだと曇っているのかといった、統一的理解はまだ得られていません。

こうしたホットジュピターの大気の多様性は、公転周期が10日程度以内の木星サイズに近い惑星をホットジュピターと一括りにして呼んでいることもひとつの原因かもしれません。ホットジュピターとひと言でいっても、惑星の質量・半径・公転周期・温度といった性質に大きな幅があるからです。

とくにホットジュピターの温度は主星の温度にも依存していて、温度が低い主星のまわりのホットジュピターでは１０００Kを下回るものもあり、最も温度が高いホットジュピターであるKELT－９ bでは４０００K以上もの温度になっていて、これらをまとめて扱うのはもともと無理があります。

また、ホットジュピターで考えられる雲は地球のような水の雲ではなく、金属酸化物や炭化物、珪酸塩《けいさんえん》などでできた雲が考えられます。そして、雲の成分によって凝結温度がちがうため、系外惑星の大気を研究するうえでは、こうした多様な雲の形成を考えることが不可欠です。

雲の形成を考えて、表面温度によってホットジュピターを分類することもできます。しかし、似たような温度のホットジュピターの中に、晴れた惑星と曇りの兆候のある惑星があります。そのため、温度が高ければこういう空模様、温度が低ければこういう空模様という単純な分類はできそうにありません。系外惑星の天気を当てるのはむずかしそうです。

次に、ホットジュピターの大気組成もまた多様であることがわかってきました。ホットジュピターの大気の主要成分は水素ですが、それに加えて二酸化炭素や一酸化炭素、メタン、水蒸気などの分子の発見が、トランジット分光や二次食分光で報告されています。惑星大気中のこうした分子の混合割合は、おもに惑星大気の温度に応じた化学平衡によって決まっています。また、そもそもその惑星が形成時にどのような物質を獲得したかにも、当然依存します。

惑星が獲得する物質の組成はさまざまな要因で決まります。たとえば、原始惑星系円盤の構成物質の組成（どれほど水素・ヘリウムより重い元素をもっていたか）は惑星系ごとに異なります。さらに、惑星が原始惑星系円盤のどこでできたかによって、炭素と酸素の存在比も変わります。たとえば、水と二酸化炭素では固体になる温度が異なるため、水だけが固体となる領域でできた惑星と、水と二酸化炭素が両方固体となる領域でできた惑星では、形成時に獲得した物質の炭素と酸素の存在比が異なると予想されます。

そのため、ホットジュピターの大気中に発見される水素以外の分子の存在比は、惑星形成過程を反映していると考えられます。つまり、大気の組成から惑星の形成過程についても情報を得られるということです。たとえば、多くのホットジュピターで炭素と酸素の存在比を調べることができれば、ホットジュピターのもともとの形成領域の絞り込みにもつながります。ただ、系外惑星の炭素と酸素の元素の存在比の研究はまだあまり進んでいるとはいえません。この研究については次世代の宇宙望遠鏡による観測が期待されています。

さらに２０１８年には、トランジット分光によって複数のホットジュピターの大気中にヘリウムが検出されました。ただ、すべてのホットジュピターでヘリウムが検出されるわけではなく、ヘリウムの存在にも多様性があることがわかってきました。このヘリウムの存在はフレアなどの主星の活動性と関係しているのではないかと考えられています。この研究はまだはじまったばかりで、今後くわしいことが明らかになっていくと期待されます。

ホットスーパーアース／ホットネプチューン

次に、ホットジュピターよりも小さなホットスーパーアースやホットネプチューンに話題を移しましょう。ここで「ホット」とついているのは、公転周期がだいたい10日以下の短周期の惑星であることを表しています。

ホットジュピターは地球の10倍前後の半径をもつ惑星ですが、ホットスーパーアースやホットネプチューンの大きさは地球の4倍程度以下になります。このように小さな惑星の大気は、トランジット分光による観測がむずかしくなります。しかし主星が比較的小さい赤色矮星の場合には、トランジットによる減光の深さが大きくなるため、現在ある望遠鏡でもトランジット分光観測が試みられてきました。

ホットスーパーアースの中で大気について最も多くの研究がなされてきたのは、２００９年に発見されたＧＪ １２１４ ｂで、半径が地球の２・７倍ほどあります。トランジット分光の結果、この惑星ではトランジットによる減光の深さが可視光から赤外光の領域でほとんど一定であることがわかりました。これは、ＧＪ １２１４ ｂの大気を透過した主星の光が、私たちに届いていないことを意味しています。そしてその理由は、惑星全体が厚い雲で覆われているからだと考えられています。

一方、ＧＪ ３４７０ ｂというＧＪ １２１４ ｂよりやや半径が大きく温度も高いホットネプチューンでは、厚い雲には覆われていないものの、もやがかかっている（なんらかの大気中の浮遊物、すなわちエアロゾルがある）兆候が観測されました。

じつは太陽系にも、もやのかかった天体があります。それは土星の衛星タイタンで、タイタンの大気のもやは**ソリン**と呼ばれています。その正体は、大気中のメタンなどの有機化合物が紫外線と反応してできた、高分子量の有機化合物です。系外惑星に発生しているもやも、おそらくタイタンのソリンと同様に、主星からの紫外線が惑星の大気中の有機化合物と反応してできたものと考えられます。

トランジット分光が可能なホットスーパーアースやホットネプチューンはまだあまり見つかっておらず、多様性について多くをいうことはできません。しかし少なくとも、厚い雲に覆われて主星の光が大気を透過してこられない惑星と、もやがかかっているけれども主星の光が透過できる程度に晴れた惑星があることはわかりました。

先に述べたように、トランジット分光観測が可能なホットスーパーアースやホットネプチューンは、今のところ赤色矮星まわりの惑星にほぼ限られていました。しかし、後述する将来の宇宙望遠鏡ならば、太陽型星のまわりのホットスーパーアースやホットネプチューンでもトランジット分光ができるようになると期待されています。そのため、これからトランジット分光ができるようなホットスーパーアースやホットネプチューンが、赤色矮星まわりだけでなく太陽型星まわりでもＴＥＳＳなどによって多数発見され、惑星大気の観測ターゲット数が増えることが期待されています。

これからのターゲット――岩石惑星

残念ながら、岩石惑星だと考えられる系外惑星の大気については、２０１９年までにわかったことはあまり多くありません。そのおもな理由は、いい観測ターゲットの数が少ないことと、現在の観測技術では岩石惑星と考えられる小さな惑星の大気をくわしく調べることがむずかしいことです。ここでは、これまでに発見されているいくつかの岩石惑星の大気について、少ないながらもわかったことを紹介します。

第5章と第7章で紹介したTRAPPIST－1の惑星たちは質量と半径が地球とほぼ同じで、その中にはハビタブルゾーンに位置する惑星もあることから、トランジット分光の絶好のターゲットといえます。それでも、現在運用されている望遠鏡による観測では、どうやら水素を主成分とする大気はもっていないようだ、ということしかわかっていません。

また、2018年にTESSが最初のセクターで発見した、赤色矮星まわりの岩石惑星LHS 3844 bがあります。この地球の1・3倍の半径をもつ惑星は、大気をもっていればくわしく調べられるかもしれないと期待されていました。しかし、2019年8月には、この惑星は大気をもたないという観測結果が『ネイチャー』で発表されました。つまりLHS 3844 bはむきだしの岩石惑星だったのです。この惑星は公転周期がたった11時間しかなく、主星からの強い紫外線を受けた結果、大気がすべて散逸してしまったのだと考えられます。

このようにまだなかなかいい観測ターゲットが発見されていませんが、今後はTESSや赤色矮星に特化した系外惑星探査によって、太陽系の近くにある赤色矮星のまわりで岩石惑星の発見が増えていくと期待されています。しかし、それらの惑星の大気や表面についての知見を得るためには、ターゲットの数の増加だけではなく、将来の宇宙望遠鏡などさらなる技術的な進展も必要となるでしょう。

次世代望遠鏡とこれからの観測計画

前項では系外惑星の大気についてわかってきたことを紹介しましたが、正直に書けば、まだわからないことだらけ、というのが現状です。

トランジット分光観測は10個以上のホットジュピターでおこなわれてきました。その結果、ホットジュピターの大気が多様であることはわかったものの、全体像を理解するには観測数が不十分です。一方、地球半径の４倍程度（海王星サイズ）より小さな惑星ではトランジット分光ができているものは少なく、二次食分光もホットジュピター以外はＧＪ　４３６　ｂなど一部のホットネプチューンでしか実現できていません。そして直接撮像分光は、主星から遠く離れた巨大惑星に限られています。

また、トランジット分光では惑星の大気の情報は得られても、惑星の表面については調べられません。何かしらの表面の情報を得ることができる二次食分光や直接撮像分光は、海王星サイズより小さな惑星ではまだ困難で、次世代の望遠鏡の登場を待つ必要があります。

これから打ち上げや建設が計画されている次世代望遠鏡から将来の展望を考えると、簡単にいうなら2020年代はおもにトランジット分光の時代、2030年代半ば以降は直接撮像分光の時代になると予想されます。それではここからは、どのような次世代望遠鏡と観測が計画されているのかを紹介します。

JWST

ジェイムズ・ウェッブ宇宙望遠鏡（以下、JWST）は、ハッブル宇宙望遠鏡およびスピッツァー宇宙望遠鏡の後継機として、NASAが2021年に打ち上げを計画している口径6・5m相当の汎用宇宙望遠鏡です（図8-5）。JWSTは1996年に次世代宇宙望遠鏡として計画が立ち上がりましたが、開発の遅れと予算の膨張のため、打ち上げまでに20年以上の歳月とおよそ1兆円もの予算がかかっている超ビッグプロジェクトです。

JWSTの口径6・5mというサイズの鏡は地上望遠鏡ではいくつもありますが、宇宙望遠鏡としては最大です。このサイズの一枚鏡は打ち上げロケットに収まらないため、18枚の六角形の鏡を組み合わせたセグメント鏡となっています。

JWSTは、トランジット分光と二次食分光で非常に大きな威力を発揮すると期待されています。しかし、系外惑星以外の観測にも使われる汎用望遠鏡であるため、観測できる惑星の数は数十個程度、多くても100個には届かないだろうと見込まれます。そのため、あらかじめいいターゲットを発見しておくことがとても大事です。

ＪＷＳＴを使えば、ハッブル宇宙望遠鏡やスピッツァー宇宙望遠鏡よりずっと詳細に惑星大気のトランジット分光観測や二次食分光観測をおこなうことができます。そのため、ターゲットに選ばれた個々のホットジュピターやホットネプチューンの大気の成分や空模様（雲の量）について、より理解が深まると期待されています。

そして、地球より大きくて天王星・海王星より小さなスーパーアースに対して、水素大気をもつものともたないものとをきちんと判別することが可能になります。そのため、これまで曖

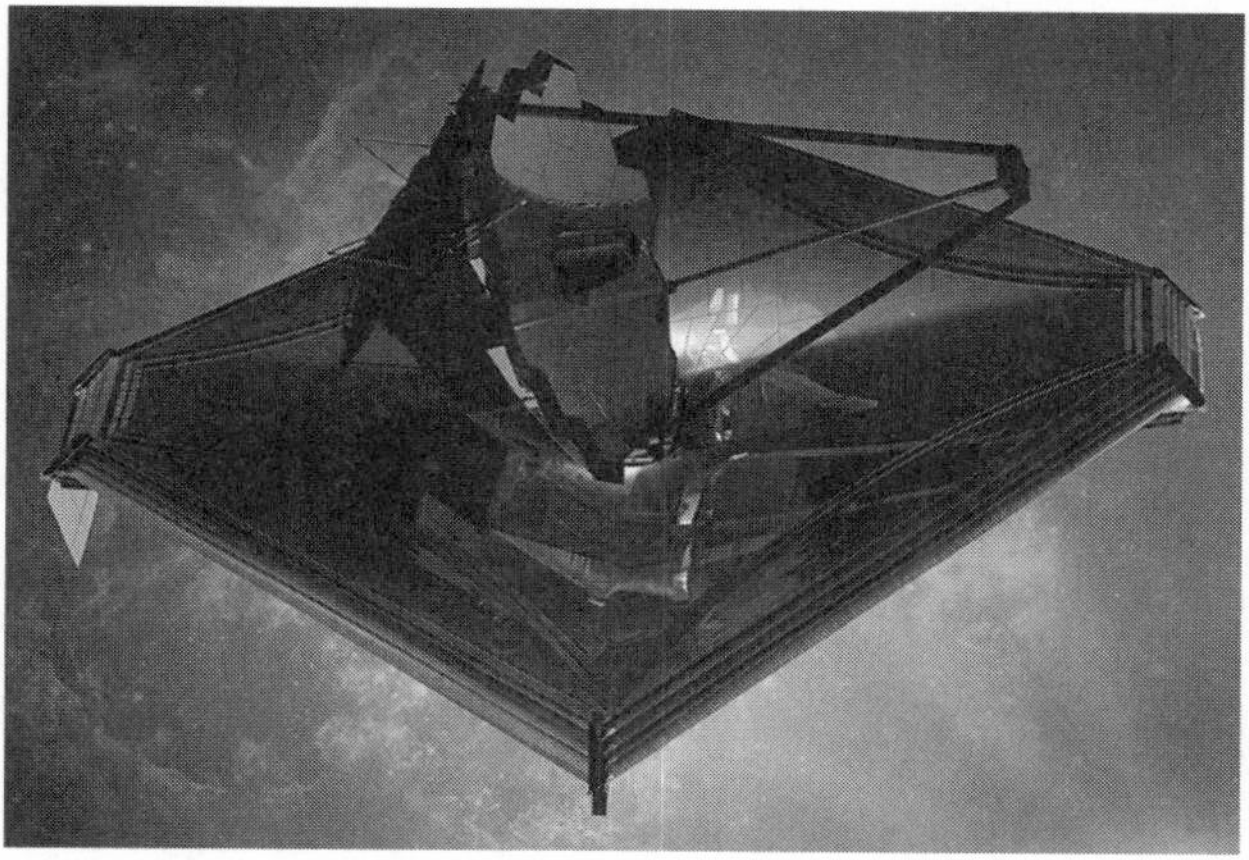

図8-5　JWSTのイメージ図
［画像提供／NASA］

味だった岩石惑星とガス惑星の境界を、惑星大気の観点からも具体的に決められるようになると考えられます。

さらに、スーパーアースサイズの惑星や、もしかしたらハビタブルな地球サイズの惑星でも、大気中に水蒸気や二酸化炭素、メタンなどがふくまれるかどうかを調べられるかもしれないといわれています。それらの大気成分はたとえ惑星に生命がいなかったとしても存在しうるので、それだけでは生命の証拠になりませんが、ハビタブルな地球サイズの惑星に水蒸気があるかどうかなどは興味深いところです。

ただ、残念ながらＪＷＳＴの観測装置では、有力な生命の兆候のひとつと考えられている酸素分子の検出はむずかしいです。酸素分子の存在を確認するためには、ほかの将来計画を待たねばなりません。

ARIEL

先に述べたように、観測が最も容易なタイプであるホットジュピターでも、大気に多様性があることがわかっています。その多様性の全体像を理解するためには、多くのホットジュピターに対してトランジット分光観測や二次食分光観測をおこなう必要があります。しかし、前項で紹介したＪＷＳＴは、個々の惑星についてはくわしく調べることができますが、系外惑星観測専用の望遠鏡ではないため、大量の惑星を観測できるとは考えにくいです。

そのような状況の中、ＥＳＡで２０１８年に採択されたのが、系外惑星の大気観測専用の宇宙望遠鏡ＡＲＩＥＬ（Atmospheric Remote-sensing Infrared Exoplanet Large-survey の略称、読み方はアリエル）です。ＡＲＩＥＬは２０２８年の打ち上げを予定していて、トランジット惑星の大気観測に特化した、初の宇宙望遠鏡となります。ＡＲＩＥＬは4年間の設計寿命のあいだに、それまでに発見された惑星大気観測に適した１０００個以上のトランジット惑星の観測をおこなうことを目指しています。

ＡＲＩＥＬは口径約１ｍ（正確には長軸が１・１ｍ、短軸が０・７ｍの楕円形）で、ＪＷＳＴよりも小さな宇宙望遠鏡です。一方、可視光から中間赤外線の７・８㎛までの広い波長域を同時に観測できる能力を備えています。そのため、個々の惑星についての同じ波長域での観測精度はＪＷＳＴには及びませんが、ＡＲＩＥＬのほうが広い波長域のトランジット分光のデータを一度に得ることができ、しかも圧倒的に多い数の惑星を観測できます。ただ、ＡＲＩＥＬの能力では、ハビタブルな地球サイズの惑星に水蒸気や酸素分子を探すという観測は、残念ながらむずかしいと考えられます。

そのため、ＡＲＩＥＬの主眼はハビタブルプラネットの大気を調べることよりも、むしろ木星サイズからスーパーアースサイズまで多数のトランジット惑星の大気を観測し、その多様性を理解することに置かれています。ARIELが実現すれば、多数の惑星の観測による比較惑星大気科学ともいうべき新しい学問の幕が開けるでしょう。

WSO－UV

WSO－UV（World Space Observatory UV の略称）は、ロシアが2020年代半ばの打ち上げを検討している口径1・7mの紫外線専用の宇宙望遠鏡です。ここで、紫外線で系外惑星を観測するメリットを説明しておきましょう。

紫外線は私たちの肌などにダメージを与える光として知られていますが、地上まで届いている紫外線の波長は、青い光より短い280nmから400nmくらいです。太陽光には280nmより短い波長の紫外線もふくまれますが、地球大気にあるオゾン層や窒素、酸素などに吸収されていて、地上には到達していません。そのため、280nmより短波長の紫外線で天体を観測するためには、宇宙望遠鏡が必要となります。

宇宙からしか観測できない120~130nmあたりの紫外線波長域には、水素原子や酸素原子の吸収線があります。そのため、トランジット分光によって水素原子や酸素原子の吸収を調べることが原理的には可能です。ただ、そのような短波長で恒星が放つ紫外線は可視光よりもずっと弱く、トランジットの高い観測精度を出すことは困難です。そのため、惑星が大きくひろがった水素原子や酸素原子の大気をもっていて、水素原子や酸素原子の吸収波長で大きなトランジットの追加吸収のシグナルが出るような惑星でなければ、トランジットをとらえることができません。

しかし、そんな惑星は実在するのでしょうか？　じつは、そういう惑星たちはすでに知られています。私たちが暮らす地球と、最初に発見されたトランジット惑星ＨＤ２０９４５８ｂです。

ＨＤ２０９４５８ｂについては、ハッブル宇宙望遠鏡によって、紫外線波長域の水素原子の吸収線をターゲットにしたトランジット分光観測がおこなわれました。その結果、水素原子によるトランジットの減光率が可視光で観測されたものよりおよそ10倍も大きいことがわかりました。これは、惑星のまわりに水素原子の大気が大きくひろがっていることを示していて、惑星から水素原子が逃げ出してしまうほど水素原子の大気がひろがっていることがわかりました（図８-６）。そして、酸素原子の吸収線の観測でもトランジット中に追加吸収が検出され、惑星の大気が酸素原子でも大きくひろがっていることがわかりました。

じつは、地球もひろがった酸素原子の大気をもつことが知られています。一方、金星ではそれほど酸素原子の大気がひろがっていません。このちがいの理由は一般書で説明するにはむずかしすぎるため省略しますが、ひとつの大きな要因として、海の有無が関係しています。逆に考える

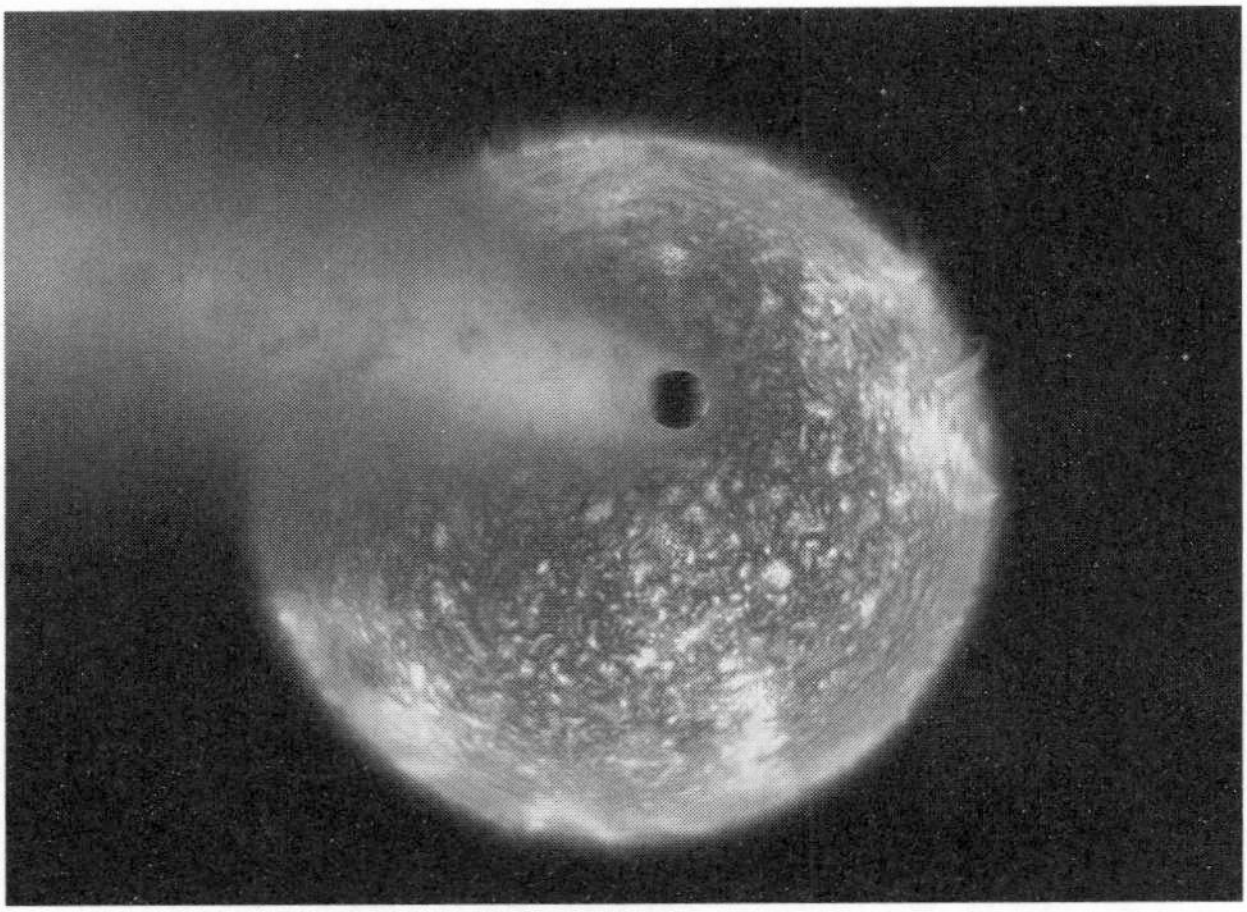

図8-6　HD 209458 bの大気散逸（想像図）
[画像提供／European Space Agency, Alfred Vidal-Madjar（Institut d'Astrophysique de Paris, CNRS), NASA]

と、ひろがった酸素原子の大気をもつハビタブルプラネットが発見されれば、それは地球のように海をもつ可能性があります。

さらに、太陽型星まわりのハビタブルプラネットよりも、赤色矮星まわりのハビタブルプラネットのほうが、酸素原子の大気のひろがりが顕著になると考えられています。そのため、紫外線観測でひろがった酸素原子の大気を調べるターゲットとしては、赤色矮星まわりのハビタブルプラネットがベストです。

さてWSO－UVに話を戻しましょう。WSO－UVが打ち上げられると、TESSなどで太陽系の近くにある赤色矮星のまわりにハビタブルプラネットが発見されたときに、ひろがった酸素原子大気があるかどうかを調べることが可能になります。

これまでそのような紫外線観測ができたのはハッブル宇宙望遠鏡だけでした。そのハッブル宇宙望遠鏡も、ＪＷＳＴが打ち上げられると、いずれ退役すると考えられます。しかしＪＷＳＴには紫外線の観測装置がないため、新しい紫外線宇宙望遠鏡が打ち上げられないと、２０２０年代半ばからは紫外線を観測できる１ｍ級の宇宙望遠鏡がなくなってしまいます。

ＷＳＯ－ＵＶはこの穴を埋めることができます。今後、太陽系から50光年以内の範囲にある赤色矮星のまわりでハビタブルプラネットが発見されたときに、そこにひろがった酸素原子の大気があるかどうかを観測することができるのです。そのターゲットとしては、たとえばＴＲＡＰＰＩＳＴ－１などのすでに発見されている惑星もふくまれます。

ひろがった酸素原子大気の存在自体は、直接的には生命の証拠とはなりません。しかし、その惑星が海をもつ可能性を示唆します。したがって、さらに先の将来におこなわれるであろう生命の兆候の探査に適した惑星を選ぶきっかけを与えてくれるでしょう。

第二の地球に生命の兆候を探すには

これまで紹介したＪＷＳＴ、ＡＲＩＥＬ、ＷＳＯ－ＵＶなどの２０２０年代に打ち上げが計画されている宇宙望遠鏡では、おもにトランジット分光による惑星大気の調査がおこなわれます。

しかし先に述べたように、これらの計画では、有力な生命の兆候と考えられる酸素分子の存在を明らかにすることは困難です。

酸素分子の存在を調べるためには、さらに大口径の望遠鏡によるトランジット分光、あるいは、技術的には困難ですが、ハビタブルプラネットの直接撮像分光を実現する必要があります。そこで2030年代には、ハビタブルプラネットに生命の兆候を探すという目標のもと、超大型地上望遠鏡や新しい宇宙望遠鏡の計画が検討されています。

ここからは、そうした遠い将来に実施が検討されている計画を紹介します。ただし、おもに2030年代以降の計画のため、まだ確実に実現すると決まっているわけではないことに留意してください。

3つの超大型地上望遠鏡 —— GMT・E-ELT・TMT

現在天文学の最先端を走っている大型地上望遠鏡は、8〜10m級の口径をもっています。その次世代計画として、2020年代半ば以降の完成を目指して3つの超大型地上望遠鏡が検討されています。それがGMT（Giant Magellan Telescope の略称、口径24・5m）、E-ELT（European Extremely Large Telescope の略称、口径39m）、そして日本が参加を予定しているTMT（Thirty Meter Telescope の略称、口径30m）です（図8-7）。

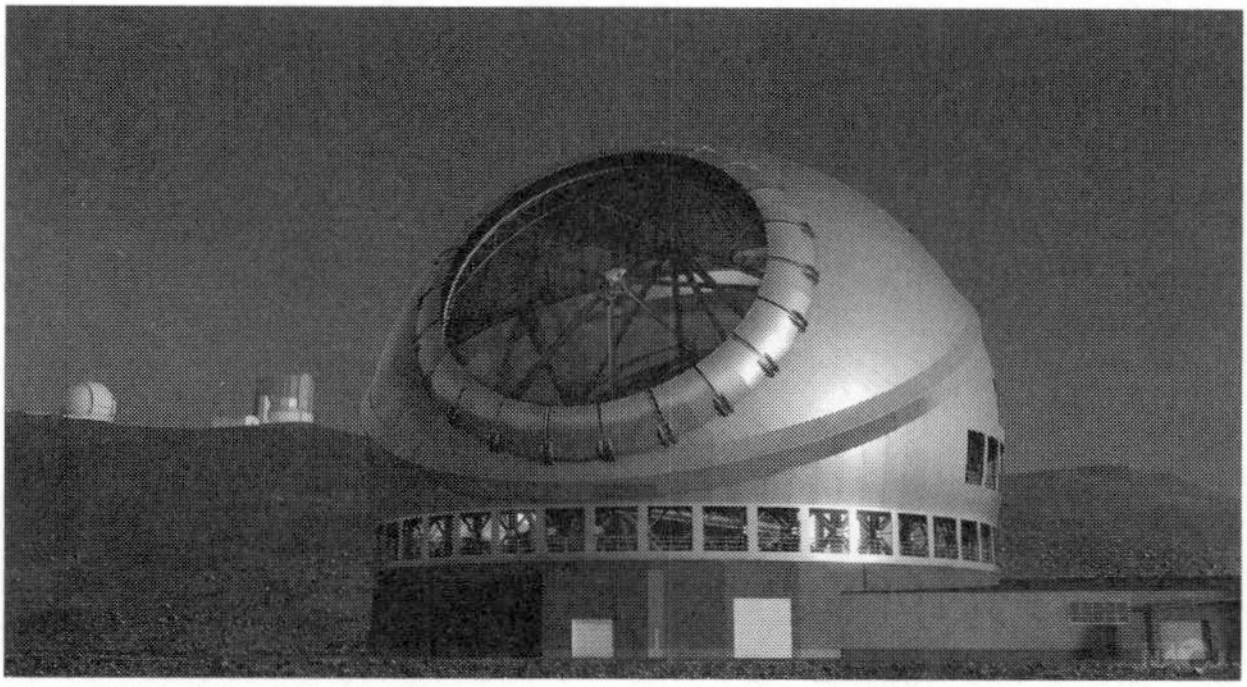

図8-7　TMT（完成予想図）
ドームの高さは56mで、口径は30m。奥に見えているのはケック望遠鏡（左）とすばる望遠鏡（右）。［写真提供／国立天文台］

これらの望遠鏡では、ハビタブルプラネットをターゲットとしたトランジット分光と直接撮像分光による生命の兆候の探査がキーサイエンス（計画の目玉となる科学目標）のひとつに掲げられています。具体的には、以下のような方法とターゲットが考えられています。

トランジット分光では、７６０nm付近にある酸素分子の吸収線を探査することが検討されています。この方法では、およそ20～30光年程度までにある赤色矮星まわりのトランジットするハビタブルプラネットがターゲットとなります。

赤色矮星まわりのハビタブルプラネットは公転周期が10～30日程度で、トランジットが１回１時間程度しか継続しません。地球レベルの酸素濃度（約20％）の大気をもつハビタブルプラネットがあったとしても、トランジット分光により酸素分子を検出するには、数十時間のトランジットの観測が必要と見積もられています。そのため、トランジットのたびに観測を繰り返したとしても、酸素分子を検出するまでに5年以上かかると見積もられています。

ただし、もしTMT、GMT、E－ELTの3台の超大型地上望遠鏡が連携してこの研究に取り組めば、2～3年で酸素分子の検出が実現できるかもしれないともいわれています。

一方、技術的によりむずかしく、実現までに時間がかかると見込まれますが、赤色矮星まわりのハビタブルプラネットを近赤外光で直接撮像分光観測するための観測装置も検討されています。

赤色矮星まわりのハビタブルゾーンは主星にとても近いので、ハビタブルプラネットを直接撮像分光観測するためには、高い空間分解能が必要となります。そして、望遠鏡の空間分解能は基本的に口径に比例するため、赤色矮星まわりのハビタブルプラネットを直接撮像分光観測するには、30m級の大口径望遠鏡でなければなりません。

もしこのような装置が実現すれば、1・27㎛付近の波長域に吸収線をもつ酸素分子や1・7㎛付近のメタンなどを探査することができると考えられています。この方法では、およそ30光年以内の距離にある赤色矮星まわりのハビタブルプラネットがターゲットになります。

また、波長10㎛前後の中間赤外線で太陽型星まわりのハビタブルプラネットを直接撮像分光観測するための観測装置も検討されています。この場合は、９・６㎛付近のオゾン分子を探査することができます。オゾン分子は酸素分子に紫外線が当たることで発生するので、その存在は惑星大気中に酸素分子があることを示唆するのです。

このような中間赤外線の観測装置では、およそ15光年以内の距離にある太陽型星まわりのハビタブルプラネットがターゲットとなります。ただ、太陽系の近くにある恒星はほとんど赤色矮星なので、ターゲットとなる太陽型星の数はほんの数個に限られそうです。

このように、超大型地上望遠鏡とそれに搭載されるいくつかの観測装置が検討されています。しかし、これらの装置で生命の有力な兆候となりうる酸素分子やオゾン分子を探査できるのは、太陽系から数十光年以内にある近くの惑星系だけだと考えられています。そのため、２０２０年代のあいだに、そういった太陽系の近くにある惑星系にハビタブルプラネットを発見しておくことが重要です。

系外生命惑星探査の宇宙望遠鏡計画――ＬＵＶＯＩＲとＨａｂＥｘ

すでに紹介したとおり、ＮＡＳＡでは２０２０年代の宇宙望遠鏡の旗艦計画（最も大型で重要な計画）として、ＪＷＳＴとＷＦＩＲＳＴという2つの宇宙望遠鏡の打ち上げを予定しています。そして２０１９年現在、２０３０年代以降に打ち上げられる次の宇宙望遠鏡の旗艦計画が検討されています。その中で、とくに系外惑星における生命の兆候の探査に重点を置いているのが、ＬＵＶＯＩＲ（Large UV Optical Infrared Surveyor の略称、読み方はルーヴァー）とＨａｂＥｘ（Habitable Exoplanet Imaging Mission の略称、読み方はハベックス）です（図８－８）。どちらもまだ検討段階で、正式に採択された計画ではありませんが、おおまかに紹介しましょう。

ＬＵＶＯＩＲは系外惑星の観測をひとつのキーサイエンスとしているものの、複数の観測装置を搭載していて、系外惑星以外のさまざまなサイエンスの観測もおこなうことができます。そのため、ハッブルやＪＷＳＴのような汎用の宇宙望遠鏡に近い計画です。

ＬＵＶＯＩＲにはＡとＢの２つのプランがあり、ＬＵＶＯＩＲ－Ａは口径15ｍ、ＬＵＶＯＩＲ－Ｂは口径８ｍの望遠鏡を想定しています。もちろん望遠鏡の口径は大きいほうが精度も高くなり、できることが増えるのですが、望遠鏡が大きくなるほど必要となる費用が巨額になります。費用についてはある程度目をつむり、さまざまなサイエンスの要求を高いレベルで満たそうとするのがプランＡ、サイエンスについてはできることを許容範囲に制限し、コストダウンを図ったのがプランＢという位置づけです。

一方、ＨａｂＥxは口径４ｍの望遠鏡を想定していて、名前のとおりハビタブルプラネットの観測をメインサイエンスに位置づけた宇宙望遠鏡です。とはいえ、ＬＵＶＯＩＲと同じように複

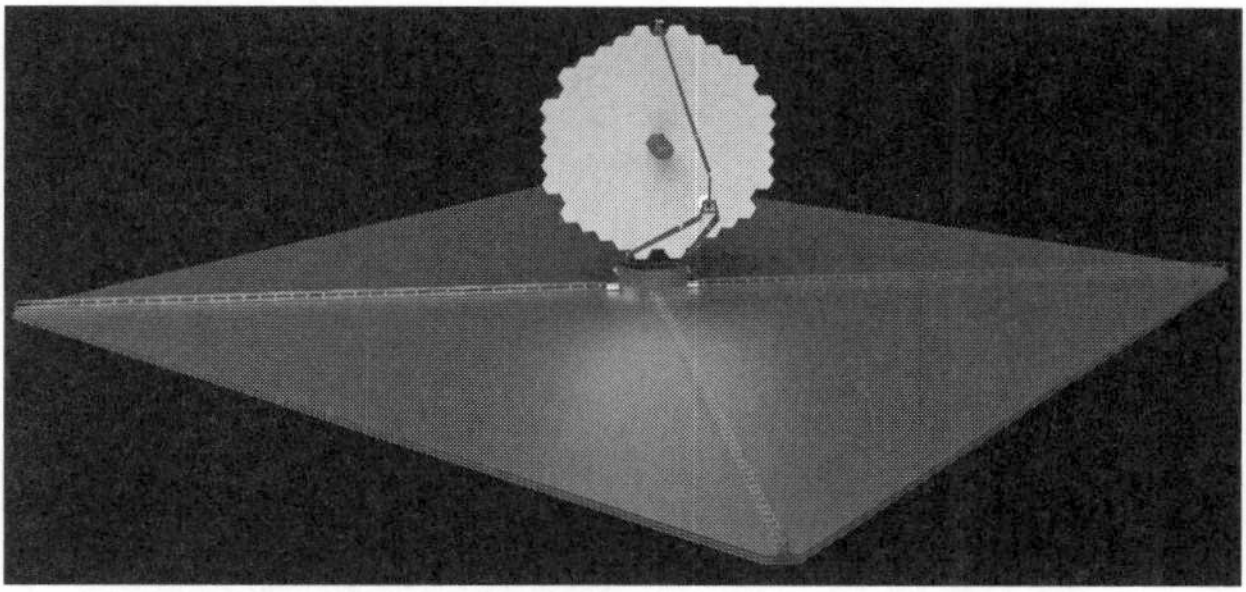

図8-8　LUVOIR-Aの完成予想図
［画像提供／NASA/JPL-Caltech］

数の観測装置を搭載する予定となっていて、系外惑星以外の観測もおこないます。具体的には、観測時間の半分程度を系外惑星の観測に使い、残りの時間をそれ以外のサイエンスの観測に割り当てることが検討されています。そのためＨａｂＥｘは、ＬＵＶＯＩＲ－Ｂをさらにコストダウンしてハビタブルプラネットの観測に重点を置き、ＬＵＶＯＩＲほどではないにせよ、ある程度の汎用性も備えた計画と位置づけられます。

ＬＵＶＯＩＲとＨａｂＥｘでの系外惑星の観測戦略は、まず直接撮像法でハビタブルプラネットを探し、その惑星を直接撮像分光するというものです。超大型地上望遠鏡を使った直接撮像分光による生命の兆候探査では、太陽系の近くにある赤色矮星まわりのハビタブルプラネットがターゲットとなりました。ＬＵＶＯＩＲやＨａｂＥｘは赤色矮星ではなくおもに太陽型星を狙います（ＬＵＶＯＩＲでは赤色矮星も狙います）。

ＬＵＶＯＩＲとＨａｂＥｘは、およそ火星サイズ（地球の半分程度）より大きな惑星を直接撮像法でとらえる能力をもち、それぞれ６００個程度と１５０個程度の惑星を発見できると見込まれています。そしてその中には数十個（ＬＵＶＯＩＲの場合）、あるいは8個程度（ＨａｂＥｘの場合）のハビタブルプラネットがふくまれると期待されています。

そして、発見されたハビタブルプラネットを直接撮像分光観測すれば、その惑星が放つ紫外から近赤外領域の光（おもに主星の光の反射光）をくわしく調べることができます。それによって、ハビタブルプラネットの大気中に酸素、オゾン、二酸化炭素、水蒸気、メタンなどがふくまれるかどうかを調べることができると考えられています。

つまり、ＬＵＶＯＩＲやＨａｂＥｘはハビタブルプラネットの大気の多様性を明らかにして、現在あるいは過去の地球（歴史的に見れば、地球自身も時代とともに大気の組成が変化してきた）と似たような大気をもつ惑星が存在するかどうかを明らかにすることができるのです。

しかし、これらの計画を実現するには、少なくとも数千億円以上の大きな予算が必要と考えられていて、簡単ではありません。また、地球大気の影響を受けない宇宙からの観測によってきわめて精度の高い直接撮像分光観測をおこなうことを想定していますが、このような観測を実現することは技術的にも非常にむずかしく、これからのさらなる技術開発が必要です。

もしこうした困難を乗り越えてＬＵＶＯＩＲあるいはＨａｂＥｘが実現されれば、太陽系外のハビタブルプラネットにおける生命の兆候の探査は大きく進展するはずです。地球のように生命を育む惑星が普遍的に存在するのか、それともそのような惑星はほとんど存在しないのかを明らかにできるでしょう。

第9章 系外惑星とアストロバイオロジー

宇宙に生命の兆候を探す

　初めての系外惑星の発見から20年あまりがたち、今では宇宙に数多くの系外惑星が発見され、その中にはハビタブルプラネットも増えてきました。これから先、2020〜2040年代には第8章で紹介した次世代の望遠鏡たちが稼働し、ハビタブルプラネットに生命の兆候を探す研究がおこなわれる見込みです。では、ハビタブルプラネットに生命の兆候を探す場合、具体的には何を探せばよいのでしょうか？　今、宇宙における生命の可能性を考えるため、「アストロバイオロジー」という新しい研究分野が開拓されつつあります。本章では、とくに系外惑星にかかわるアストロバイオロジーの研究を紹介しましょう。

アストロバイオロジー研究の必要性

ここまで紹介してきたように、今や系外惑星の存在は当たり前のものとなり、いよいよ宇宙に生命の兆候を探す時代がはじまろうとしています。ハビタブルプラネットの詳細な観測は、もはや夢やSFの話ではなく、科学的な研究テーマとして語れる時代になったのです。

しかし、ハビタブルプラネットの生命探査には大きな限界があります。それは、系外惑星に人が行って調べることができないということです。コラム⓬で紹介するように、系外惑星系に探査機を送り込む計画も提案されてはいますが、それを実現するための科学技術はまだ確立されていません。

一方、太陽系の火星、あるいは木星や土星の衛星に生命が存在する可能性も指摘されていて、太陽系内の天体における生命探査もこれからの重要な研究テーマになると考えられます。太陽系内の天体の場合は、時間（とお金）はかかりますが、人や探査機が直接行って調べることも原理的に可能です。実際に、有人の火星探査計画や、木星・土星の衛星に探査機を送り込む計画も具体的に検討されています。

このように、太陽系外と太陽系内での生命探査の大きなちがいは、やはり直接行って調べることができるかどうかだといえるでしょう。

系外惑星の研究者にできるのは、ハビタブルプラネットを遠くから見ることだけです。そして、その観測結果から、そこに生命が存在するかどうかを科学的に判断しようとしています。

そのために大事になってくるのが、以下の５つを事前に十分検討することです。

・ハビタブルプラネットにはどのような環境がありうるのか？
・その惑星にはどんな生命がいる可能性があるのか？
・生命が存在すると、どんな兆候が表れるのか？
・その兆候は、生命がいなくても生じてしまわないか？
・その兆候の観測は可能か？

こうした情報が不十分では、次世代望遠鏡による観測で何を探せばいいのかがわかりません。そうすると、観測装置の仕様を決めることもできません。そして、実際に観測をしても、その結果を適切に解釈することができません。

系外惑星にどんな生命がいるかを考え、実際にそれを探すためには、天文学や惑星科学の知識だけではなく、生命科学や化学などの幅広い知識が必要となります。つまり、従来の学問分野の枠を超えた異分野の連携研究が求められるのです。

アストロバイオロジーは、宇宙における生命をキーワードとした新しい学問分野です。その対象は幅広く、系外惑星における生命探査だけではなく、太陽系天体の生命探査、地球上の極限環境（極域や深海、地殻内など）に生息する生物、地球における生命の起源、生命の定義など、さまざまなトピックがあります。これは、アストロバイオロジーへの入り口がいくつも存在することを意味しています。

いま挙げた中には天文学とはやや離れたトピックもありますが、これからの系外惑星の研究においては、アストロバイオロジーの研究の知見を取り入れていくことも重要になってくると考えられます。

COLUMN ⑫

ブレークスルー・スターショット計画

ロシア出身の資産家ユーリ・ミルナー氏らによって、地球外生命探査を目的とした「ブレークスルー・イニシアチブ」という複数のプロジェクトが２０１５年に立ち上げられました。この中には、地球外知的生命の発する電波を探す**SETI**（Search for ExtraTerrestrial Intelligence の略称）のプロジェクト「ブレークスルー・リッスン」や、太陽系の近くにあるハビタブルプラネットを探す「ブレークス

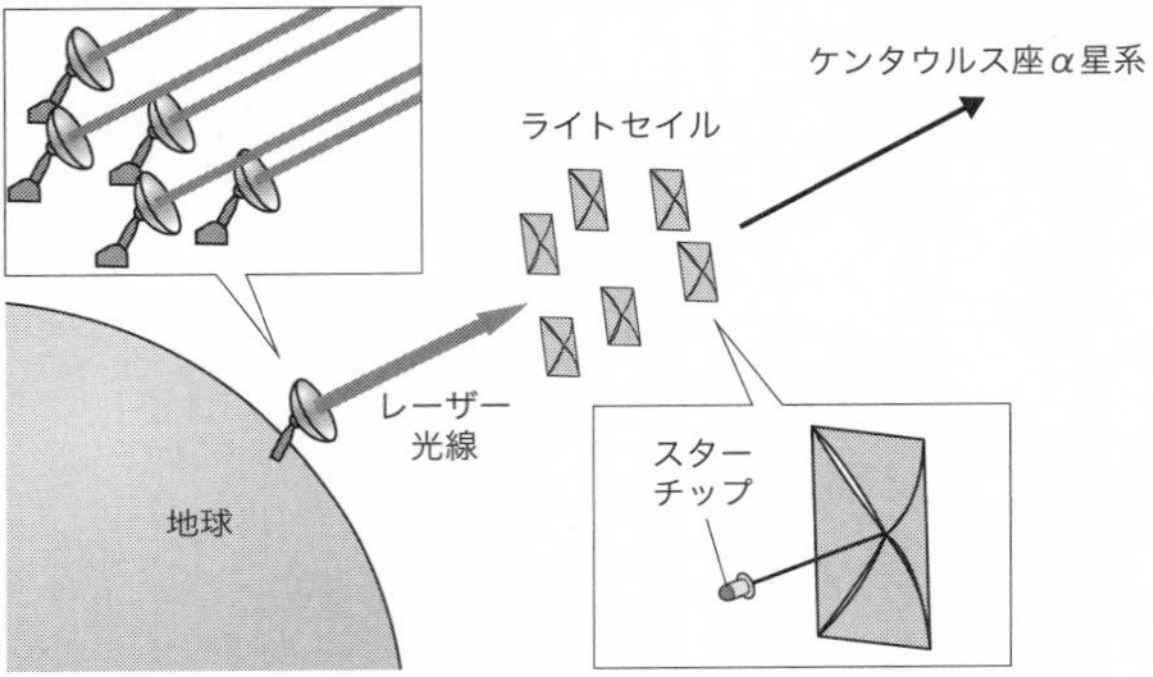

図9-1　ブレークスルー・スターショットのイメージ図

ルー・ウォッチ」、そして太陽系の土星の衛星エンセラダスに生命の兆候を探す「ブレークスルー・エンセラダス」などがあります。

ここではとくに、太陽系のとなりの恒星系であるケンタウルス座α星系（ケンタウルス座α星A、ケンタウルス座α星B、プロキシマ・ケンタウリの3つの恒星からなる三重星系）に探査機を送り込む「ブレークスルー・スターショット」を紹介しましょう（図9－1）。第7章で紹介したように、ケンタウルス座α星系のプロキシマ・ケンタウリには、ハビタブルプラネットであるプロキシマbが2016年に発見されています。ブレークスルー・スターショットのひとつの目標は、この惑星の表面の様子を写真に撮って、そのデータを地球に送ることです。

そのために、小型カメラや通信機器が内蔵された「スターチップ」と呼ばれる切手サイズの探査機を、メートルサイズの帆に光の圧力を受けて推進する「ライトセイル」というタイプの宇宙船に搭載します。この宇宙船を打ち上げたのち、ライトセイルの帆に地球から強力なレーザー光線を当てることで光速の20％程度まで加速して、20～30年かけてケンタウルス座α星系に送り込むという計画が立てられています。ただ、太陽系内あるいは恒星間を飛行中にダストなどとの衝突により壊れてしまう可能性を考えて、1個だけではなく1000個ほど打ち上げることが検討されています。

ただ、このライトセイルを実現するための科学技術はまだ確立されていません。これから技術開発と実証がおこなわれたとしても、それが実現するのは2030年代以降になると見込まれています。とはいえ、この技術が将来確立されれば、時間はかかるものの太陽系のごく近くにある系外惑星系であれば、探査機を送り込んで惑星の写真を撮ることが可能になるかもしれません。

ハビタブルプラネットの多様な環境

ここからは、前項でハビタブルプラネットの生命探査をするうえで重要な検討事項のひとつとして挙げた、「ハビタブルプラネットにはどのような環境がありうるのか？」について考えてみましょう。

ただその前に、ハビタブルプラネットの定義についておさらいします。ハビタブルプラネット

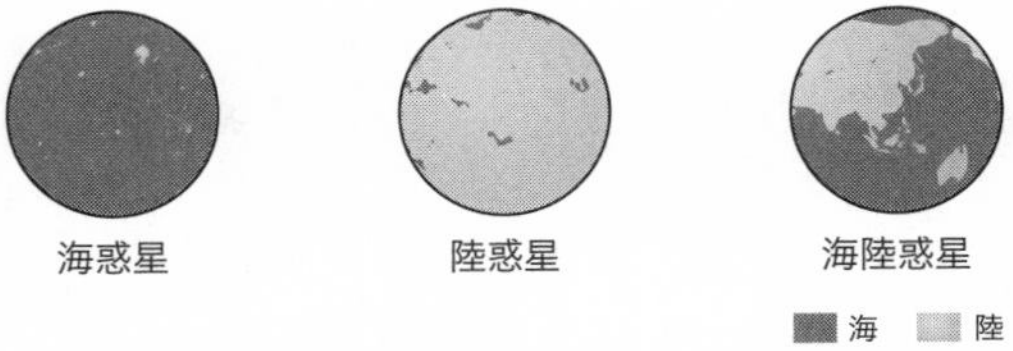

図9-2　海惑星・陸惑星・海陸惑星

は、主星からの公転距離がちょうどいいハビタブルゾーンにあり、液体の水を表面に保持することが可能な惑星というものでした。

ただ第5章でも述べたように、ハビタブルプラネットはあくまで液体の水を保持する可能性があるだけで、必ずしも表面に液体の水をもつことを意味しているわけではありません。たとえば、惑星の形成時に水をほとんど獲得しなかったり、獲得しても火星のように時間とともに失ってしまったりして、ハビタブルゾーンにあっても惑星表面に液体の水が存在しないことも考えられます。

また、表面に液体の水をもっていたとしても、大量の水を獲得して惑星全体が深い海に覆われている**海惑星**の場合もあれば、陸地のほうが圧倒的に多くて惑星表面のほんの一部に液体の水がある**陸惑星**も考えられます。そしてもちろん、地球のように海と陸が比較的バランスよく分布した**海陸惑星**の可能性もあります（図9－2）。

このように、ひと言でハビタブルプラネットといってもじつはどれも同じではなく、多様な環境をもつと考えられます。そして、個々のハビタブルプラネットがどんな環境をもつのかを考えるためには、天文学と惑星科学の両方の知識が必要となります。

具体的には、天文学の観測的知見によって、主星の性質や惑星の公転距離・質量・半径・密度などの物理的性質を知ることができます。一方、それらの性質や惑星形成時に獲得した水の量などを考慮して、惑星がどんな環境になりうるかは、惑星科学の理論的研究から導くことができます。

太陽型星まわりのハビタブルプラネットについては、現在や過去の地球からの類推によって、ありうる環境を考えることができるでしょう。一方、これから発見数が増えると期待されている、赤色矮星まわりのハビタブルプラネットはどうでしょうか。じつは、赤色矮星まわりのハビタブルプラネットは、太陽型星まわりのハビタブルプラネットとは大きく異なる特徴をもつと考えられます。

そこで次項からは、太陽型星と赤色矮星まわりのハビタブルプラネットにどんな環境がありうるのかを紹介し、そこに生命が生存する可能性と観測可能な生命の兆候を考えていきます。

太陽型星まわりのハビタブルプラネット——地球の場合

第8章で紹介したＬＵＶＯＩＲやＨａｂＥｘが実現すると、太陽型星まわりのハビタブルプラネットを数十個程度（ＬＵＶＯＩＲの場合）あるいは8個程度（ＨａｂＥｘの場合）、直接撮像法

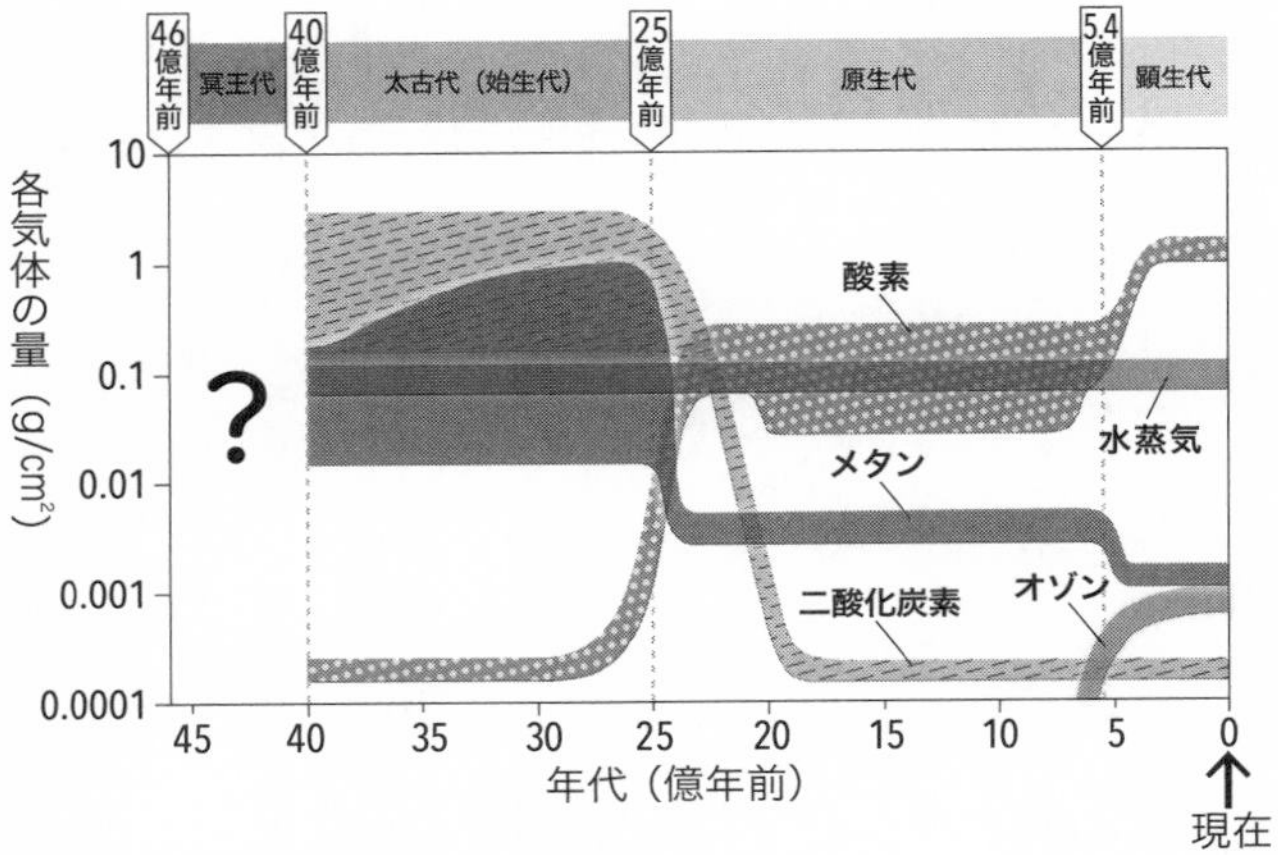

図9-3　地球の地質年代と大気組成の進化
[HabExFinal Reportを参考に作図]

で発見し、直接撮像分光観測でその大気を調べることができると見込まれています。そのとき、私たちが見るのはどんな大気をもつ惑星でしょうか？　大気の特徴から生命がいるかどうかを知ることはできるのでしょうか？

　地球は、太陽型星まわりで実際に生命を育むハビタブルプラネットです。もしほかの太陽型星まわりのハビタブルプラネットでも地球と同じような生命（地球型生命）が誕生・進化するとしたら、そのハビタブルプラネットの大気組成を考えるうえで、地球の歴史が参考になります。そこで本項では、地球の大気組成や環境が歴史とともにどのように変遷してきたかを簡単に紹介しましょう（図9-3）。

　地球が誕生した約46億年前から約40億年前までを地質学的に**冥王代**と呼びます。この時代の地球の大気は、くわしい組成はわかっていませんが、金星や火星と同じように二酸化炭素が主成分だったと考えられます。二酸化炭素のほかには水蒸気もあったものの、現在の地球とちがって酸素はほとんどありませんでした。冥王代の終わりごろのどこかで、地球で最初の生命が誕生したのだと考えられますが、地球の大気に大きな影響を与えることはなかったと考えられます。そのため、冥王代を通して、地球は大気中におもに二酸化炭素と水蒸気をもつ惑星だったと考えられます。地球が生命を育まなかったとしたら、その後も大気組成が大きく変化することはなかったでしょう。

そして冥王代のあとの、地質学的に**太古代**あるいは**始生代**と呼ばれる約40億年前から約25億年前には、生命が存在することによって大気組成に若干の変化が現れます。この時代は嫌気性生物（酸素を必要としない生物で、メタンを生成するメタン菌などがふくまれる）が地球上に繁栄していました。そしてこの時代には、大気の主成分は二酸化炭素のままでしたが、メタン菌の活動や火山活動などによってメタンの排出がつづき、大気中に蓄積されてきたと考えられます。メタンに紫外線が当たると、土星の衛星タイタンに見られるようなもや（ソリン）がかかるので、このころの地球の空にはもやがかかっていたかもしれません。そのため、太古代の地球は大気中に二酸化炭素・水蒸気・メタンをふくみ、もやに覆われた惑星だったのではないかと考えられます。

約25億年前からはじまる**原生代**に入ると、地球の大気組成は大きく変わりはじめます。これは、27億年前までには誕生していた最初の酸素発生型光合成生物である**シアノバクテリア**が、海の中で少しずつ光合成をおこない、二酸化炭素を消費して酸素をつくりはじめたためです。シアノバクテリアがつくった酸素は、まず、それまで還元的な環境（＝酸素がない環境）だった海を酸化していきました。このとき、海水に溶け込んでいた鉄イオンが酸化され、酸化鉄が沈殿したのですが、それが現在、鉄鉱石として工業的に利用されています。

海が酸化されると、シアノバクテリアがつくる酸素は次第に大気中に放出されるようになりました。こうして大気中に酸素が増えると、紫外線との反応でオゾンが発生しはじめます。オゾンは大気中にオゾン層をつくり、地表に届く紫外線を大きく減らしました。酸素が増加する一方で、大気中の二酸化炭素は光合成に使われて減少し、メタンも酸素によって酸化されて（二酸化炭素や水へと変わり）減少していきました。この結果、原生代以降の地球の大気には酸素やオゾンが現れ、逆に二酸化炭素やメタンの量は少なくなりました。そして、原生代の終わりから顕生代のはじめにかけて植物が陸上に進出すると、大気中の酸素やオゾンはさらに増えていきました。

太陽型星まわりのハビタブルプラネットで地球と同じような生命が誕生・進化していれば、LUVOIRやHabExの観測によって、さまざまな時代の地球と似たような大気をもつ惑星が見つかるかもしれません。あるいは、もし地球のように生命を育む惑星の存在がきわめてまれな場合には、LUVOIRやHabExで観測されるハビタブルプラネットはどれも、金星や火星のように二酸化炭素を主成分とする大気をもっているでしょう。

そのため、将来の太陽型星まわりのハビタブルプラネットの観測によって、地球のような生命を育む惑星がどれほど普遍的な存在なのかが、科学的に明らかになると期待されます。

赤色矮星まわりのハビタブルプラネット――永遠の昼と永遠の夜の惑星

ここからは、赤色矮星まわりのハビタブルプラネットについて考えていきましょう（表9-1）。第7章で紹介したように、最近では、太陽系の近くにある赤色矮星をターゲットとしたハビタブルプラネットの探査が世界中でおこなわれています。そして、プロキシマbやTRAPPIST1-e、f、gのように、赤色矮星まわりのハビタブルプラネットも実際に発見されています。それでは、こうしたハビタブルプラネットにはいったいどんな環境がひろがっているのでしょうか？

赤色矮星まわりのハビタブルプラネットの環境で、太陽型星まわりのハビタブルプラネットと最も大きくちがうのは、惑星につねに昼の面（昼半球）とつねに夜の面（夜半球）ができてしまうという点です。これは、第5章で紹介したホットジュピターと同じように、惑星が潮汐固定の

表9-1　ハビタブルプラネットの環境のちがい
あくまでも、太陽型星と赤色矮星の比較による相対的な評価である。

	太陽型星	赤色矮星
主星の表面温度	高い（3800～6300K）	低い（2500～3800K）
ハビタブルゾーンの位置	主星から遠い（公転周期は100日から数百日程度）	主星に近い（公転周期は数日から100日程度）
潮汐固定	なし	あり（つねに昼の面〈昼半球〉とつねに夜の面〈夜半球〉ができる）
主星のスペクトル	可視光で明るい	可視光では暗く、近赤外光で明るい
主星の寿命	比較的短い（数十億～1000億年）	きわめて長い（1000億年以上）
主星の活動性	低いものが多い	高いものが多い（黒点とフレアがともに多い）

状態になるために起こります。赤色矮星まわりのハビタブルゾーンは主星に近いため、ハビタブルプラネットが潮汐固定を受ける条件を満たしてしまうのです。

次に大きく異なる点としては、赤色矮星まわりのハビタブルプラネットの**光環境**、すなわち主星からどんなスペクトルの光を受けるかが挙げられます。惑星の光環境は、光をエネルギー源にする光合成生物が生息できるかを考えるうえで重要です。

また、赤色矮星の大きな特徴として主星の寿命がきわめて長いということが挙げられます。太陽の寿命はおよそ100億年ですが、赤色矮星の寿命は1000億年を超えると考えられています。そのため、もし赤色矮星まわりのハビタブルプラネットに生命が誕生し、生存に適した環境が継続的に存在するならば、その生命は地球の生命より長い期間生存することができます。

一方、赤色矮星は活動性が高く、恒星の爆発現象であるフレアが多いといわれています。フレアが起きると、主星からエネルギーの高い紫外線や放射線（宇宙線）が放出されます。このことと、ハビタブルゾーンが主星に近いこととが相まって、赤色矮星まわりのハビタブルプラネットの表面には大量の紫外線や宇宙線が降り注ぐ可能性があります。これらの高エネルギーの光や粒子はＤＮＡを傷つける可能性が高いため、生命にとって脅威となります。そのため、そもそも赤色矮星まわりのハビタブルプラネットは生命の生存には適していないのではないか、ともいわれています。

ただ、フレアが比較的少ない穏やかな赤色矮星のまわりにもハビタブルプラネット（第７章で紹介したＬＨＳ １１４０ｂやティーガーデン星ｃなど）は発見されていますし、地球にも放射線に耐性をもつ微生物がいることは知られているので、一概に赤色矮星まわりのハビタブルプラネットが生命の生存に適さないとはいえません。また、惑星の夜の面や、昼と夜の境界のあたり、あるいは水の中や遮蔽物の下にすんでいる生物なら、主星が放つ有害な光や粒子をうまく避けることができるかもしれません。

また、惑星の受ける紫外線や放射線の強さが生命の生存・進化にどんな影響を与えるかは、じつは正確にはわかっていません。もしかしたら、死滅してしまう前に突然変異を起こして耐性を獲得する方向に進化することもありえます。そのため、活動性の高い赤色矮星まわりのハビタブルプラネットが生命の生存に適していないのかをきちんと考えるためには、これからのアストロバイオロジーの研究、とくに極限環境生物の研究が重要になると考えられます。

赤色矮星まわりのハビタブルプラネットに生命は生存可能か?

以上のように、赤色矮星まわりのハビタブルプラネットには地球と異なる点が多くあります。では、このような環境の惑星にも地球型生命は生存できるのでしょうか。これを考えるためには、天文学や惑星科学だけではなく、生命科学の知識も必要です。

地球には、ほかの生物を利用（捕食など）して生きる**従属栄養生物**と、光あるいは化学反応からエネルギーを得て有機化合物を合成して生きる**独立栄養生物**がいます。独立栄養生物は食物連鎖の基点となる生物で、これらがいなくては従属栄養生物は生きられません。そのため、赤色矮星まわりのハビタブルプラネットにおける地球型生命の生存可能性を考えるためには、まずは独立栄養生物が生存できるかどうかを検討しなくてはなりません。

地球の独立栄養生物にもう少し目を向けてみましょう。独立栄養生物には、光を浴びてエネルギーを得る**光独立栄養生物**（いわゆる光合成生物）と、化学反応によってエネルギーを得る**化学**

合成独立栄養生物がいます。光合成生物は、光合成の方法によってさらに2つに分けられます。ひとつは、クロロフィルという色素を使って光合成をおこない、酸素を発生させる**酸素発生型光合成生物**（植物やシアノバクテリアなど）。もうひとつは、バクテリオクロロフィルという色素を使い、酸素を発生させずに光合成をおこなう**酸素非発生型光合成生物**（紅色細菌など）です。一方、化学合成独立栄養生物には、無機化合物を酸化する化学反応からエネルギーを得て有機化合物を作り出す、メタン菌などがいます。

先ほど、地球の歴史と大気組成の進化について紹介しましたが、シアノバクテリアやメタン菌は地球の大気組成の進化にも影響を与えてきた生物だと考えられます。

これらの生物が、仮に赤色矮星まわりのハビタブルプラネットに誕生したとしましょう。化学合成生物の活動は、その惑星の光環境にはよりません。太古代の地球に化学合成生物が誕生・生存する環境があったことを考えると、赤色矮星まわりのハビタブルプラネットでも生存することはできそうです。

また、紫外線や宇宙線をある程度避けられる環境があれば、バクテリオクロロフィルを使う酸素非発生型光合成生物も問題なく生存できそうです。バクテリオクロロフィルによる光合成で必要となるのは、波長が700nmより長い近赤外光だからです。赤色矮星まわりの惑星では、可視光よりも近赤外光のほうが地表に豊富に届きます。

一方、酸素発生型光合成を可能にするクロロフィルという色素は、波長がだいたい400〜700nmの可視光を使って光合成をおこないます。一般的に温度が低い赤色矮星ほど可視光が弱く、ハビタブルプラネットが受ける可視光の強さは地球の場合の1割程度以下に減ってしまいます。赤色矮星まわりのハビタブルプラネットは、私たちの感覚からすると、かなり薄暗い世界といえるでしょう。そのため、酸素発生型光合成生物が赤色矮星まわりのハビタブルプラネットで光合成をおこない、地球と同じように酸素の豊富な大気を生み出すことができるのかどうかは、判断がむずかしいところです。

ただ、酸素発生型光合成生物がどれほど弱い可視光でも光合成をして生存できるかは、地球の光合成生物を使って実験的に検証することができます。今後、さまざまな温度の赤色矮星まわりのハビタブルプラネットの光環境を模して実験をおこなえば、そのような世界で酸素発生型光合成生物が生存できるかどうか、そしてどれくらいの量の酸素を発生させることができるかは調べることができるでしょう。

観測可能な生命の兆候は何か?

ここからは、太陽型星と赤色矮星まわりのハビタブルプラネットに共通していえる、観測可能な生命の兆候は何かを考えてみましょう。まずは、惑星大気の天文観測によって見つかりそうな兆候について考えます。

地球に存在する化学合成生物には、特徴的なガスを放出するものがいます。たとえば、地球では太古代に誕生したと考えられるメタン菌です。メタン菌は二酸化炭素と水素などを反応させて、メタンを生成します。そのため、地球のメタン菌のような化学合成生物が存在していると、その兆候としてメタンも大気中に放出される可能性があります。

次に、もし酸素発生型光合成生物が弱い可視光でも生存できるのであれば、光合成によって酸素が発生するはずです。ただし、地球にくらべると使える可視光の量が少ないため、地球の場合より酸素の発生量は少ないでしょう。また、光合成生物が放出した酸素は、すぐ大気中にたまっていくわけではありません。酸素は海洋や大気中の物質と化学反応を起こし（物質を酸化し）、消費されるからです。こうして海洋や大気が酸化されたのち、ようやく大気中に酸素分子が蓄積するようになります。

また、前章で述べたとおり、大気中のオゾンは紫外線と酸素分子の反応により発生するので、酸素が存在している証拠とみなせます。

一方、バクテリオクロロフィルを使う酸素非発生型光合成生物は、存在したとしても気体を放出しません。残念ながら、大気の観測では酸素非発生型光合成生物の兆候をつかむことはできないでしょう。

以上のように、地球に実際にいる生物が大気中に放出する気体を天文観測で発見することを考えると、酸素やオゾン、メタンなどが有力な候補となりそうです。こうした大気中の生命の兆候は、トランジット分光観測や直接撮像分光観測によって探すことができます。

このように惑星の大気を調べる方法のほかに、直接撮像分光観測により惑星の表面（地表の様子）を調べる方法もあります。

たとえば、アマゾンの大森林のように、ハビタブルプラネットの表面の広い範囲を光合成生物が覆っていたとしましょう。その場合、直接撮像分光観測によって、その光合成生物が利用する色素に由来する兆候をとらえられる可能性があります。

より具体的に考えてみましょう。クロロフィルという色素をもつ地球の酸素発生型光合成生物には、**レッドエッジ**と呼ばれる反射特性があります（図9－4）。これは、可視光と近赤外光の境界にあたる波長700nmあたりを境に、可視光にくらべて近赤外光の反射率が大きく上がるという特性です（くわしくは後述）。

ＬＵＶＯＩＲあるいはＨａｂＥｘといった将来計画が実現すると、可視光から近赤外光にかけての広い波長域で、ハビタブルプラネットからの反射光を直接撮像分光で観測できると期待されています。その観測で、もしレッドエッジの反射特性を発見することができれば、その惑星に酸素発生型光合成生物がいる兆候のひとつとみなせます。同様に、光合成に使われるほかの色素

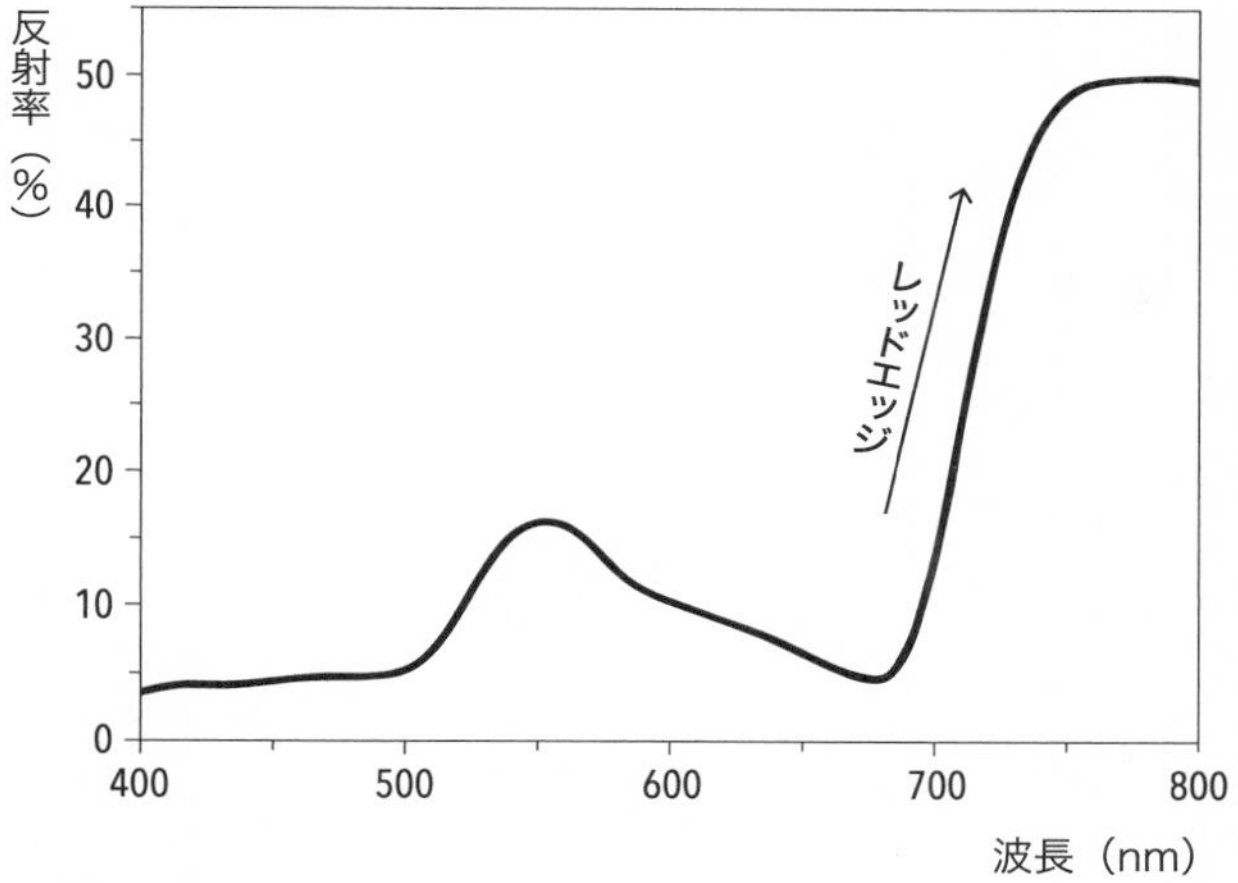

図9-4　レッドエッジ
オシロイバナの葉の反射スペクトル。反射率が低い波長700nm以下の光は光合成に利用している。

（バクテリオクロロフィルなど）の反射特性も、もし見つかれば生命の兆候とみなせるかもしれません。

ただし、ハビタブルプラネットの直接撮像分光観測で生命由来の色素の兆候を発見するのは、そう簡単ではありません。天文観測で得られるのは、惑星表面からの反射光がすべて混ざったものです。惑星表面にはさまざまな物質があるはずなので、反射光には多様な成分が混じります。すると、光合成生物由来の色素があったとしても、その反射特性のシグナルは大幅に薄められてしまいます。そのため、惑星の反射光を直接撮像分光できたとしても、その中にかすかにふくまれる生物由来の色素の成分を見つけ出すのはなかなか困難です。

以上のように、天文観測によって原理的に観測可能な生命の兆候としては、大気成分（生命由来の気体成分）と表面の反射特性（生命由来の反射光成分）があります。現在検討されているＬＵＶＯＩＲやＨａｂＥｘなどの観測の期間や精度を考えると、実現可能性がより高いのは大気成分に現れる兆候の発見です。そのため将来観測が実現するとしたら、まずは大気に生命の兆候を探し、生命の存在が有力な候補の惑星に対して長期間、何度も繰り返し観測をおこなって、表面の反射特性に生命の兆候を探すという順序を踏むことになるでしょう。

COLUMN ⑬ 系外惑星としての地球の観測――ペイル・ブルー・ドット

本章では、太陽系外のハビタブルプラネットを観測したときの見え方について述べていますが、系外惑星の観測を模して遠くから地球自身を観測したときにどう見えるのかを試した例をひとつ紹介します。

「アストロバイオロジーの先駆者ともいえる天文学者カール・セーガンの発案により、地球から最も遠いところから撮影された地球として有名な the pale blue dot（ペイル・ブルー・ドット、直訳すると青白い点）と呼ばれる写真があります。この写真は地球から約40天文単位離れた場所から、１９９０年にＮＡＳＡの宇宙探査機ボイジャー1号によって撮影されました。なお、１９７７年に打ち上げられたボイジャー1号は、今も太陽系から外へ向かって飛行を続けています。

この写真は青、緑、紫の３つのフィルターを通して撮影され、疑似カラー合成されました（カラー写真はＮＡＳＡのウェブページ、あるいはウィキペディアの「ペイル・ブルー・ドット」のページで見ることができます）。これに写った地球は1ピクセルに満たないサイズであり、地球の反射光のすべてが混じった結果、青白い点として写りました。青白い理由は、大気分子によるレイリー散乱という効果（波長が短い青い光のほうが大気によって散乱されやすい）や雲、海などによる反射光が混ざった結果です。

将来の天文観測が目指すのは、まさにこのようにしてハビタブルプラネットの写真を撮り、そこから来る光を分光して、何があるのかを調べることです。

それは本当に生命の兆候か？

ここまで、ハビタブルプラネットに生命が存在する兆候として代表的なもの、すなわち大気中の酸素、オゾン、メタンや、表面の反射特性としてのレッドエッジなどを紹介してきました。では、これらの兆候が発見されれば、その惑星には確実に生命が存在するといえるのでしょうか？

残念ながら答えはノーです。生命が存在すると断言するためには、発見された兆候が非生物的なプロセスで生じたものではないことを証明しなければなりません。ということは、惑星の大気組成や表面の反射特性について、生物由来成分と非生物由来成分とを判別する方法を考える必要があります。

ここでは、判別がむずかしい例として、大気中のメタンについて考えてみましょう。

前項で述べたとおり、化学合成生物であるメタン菌はメタンを生成・放出します。ちなみに、現在の地球における代表的なメタンの放出源は、牛の吐息（げっぷ）です。これは、牛の腸内にすむメタン菌が生成したメタンが、牛の吐息に混じって放出されるというものです。ほかにも、沼などの堆積物中でメタン菌が活動するなどしてメタンが発生しており、これらの生物活動で生じたメタンが大気中に放出されています。このように、地球の大気にふくまれるメタンの一部は明らかに生物由来です。

しかし、地球大気にふくまれるメタンのすべてが生物由来というわけではありません。火山など地球内部から噴出されるガスにも、メタンがふくまれているのです。火山が放出するメタンの生成に、生物はかかわっていません。メタンの起源が生物活動だけに限定できない以上、大気中にメタンがあることだけをもって生命の兆候とみなすことはできません。

実際、火星や土星の衛星タイタンの大気中にもメタンがあることがわかっています。これらの天体に生命が存在する可能性も議論されていますが、大気中のメタンの解釈には慎重さが求められます。火星やタイタンの場合には、探査機を送り込むことでメタンの発生源を調べることもできるでしょうが、系外のハビタブルプラネットの場合にはそれができません。

こうして見ると、メタンは由来を判別するのがむずかしい物質です。そのため、大気中のメタンだけでは、ハビタブルプラネットに生命が存在する証拠とみなすのはむずかしそうです。

地球大気の酸素の歴史

では、酸素の場合はどうでしょうか？　すこし前に地球の大気の進化について説明しましたが、ここでは酸素に注目して、よりくわしく見てみましょう。

現在の地球では、酸素はおもに酸素発生型光合成生物の光合成によってつくられていて、それ以外の非生物的なプロセスではほとんど発生していません。つまり、現在の地球大気中の酸素は生物由来ということができます。

地球の大気の歴史によると、初期の地球の大気組成は現在の金星や火星と同じように二酸化炭素が主体の大気で、酸素はほとんどふくまれていなかったと考えられています。ところが、およそ22億年前に起きた**大酸化イベント**を境に、大気中に酸素が増え、逆に二酸化炭素は減っていったことがわかっています。この大酸化イベントはおおよそ以下のような過程で起きたと考えられています。

先に紹介したように、地球で最初の酸素発生型光合成生物であるシアノバクテリアは、およそ27億年前には海の中で誕生していました。シアノバクテリアは少しずつ酸素を放出し、その酸素はまず海洋を酸化しました。大気中にも一部放出された酸素は、少しずつメタンを酸化して二酸化炭素と水に変えていきました。

そんな中、およそ22億年前に**全球凍結イベント**（地表全体が凍りつき、スノーボールアースと呼ばれる状態になった寒冷期）が起きたことがわかっています。ちなみに、この全球凍結イベントの一因は、シアノバクテリアが放出する酸素によって、（二酸化炭素よりも）強力な温室効果ガスであるメタンが大気中から減少したことではないかと考えられています。

全球凍結イベントは、火山活動由来の温室効果ガスが大気中にたまることによって終わりを迎えます。そして、全球凍結イベント直後の地球は、気温が高く、海に栄養が豊富な（シアノバクテリアの生育に好条件の）環境になっていました。そして、シアノバクテリアが爆発的に光合成をおこなったのです。その結果、大気中にいっきに大量の酸素が放出され、大酸化イベントが起きたと考えられています。

このように、今の地球の大気中に酸素があるのは、生物の活動の結果です。加えて、太陽系のほかの惑星の大気には酸素がふくまれません。このため、２０１０年ごろまでは、惑星大気中の酸素が最も有力（直接的）な生命の兆候であると考えられてきました。

非生物的プロセスによる酸素の発生

しかし、２０１０年代に入ると、大気中の酸素は生命が存在する証拠だとする安易な考えに警鐘を鳴らす研究が増えてきました。酸素は依然として有力な生命の兆候ではあるものの、じつは非生物的にも十分多く（光合成生物由来と同程度かそれ以上に）発生しうることがわかってきたのです。その仕組みを３つ紹介します。

①水分子の光解離

ひとつ目の仕組みは、惑星大気中の水分子（H_2O、つまり水蒸気）を起源とするものです。

惑星大気中の水分子に主星からの紫外線が当たると、光解離という反応により水分子から水素原子たちが弾き飛ばされることがあります（図９‐５）。そして、水素原子はとても軽いため、宇宙空間へと逃げ出してしまいます。すると、残された酸素原子どうしが結びついて、結果として酸素分子が残されるのです。

この仕組みがとくに強く働いて、生命の兆候の探査で問題となるのは、赤色矮星まわりのハビタブルプラネットの場合です。少しむずかしいですが、どうしてそうなるのかを考えてみましょう。

　赤色矮星は形成したての若いときにはとくに活動性が高く、放出する光のエネルギーも多く、強い紫外線を放っています。しかし、その後年齢とともに活動性が落ち着いていくことが知られています。そのため、赤色矮星まわりのハビタブルゾーンは、若いときから次第に活動性が落ち着くにつれて、外側から内側へ移動すると考えられています。すると、落ち着いたあとの赤色矮星まわりのハビタブルゾーンは、赤色矮星がまだ若かったときにはハビタブルゾーンより主星に近い、つまり熱すぎる領域だったことになります。

　もしこの領域（あとでハビタブルゾーンになる領域）に岩石惑星があったとすると、惑星が初期に獲得していた水は蒸発し、大量の水蒸気となります。しかも主星が強い紫外線を放っているので、大量の水分子の光解離が起き、大気中に酸素分子が生じてしまうのです。そのため、もしそ

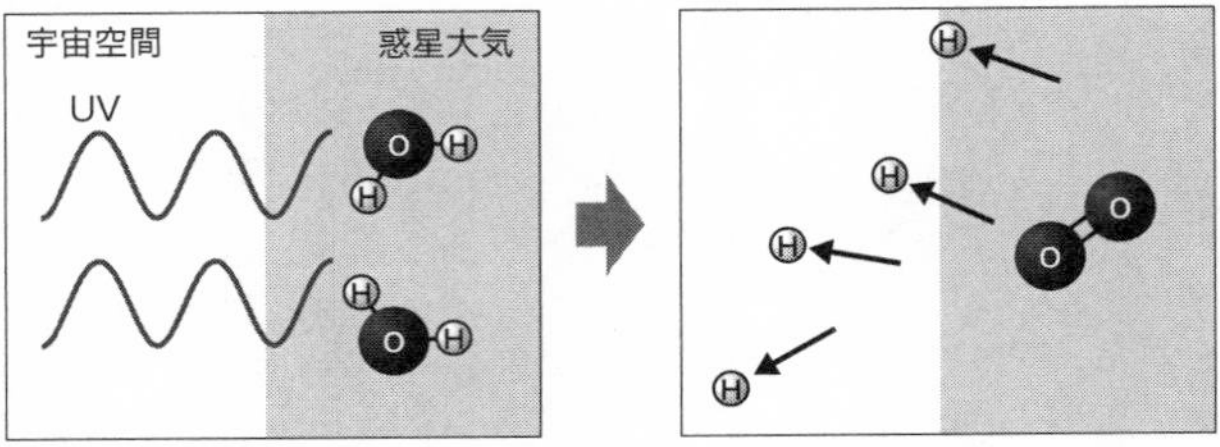

①大気中の水分子に紫外線（UV）が当たり、水素原子と酸素原子の結合が切れる

②軽い水素原子は宇宙空間へ逃げ出し、取り残された酸素原子どうしが結合し酸素分子が残る

図9-5　水分子（水蒸気）の光解離による酸素の発生

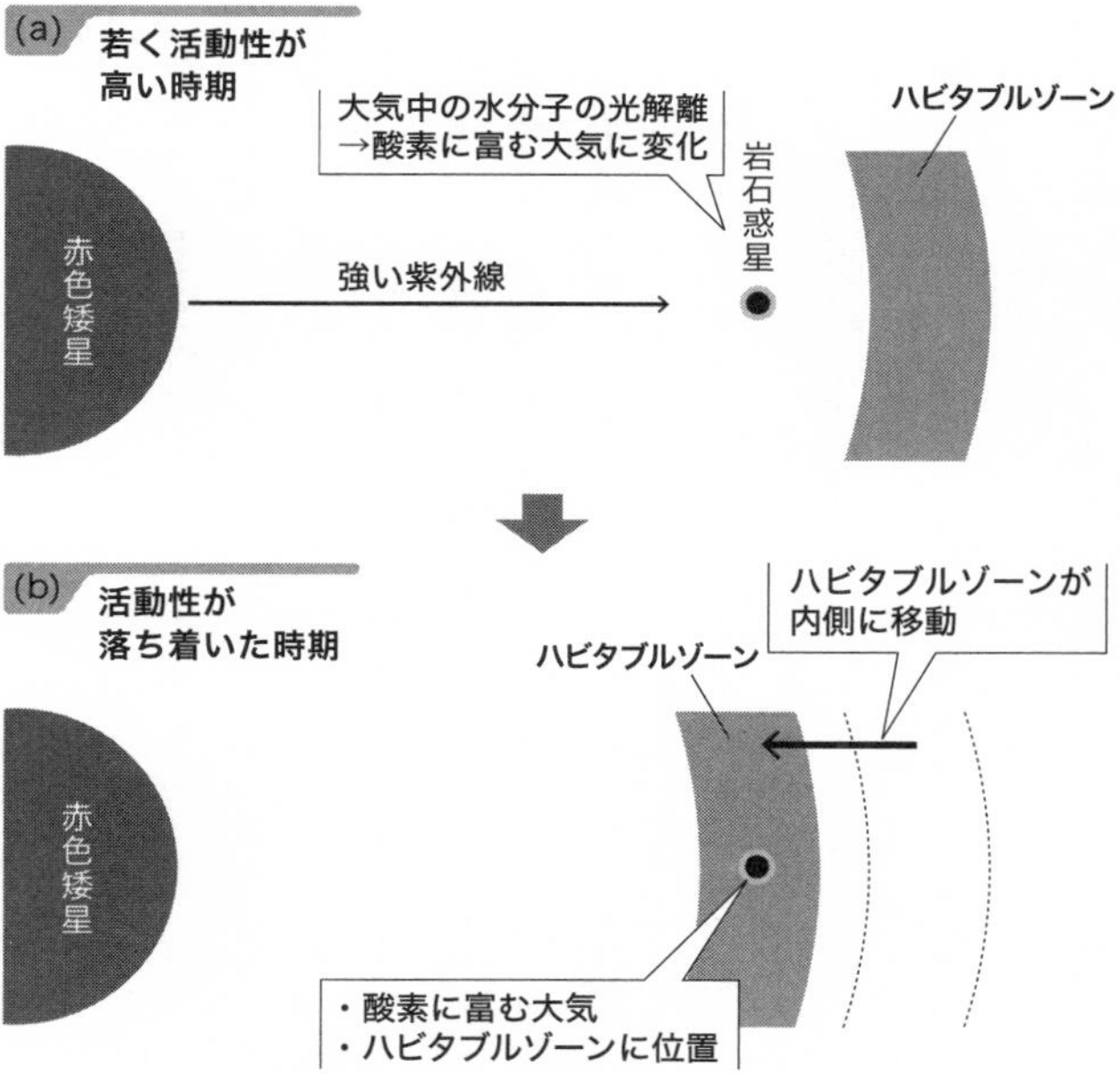

図9-6　水分子の光解離によって赤色矮星まわりのハビタブルプラネットに酸素に富む大気ができる

(a) 若い赤色矮星は活動性が高く、強い紫外線を放っている。赤色矮星が若いときのハビタブルゾーンより内側に、大量の水を獲得した惑星があった場合、その水は水蒸気（水分子）になる。大気中の水分子は紫外線による光解離を受ける。結果として、大気中の酸素濃度が高くなる。(b) その後、主星の活動性が落ち着くと、ハビタブルゾーンが内側に移動する。先ほどの惑星がハビタブルゾーンに入ってしまった場合、生命が存在しなくても酸素に富む大気をもつハビタブルプラネットとして観測される可能性がある。

の惑星が形成時に大量の水を獲得していた場合は、たとえ生命がいなかったとしても、現在の地球と同程度以上に酸素に富む大気をもつハビタブルプラネットができてしまいます（図9-6）。

ただし、赤色矮星まわりのハビタブルプラネットでも、大気中の酸素が光合成生物由来か水分子の光解離由来かを見分けられる可能性はあります。水分子の光解離で酸素に富んだ大気ができる場合、光合成によって生物がつくれるよりも圧倒的に大量の酸素ができます。その結果、酸素のシグナルが非常に強くなるだけでなく、酸素分子が2つつながったO_4という分子まで多くできてしまうことが、理論的に予想されています。そのため、酸素分子（O_2）やO_4の量を調べることが、大気中の酸素の由来を見分ける手がかりになると考えられます。

また、この仕組みは赤色矮星まわりであれば、ハビタブルゾーンより主星に近い（ハビタブルではない）惑星でも働きます。もしそうした領域に酸素に富む大気に覆われた惑星が発見されたら、この仕組みの結果である可能性が高いといえるでしょう。

②二酸化炭素の光解離

ふたつ目の仕組みは、二酸化炭素（CO_2）の光解離です。

これは、紫外線によって二酸化炭素分子から酸素原子が弾き飛ばされ、弾き飛ばされた酸素原子どうしが結びついて酸素分子をつくるというものです（図9-7）。この仕組みによって酸素ができやすいのは、大気中に二酸化炭素が豊富にあり、主星から強い紫外線を受ける惑星です。そのため、水分子の光解離と同様に、赤色矮星まわりの岩石惑星などが当てはまります。

ただ、この仕組みでは、弾き飛ばされた酸素原子はどこかに逃げてしまうわけではないので、逆反応（炭素と酸素の結合）によってまたもとの二酸化炭素に戻ってしまう場合があります。そのため、先ほどの水分子の光解離にくらべて、酸素が大量にできるようなことは少なくなります。

また、同じ仕組みで、酸素だけでなく一酸化炭素（CO）もつくられます。一酸化炭素は、光合成などの生命活動では発生しません。

そのため、酸素が二酸化炭素の光解離で発生したのかどうかを判別するためには、惑星が強い紫外線を受けているか、酸素だけでなく二酸化炭素も豊富か、そして大気中に一酸化炭素があるか、といったことが手がかりとなりま

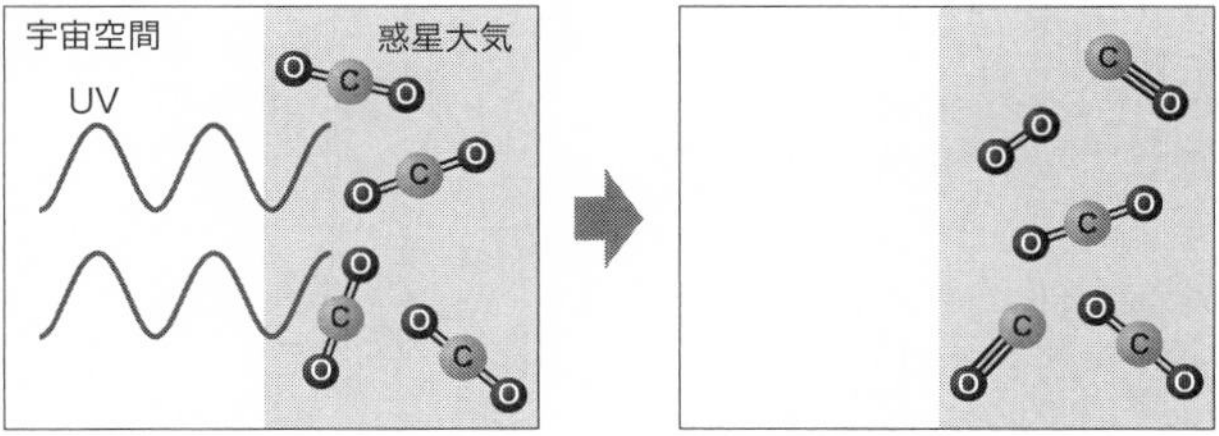

①大気中の二酸化炭素分子に紫外線（UV）が当たり、炭素原子と酸素原子の結合が切れる

②大気中には酸素だけでなく二酸化炭素、一酸化炭素が残る

図9-7　二酸化炭素の光解離による酸素の発生

す。もしこれらの特徴を伴わないのであれば、二酸化炭素の光解離で酸素が生じた可能性は低いでしょう。

③光触媒による液体の水の光分解

最後に紹介する仕組みは、**光触媒**として知られる酸化チタンが促進する液体の水の光分解です。この仕組みは赤色矮星に限らず、どんな主星のまわりのハビタブルプラネットでも起こりえます。

酸化チタンというのは、恒星が一生を終える際に宇宙空間に放出される物質のひとつです。地球はもちろん、月や隕石にもふくまれることがわかっています。そのため、系外の岩石惑星にも存在する可能性は高いでしょう。

水の光分解というのは、酸化チタンに紫外線が当たったときに、強い酸化還元力が生じて水を水素と酸素に分解する反応です。この光触媒反応は、発見者である日本人の名前にちなんで**本多－藤嶋効果**と呼ばれています。

この仕組みが働く状況として、惑星の表面に比較的浅く水が張った場所（浅い海、湖沼、湿地帯など）があり、その水中の紫外線が届く程度の深さの地表面に酸化チタンがある、という状況が考えられます。地球上で実際に見られる「比較的浅く水が張った場所」の例としては、ボリビアにあるウユニ塩湖（約1万㎢）などが挙げられます（誤解のないように補足すると、ウユニ塩湖は地形の例であって、ウユニ塩湖の地表面が酸化チタンで覆われているわけではありません）。

この仕組みで現在の地球の大気と同程度の量の酸素が発生するためには、条件を満たした場所が少しあるだけでは不十分で、地表のある程度の面積を占める必要があります。たとえば、現在地球で光合成生物が発生させている酸素を、酸化チタンによる水の光分解だけで発生させようとすると、だいたい7万㎢程度の広さで条件が満たされる必要があります。この条件は地球上では満たされていません。もし系外のハビタブルプラネットでそのような条件が満たされたとすると、本多－藤嶋効果によって水の光分解が進み、酸素と水素が発生します。

この仕組みの（生命の兆候の探査において）厄介なところは、ほかの仕組みとちがって、発生した酸素を光合成生物由来と判別するのがむずかしい点です。この理由は、発生する酸素の量が極端に多くはないのでO_4のような非生物由来の目印が発生しないこと、そして発生するのは酸素と水素で、水素は宇宙空間に逃げて行ってしまうと考えられるので、この仕組みで生じたという証拠が残らないと考えられるためです。

系外のハビタブルプラネットでこの仕組みによる酸素の発生がどれくらいの頻度で起こりうるのか、そして起こりうる場合にどうやって光合成生物由来と見分けるかは、これからの研究が必要となるでしょう。

以上をまとめてみましょう。

もし系外のハビタブルプラネットの大気中に酸素が発見されたら、それが非生物由来である可能性を検討しなくてはなりません。具体的には、大気中の酸素や二酸化炭素の量が極端に多くはないか、大気中に一酸化炭素やO_4などが存在しないか、といった点を調べることが重要です。

また、先に挙げた非生物的な酸素発生の仕組みでは、いずれにおいてもメタンは発生しません。そのため、もし惑星大気中に酸素とメタンが共存している場合は、非生物由来の可能性が低いと考えられます。

このようにして、大気組成の全体像から、大気中の酸素が非生物由来である可能性を排除していくことができます。さらに、追加の観測で惑星の反射特性にレッドエッジの存在を確認できれば、その大気中の酸素は光合成生物由来であることを積極的に支持する証拠とみなせます。

レッドエッジの波長は地球と同じか?

では次に、酸素発生型光合成生物の兆候として考えられるレッドエッジが、系外のハビタブルプラネットでも地球と同じ性質なのかどうかについて考えてみましょう。

復習しておくと、レッドエッジはクロロフィルという色素を使う酸素発生型光合成生物が示す反射特性のことです。具体的には、７００㎚より短い波長の可視光を吸収し、７００㎚より長波長の近赤外光は強く反射する、という特性です。系外のハビタブルプラネットの大気中に酸素が発見された場合、さらに惑星の反射光の中にレッドエッジの兆候が発見されれば、その惑星にはクロロフィルを利用して酸素発生型光合成をおこなう生物がいると期待される、ということになります。

しかし前にも述べたとおり、ハビタブルプラネットの光環境は多様です。とくに赤色矮星まわりのハビタブルプラネットには、波長が７００㎚以下の可視光が弱くて、それより長波長の近赤外光が強い光環境がひろがっています。そのような環境で生育する光合成生物が、可視光を光合成に利用するかどうかは自明ではありません（つまり、クロロフィル以外の色素を使って酸素発生型光合成をする可能性も考える必要があります）。そのため、地球では７００㎚付近に現れるレッドエッジの波長が、系外のハビタブルプラネットでも７００㎚付近になるとは限りません。

２０１０年代前半までの研究では、赤色矮星まわりのハビタブルプラネットで光合成する生物がつくるレッドエッジは７００㎚より長波長なのではないか、という考えが提案されていました。そのような惑星では、光合成生物は可視光より豊富な近赤外光を使う生物として誕生し、進化によってさらにその光環境に適応していくのではないかと考えられたからです。

しかし最近の研究で、少なくとも水中に暮らす酸素発生型光合成生物では、そして、おそらく陸上に進出したばかりで地表の光環境への適応進化を遂げていない酸素発生型光合成生物も、レッドエッジの波長は地球の酸素発生型光合成生物とほぼ同じだろうという考えが提案されました。

その根拠は2つあります。光合成生物が誕生するとしたら、最初は水生だろうと考えられること、そして、水中の光環境は太陽型星まわりでも赤色矮星まわりでもほとんど変わらないことです。水中の光環境が主星によらずほとんど変わらないのは、水が近赤外光を強く吸収してしまうためです。したがって、赤色矮星まわりのハビタブルプラネットであっても、水中で誕生した光合成生物が利用できる光はおもに可視光だろうと予想されます。そうだとすると、地球の生物とは異なる光合成機構を考える必然性がなくなり、似たような光合成機構を獲得することが予想されます。

では、赤色矮星まわりのハビタブルプラネットの水中で誕生した酸素発生型光合成生物が陸上へ進出するとしたら、その過程で、より豊富な近赤外光を使うように光合成機構を進化させるでしょうか？　これを考えるためには、水中から陸上へ至る間に生物が経験する光環境の変化が重要になります。

水中から陸上へ進出する過程では、かならず水深の浅いところ（浅瀬）を経由します。浅瀬では、可視光の光環境は深さによってそれほど大きく変わりません。そのため、可視光を使う光合成生物は、浅瀬を経由する際にとくに障害を受けないと考えられます。一方、近赤外光の光環境は、水深がたった数㎝変化しただけでも劇的に変化してしまいます。すると、もし水中で近赤外光を利用する光合成生物が誕生していた場合、その生物が陸上へ進出するためには、光環境の激変に適応する進化を遂げなければなりません。このため、陸上へ進出する際には、可視光を使った光合成機構のままのほうが合理的ではないかと考えられます。したがって、上陸したばかりの酸素発生型光合成生物のレッドエッジの位置は、地球の光合成生物のそれと変わらないだろう、というのが現在の有力な考えです（図９－８）。

もちろん、陸上へ進出したあとで近赤外光での光合成能力を獲得する進化を遂げ、その結果としてレッドエッジの位置が移動する可能性はあります。そのため、赤色矮星まわりのハビタブルプラネット表面の探査を目指す次世代の観測装置には、現在の地球のレッドエッジの波長と、より長波長側へ移動した場合に想定される波長とを同時に観測できる仕様が望まれます。

現在検討されている次世代望遠鏡としては、第8章で紹介したＬＵＶＯＩＲが挙げられます。ＬＵＶＯＩＲへの搭載が検討されているＥＣＬＩＰＳ（Extreme Coronagraph for LIving Planetary Systems の略称、読み方はエクリプス）という観測装置は、紫外線から近赤外光までをふくむ２００～２０００㎚の波長での直接撮像分光観測を目指しているため、まさにこうした仕様を満たしています。ＬＵＶＯＩＲが実現するかどうかはまだわかりません。しかし、そうし

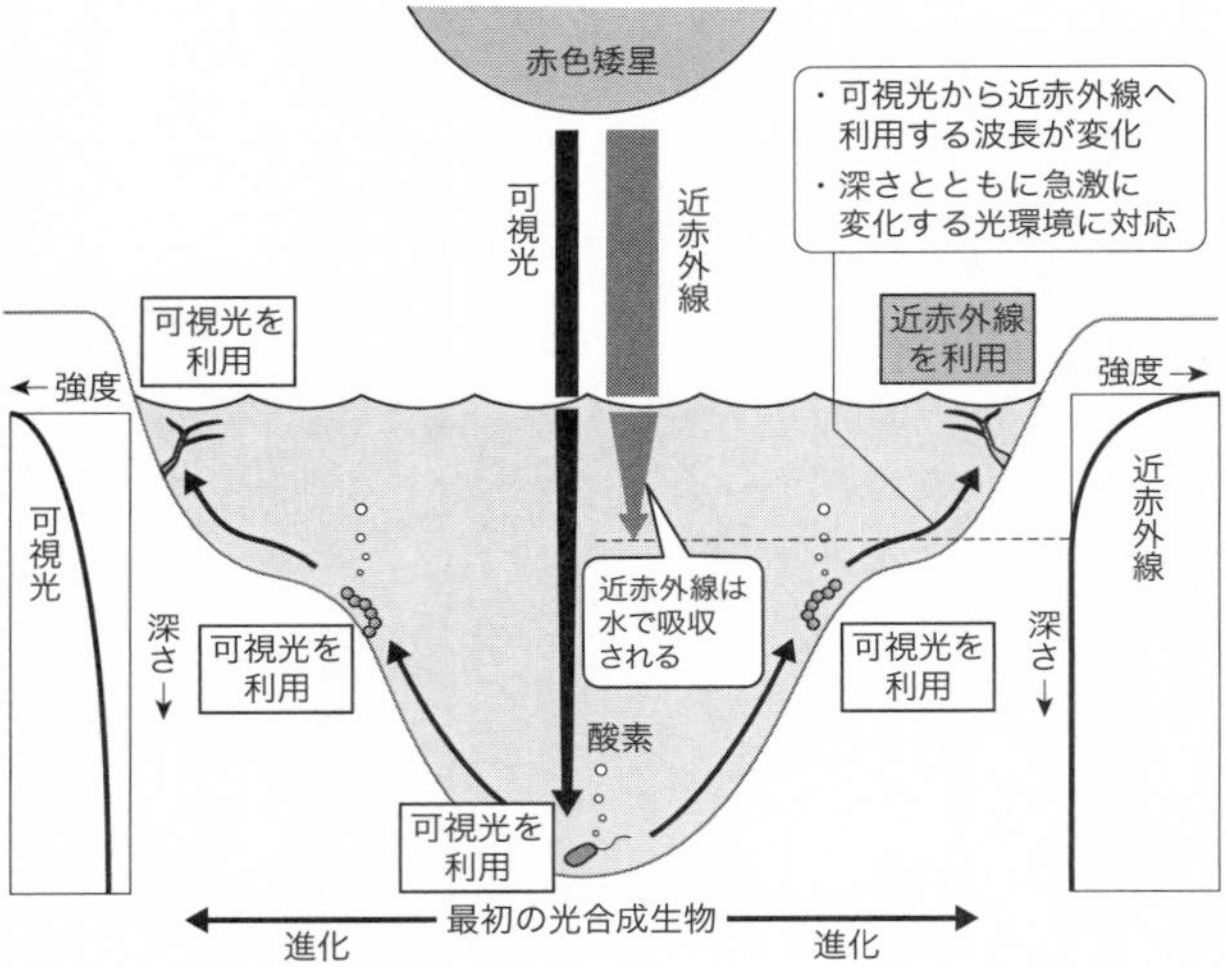

図9-8　赤色矮星まわりのハビタブルプラネットでの光合成生物の陸上進出シナリオ

最初の光合成生物が誕生するのは、地球と同じように水の中だと考えられる。近赤外線は水に吸収されやすく、浅い領域にしか届かない。したがって、赤色矮星まわりのハビタブルプラネットであっても、水中の光環境は可視光の方が強く、太陽型星まわりのハビタブルプラネットの場合とあまり変わらない。そのため、最初の光合成生物は可視光を利用する可能性が高い。光合成生物が陸上へ進出するうえでは、浅瀬を経由する必要がある。浅瀬では可視光の光環境に水深による大きな変化はないため、左のように可視光を利用する光合成生物は、比較的簡単に陸上進出を遂げられると考えられる。一方、浅瀬での近赤外線の光環境は、水深がたった数cm変化しただけでも劇的に変化する。右のように近赤外線を利用して光合成をおこなうように進化した場合、光環境の激変に対応できなければ陸上進出はむずかしい。

た将来計画が実現すれば、系外惑星における光合成生物の進化を調べる、という研究も進められるはずです。

これからの生命惑星探査とアストロバイオロジー研究への期待

本章で紹介してきたように、これからはじまる生命惑星探査の前に、さまざまな分野の知識を総動員して何が生命の兆候として観測可能か、そして非生物由来の偽物の兆候との判別方法を考えることが重要です。

これまでにおこなわれた研究からは、酸素、オゾン、O_4、一酸化炭素、二酸化炭素、メタンなどの大気成分が、生命が存在するかどうかを考えるための手がかりになることがわかってきました。天文観測によってそうした大気成分を検出し、その存在量を調べることで、その惑星に生命、とくに光合成生物やメタン菌などがいるかどうかを議論することができるでしょう。

ただ、たとえば大気中に酸素が発見されたとしても、酸化チタンの光触媒反応による酸素発生の仕組みもあり、本当に生物由来の酸素なのか、それとも非生物由来なのかを判別することは、大気を見るだけでは困難です。

そのため、大気の観測で有望な惑星が見出されたあとには、長期間の直接撮像分光観測によって表面の調査をおこない、地球と同じ波長のレッドエッジの兆候や、あるいはそれが長波長側に移動したような兆候があるかどうかを調べる必要があるでしょう。

また、ハビタブルプラネットの長期間にわたる観測では、惑星の大気成分や表面の反射特性の時間変化（系外惑星側の日周変化や公転に伴う変化）も調べられるかもしれません。そうすれば、惑星の自転周期を計算したり、大気組成や表面の様子（陸や海や植生の分布）、そしてその時間変化を調べたりというように、第二の地球たちのことをより深く知ることができます。このような研究が、将来の生命惑星探査の大きな流れになっていくでしょう。

一方、ハビタブルプラネットに生命の兆候を探す研究が現実的に検討されるようになった今、アストロバイオロジー研究の重要性がさらに増しています。

本章では、これまでの知見をもとに、系外のハビタブルプラネットにおける生命の兆候を考えてきました。しかし、検討がまだ不十分なこともあります。たとえば、以下のようなテーマが考えられます。

・赤色矮星まわりのハビタブルプラネットを模した陸上・水中の光環境で、地球の光合成生物が実際に生育できるのかどうか、また、どれくらいの酸素発生が可能なのかを実験的に調べる。
・地球の光合成生物が使っているものとは異なる色素を使った光合成が可能かどうか、そして、赤色矮星から太陽型星まわりのハビタブルプラネットの光環境で、その光合成の結果として惑星の大気成分や表面の反射特性にどんな兆候が現れるのかを理論的・実験的に調べる。

こうしたアストロバイオロジーの研究に必要な実験は、化学や生命科学の範疇に入ります。しかし、研究の動機が宇宙における生命の可能性を考えることであるため、実験条件は天文学や地球惑星科学から導かれます。そのため、異分野の研究者の連携がなければ、ふつうにはおこなわれない研究といえます。

しかし、今後ハビタブルプラネットで生命の兆候の探査がおこなわれる前には、そのためにどんな観測をすべきか考えるため、そしてそこで得られた観測結果を解釈するためにも、こうした学際的研究が必要となってくるでしょう。これから異分野の研究者の連携が進み、アストロバイオロジーの研究がさらに発展していくことが期待されます。

COLUMN 14

本書では考えなかった可能性

本章では、これまでにおこなわれてきたアストロバイオロジーの研究をもとに、将来の生命惑星探査の展望をお話ししてきました。しかし、いくつかの可能性については考えることを避けてきました。

ひとつは、地球の生命とは本質的にまったくちがう仕組みをもつ生命の可能性です。

本章ではあくまで地球の生命を念頭に置いて、同じような生命が系外のハビタブルプラネットで生きている場合について考えてきました。しかし、地球とはまったく異なる未知の生命——たとえばＤＮＡとは異なる遺伝物質をもつ生命や、ＳＦに登場するような岩石や金属の体をもつ生命など——が存在する可能性を完全に否定することはできません。

しかし、地球の生命の仕組みとかけ離れた生命を仮定すると、科学的な議論がしにくくなってしまいます。とくに、天文観測による探査の可能性を議論することは不可能です。

もうひとつ考えていないことは、もし存在したとしても天文観測で発見できない生命の存在です。たとえば、惑星の大気や表面などに兆候は残さないけれども、ひっそりと生命が存在している可能性や、かつて存在していた可能性は否定できません。このように天文観測で兆候が発見できない生命がいる可能性は否定できませんが、本書では考えませんでした。

おわりに

本書では、系外惑星について2019年までにどんな研究がおこなわれ、どんなことがわかってきたのか、そしてこれからどんな研究がおこなわれていくのかについて紹介してきました。マイヨールとケローによる最初の系外惑星の発見から20年あまりが過ぎ、いよいよ系外惑星の研究対象は巨大なガス惑星から小さな岩石惑星へと移りつつあります。ケプラーや最近の新しい観測装置の活躍によって、今ではいくつものハビタブルプラネットの存在が知られるようになってきました。そして、まだ時間はかかりそうですが、これからは発見されたハビタブルプラネットに生命の兆候を探すという研究が本格化していくと期待されます。

「地球は特別な惑星か?」という本書の表題に掲げた問いに対して、これまでの研究が科学的に明らかにできたことと、まだできていないことがあります。まずハビタブルプラネット、すなわち主星からちょうどいい距離にある岩石惑星が太陽系外にも存在するのかという問いには、はっきり「イエス」と答えられます。主星からの距離がちょうどいいという点では、地球は決して特別な存在ではなく、ハビタブルプラネットは宇宙において普遍的な存在であることがわかりました。一方、発見されたハビタブルプラネットが地球のように生命を育んでいるのかどうかという点については、まだ答えを出すことができていません。それがこれからの大きな研究課題です。

系外惑星の研究は天文学の中では比較的新しい研究テーマですが、これから数十年にわたってさらに盛り上がっていくと期待されます。そして、系外惑星の研究が進むのに合わせて、従来の研究分野の垣根を取り払ったアストロバイオロジーの研究も重要になっていくと考えられます。

「はじめに」で述べたように、本書は天文学に興味をもつ一般の方と、とりわけ中学生、高校生、大学生といった学生の方にとっての系外惑星科学の入門書となることを目指して執筆しました。将来、本書の読者の中から、「我々は宇宙にひとりぼっちなのか?」という問いに対する答えを探す新しい研究者が一人でも現れてくれれば望外の喜びです。

最後に、本書の企画を提案してくださった慶山篤さん、細かいところまでしっかりと読み込んだコメントをくださり本書を完成まで導いてくださった渡邉拓さん、本文のデザインを担当していただいた齋藤ひさのさん、図の準備を手伝っていただいた滝澤謙二さん、渡辺紀治さん、西海拓さん、森万由子さんに厚くお礼申し上げます。そして、私の普段の研究を支えてくれている共同研究者の皆さん、とくにＭｕＳＣＡＴチームの皆さんと、普段の生活を心身ともに支えてくれている家族に感謝します。

２０１９年12月29日　成田憲保

参考文献

【論文】

Anderson, D.R., et al. (2010). *The Astrophysical Journal*, vol.709, p.159-167.

Borucki, W.J., & Summers, A.L. (1984). *Icarus*, vol.58, p.121-134.

Charbonneau, D., et al. (2000).
The Astrophysical Journal Letters, vol.529, L45-L48.

Conselice, C.J., et al. (2016). *The Astrophysical Journal,* vol.830, 83.

Gatewood, G., & Eichhorn, H. (1973).
The Astronomical Journal, vol.78, p.769-776.

Gaudi, B.S., et al. (2017). *Nature*, vol.546, p.514-518.

Harada, M., et al. (2015). *Earth and Planetary Science Letters*, vol.419, p.178-186.

Hayashi, C. (1981).
Proceedings of the International Astronomical Union Symposium No.93, p.113-128.

Hershey, J.L. (1973). *The Astronomical Journal*, vol.78, p.421-425.

Kopparapu, R.K. (2013). *The Astrophysical Journal Letters.*, vol.767, L8.

Kozai, Y. (1962). *The Astronomical Journal*, vol.67, p.591-598.

Kuzuhara, M., et al. (2013). *The Astrophysical Journal*, vol.774, 11.

Lidov, M.L. (1962). *Planetary and Space Science*, vol.9, p.719-759.

Mayor, M., & Queloz, D. (1995). *Nature*, vol.378, p.355-359.

Nagasawa, M., et al. (2008). *The Astrophysical Journal*, vol.678, p.498-508.

Narita, N., et al. (2009).
Publications of the Astronomical Society of Japan, vol.61, L35-L40.

Narita, N., et al. (2015). *Scientific Reports*, vol.5, 13977.

Petigura, E.A., et al.(2013).
Proceedings of the National Academy of Sciences, vol.110, p.19273-19278.

Pierrehumbert, R., & Gaidos, E. (2011).
The Astrophysical Journal Letters, vol.734, L13.

Struve, O. (1952). *The Observatory*, vol.72, p.199-200.

Takeda, G., et al. (2008). *The Astrophysical Journal*, vol.683, p.1063-1075.

Takizawa, K., et al. (2017). *Scientific Reports*, vol.7, 7561.

Van de Kamp, P. (1963). *The Astronomical Journal,* vol.68, p.515-521.

Walker, G. (1995). *Nature*, vol.378, p.332-333.

Walker, G., et al. (1995). *Icarus*, vol.116, p.359-375.

Winn, J.N., et al. (2009). *The Astrophysical Journal Letters*, vol.703, L99-L103.

Wu, Y., & Murray, N. (2003). *The Astrophysical Journal*, vol.589, p.605-614.

田近英一(2007). 地学雑誌, 第116巻, 第1号, p.79-94.

成田憲保(2012). 天文月報, 第105巻, 第1号, p.7-15.

成田憲保(2013). 遊・星・人, 第22巻, 第4号, p.242-251.

【書籍】

阿部豊(2015)
『生命の星の条件を探る』文藝春秋.

田近英一(2009)
『凍った地球　スノーボールアースと生命進化の物語』新潮社.

【Webサイト】

Borucki, W.J. (2010). A Brief History of the Kepler Mission.
(NASAホームページ内)
https://www.nasa.gov./kepler/overview/historybyborucki

Jet Propulsion Laboratory (2019). HabEx Final Report.
(NASA Jet Propulsion Laboratoryホームページ内)
https://www.jpl.nasa.gov/habex/

NASA (2019). LUVOIR Final Report.
(NASA Goddard Space Flight Centerホームページ内)
https://asd.gsfc.nasa.gov/luvoir/reports/

上記URLは2020年2月に確認したものです。
変更されたり、アクセスできなくなる可能性もありますが、ご了承ください。

な

は

た

索　引

アルファベット

あ

N.D.C.445　286p　18cm

ブルーバックス　B-2128

地球《ちきゅう》は特別《とくべつ》な惑星《わくせい》か？

地球外生命に迫る系外惑星の科学

2020年３月20日　第１刷発行

著者　成田憲保《なりたのりお》

発行者　渡瀬昌彦

発行所　株式会社講談社

〒112-8001 東京都文京区音羽2-12-21

電話　出版　03-5395-3524

販売　03-5395-4415

業務　03-5395-3615

印刷所　（本文印刷）豊国印刷株式会社

（カバー表紙印刷）信毎書籍印刷株式会社

本文データ制作　講談社デジタル製作

製本所　株式会社国宝社

定価はカバーに表示してあります。

ISBN978−4−06−518733−3

発刊のことば

科学をあなたのポケットに

二十世紀最大の特色は、それが科学時代であるということです。科学は日に日に進歩を続け、止まるところを知りません。ひと昔前の夢物語もどんどん現実化しており、今やわれわれの生活のすべてが、科学によってゆり動かされているといっても過言ではないでしょう。

そのような背景を考えれば、学者や学生はもちろん、産業人も、セールスマンも、ジャーナリストも、家庭の主婦も、みんなが科学を知らなければ、時代の流れに逆らうことになるでしょう。

ブルーバックス発刊の意義と必然性はそこにあります。このシリーズは、読む人に科学的に物を考える習慣と、科学的に物を見る目を養っていただくことを最大の目標にしています。そのためには、単に原理や法則の解説に終始するのではなくて、政治や経済など、社会科学や人文科学にも関連させて、広い視野から問題を追究していきます。科学はむずかしいという先入観を改める表現と構成、それも類書にないブルーバックスの特色であると信じます。

一九六三年九月

野間省一